全国农业高等院校规划教材
农业部兽医局推荐精品教材

宠物临床诊断

● 丁岚峰 易本驰 主编

中国农业科学技术出版社

图书在版编目（CIP）数据

宠物临床诊断/丁岚峰，易本驰主编. —北京：中国农业科学技术出版社，2008.8
全国农业高等院校规划教材. 农业部兽医局推荐精品教材
ISBN 978-7-80233-575-2

Ⅰ. 宠…　Ⅱ. ①丁…②易…　Ⅲ. 观赏动物－动物疾病－论断－高等学校－教材
Ⅳ. S858.93

中国版本图书馆CIP数据核字（2008）第081271号

责任编辑　朱　绯
责任校对　贾晓红

出版发行　中国农业科学技术出版社
　　　　　　北京市中关村南大街12号　邮编：100081
电　　话　（010）82106632（编辑室）
传　　真　（010）62121228
社 网 址　http://www.castp.cn
经　　销　新华书店北京发行所
印　　刷　北京华忠兴业印刷有限公司
开　　本　787 mm×1 092 mm　1/16
印　　张　17.5
字　　数　420千字
版　　次　2008年8月第1版　2008年8月第1次印刷
定　　价　32.00元

《宠物临床诊断》

编 委 会

主　　编　丁岚峰　易本驰

副 主 编　李志民　李金龙　白景纯

编写人员　（按姓氏笔画排列）

丁岚峰　黑龙江民族职业学院
王立成　辽宁医学院动物医学院
王雪东　黑龙江畜牧兽医职业学院
白景纯　黑龙江省卫生学校
张　红　内蒙古包头农牧学校
李金龙　东北农业大学
李志民　黑龙江生物科技职业学院
肖银霞　辽宁医学院动物医学院
易本驰　信阳农业高等专科学校
郝景锋　吉林农业科技学院
温华梅　山东畜牧兽医职业学院

主　　审　徐世文　东北农业大学
朱达文　江苏畜牧兽医职业技术学院

序

中国是农业大国，同时又是畜牧业大国。改革开放以来，我国畜牧业取得了举世瞩目的成就，已连续20年以年均9.9%的速度增长，产值增长近5倍。特别是“十五”期间，我国畜牧业取得持续快速增长，畜产品质量逐步提升，畜牧业结构布局逐步优化，规模化水平显著提高。2005年，我国肉、蛋产量分别占世界总量的29.3%和44.5%，居世界第一位，奶产量占世界总量的4.6%，居世界第五位。肉、蛋、奶人均占有量分别达到59.2千克、22千克和21.9千克。畜牧业总产值突破1.3万亿元，占农业总产值的33.7%，其带动的饲料工业、畜产品加工、兽药等相关产业产值超过8 000亿元。畜牧业已成为农牧民增收的重要来源，建设现代农业的重要内容，农村经济发展的重要支柱，成为我国国民经济和社会发展的基础产业。

当前，我国正处于从传统畜牧业向现代畜牧业转变的过程中，面临着政府重视畜牧业发展、畜产品消费需求空间巨大和畜牧行业生产经营积极性不断提高等有利条件，为畜牧业发展提供了良好的内外部环境。但是，我国畜牧业发展也存在诸多不利因素。一是饲料原材料价格上涨和蛋白饲料短缺；二是畜牧业生产方式和生产水平落后；三是畜产品质量安全和卫生隐患严重；四是优良地方畜禽品种资源利用不合理；五是动物疫病防控形势严峻；六是环境与生态恶化对畜牧业发展的压力继续增加。

我国畜牧业发展要想改变以上不利条件，实现高产、优质、高效、生态、安全的可持续发展道路，必须全面落实科学发展观，加快畜牧业增长方式转变，优化结构，改善品质，提高效益，构建现代畜牧业产业体系，提高畜牧业综合生产能力，努力保障畜产品质量安全、公共卫生安全和生态环境安全。这不仅需要全国人民特别是广大畜牧科教工作者长期努力，不断加强科学研究与科技创新，不断提供强大的畜牧兽医理论与科技支撑，而且还需要培养一大批掌握新理论与新技术并不断将其推广应用的专业人才。

培养畜牧兽医专业人才需要一系列高质量的教材。作为高等教育学科建设的一项重要基础工作——教材的编写和出版，一直是教改的重点和热点之一。为了支持创新型国家建设，培养符合畜牧产业发展各个方面、各个层次所需的复合型人才，中国农业科学技术出版社积极组织全国范围内有较高学术水平和多年教学理论与实践经验的教师精心编写出版面向21世纪全国高等农林院校，反映现代畜牧兽医科技成就的畜牧兽医专业精品教材，并进行有益的探索和研究，其教材内容注重与时俱进，注重实际，注重创新，注重拾遗补缺，注重对学生能力、特别是农业职业技能的综合开发和培养，以满足其对知识学习和实践能力的迫切需要，以提高我国畜牧业从业人员的整体素质，切实改变畜牧业新技术难以顺利推广的现状。我衷心祝贺这些教材的出版发行，相信这些教材的出版，一定能够得到有关教育部门、农业院校领导、老师的肯定和学生的喜欢。也必将为提高我国畜牧业的自主创新能力和增强我国畜产品的国际竞争力作出积极有益的贡献。

国家首席兽医官
农业部兽医局局长

二〇〇七年六月八日

前　言

《宠物临床诊断》是在教育部《关于加强高职高专教育人才培养工作的意见》《关于加强高职高专教育教材建设的若干意见》《关于全面提高高等职业教育教学质量的若干意见》等文件精神的指导下，特别是从目前国内缺少高职高专宠物医学专业教材的实际情况出发，由中国农业科学技术出版社组织国内有关高职高专院校和部分大学的教师，共同编写的高职高专宠物医学专业教材。

《宠物临床诊断》的编写，重点以突破以往教材的传统模式，符合现代教学规律和教学模式的高职高专教材为目标，充分考虑教材与教学的紧密结合，针对高职高专宠物医学专业的教学特点，在编写思路上有所创新，在编写内容上以应用技术为主，在编写结构上简明清晰，确保教材的前瞻性、创新性和实用性。

《宠物临床诊断》的内容主要以犬、猫的临床诊断技术为主，概述了观赏鸟、观赏鱼等宠物的相关临床诊断内容。全书由12章组成，包括宠物的接近与保定、临床检查的基本方法和程序、一般临床检查、犬、猫、观赏鸟、观赏鱼及龟鳖的临床检查、辅助临床检查法及其应用、特殊临床检查法及其应用、实验室检验技术（血、尿、粪常规检验技术，血液生化检验技术及常见毒物检验技术）、临床诊断的步骤与思维方法、疾病的综合征候群及其诊断要点，最后结合高职高专的教学实训特点，阐述了高职高专院校本专业学生应当掌握的临床诊断实训技术与技能，并制定了相应的考核方法和标准。

《宠物临床诊断》叙述的内容比较全面，取材新颖，既有深入的系统理论知识，又有实用价值较高的临床诊断新技术和新方法，是一本理论与实践并重的专著。可供宠物医学专业、动物医学专业、畜牧兽医专业学生及从事与宠物专业有关的教学、科研、畜牧兽医工作者及临床诊疗人员学习参考。

在本书的编写过程中，得到了黑龙江民族职业学院领导、教师的大力支持，承蒙东北农业大学徐世文教授审校，参阅了国内兽医界同仁的有关书籍和资料，在此一并致以衷心的感谢。

《宠物临床诊断》的编者们虽尽心竭力，书中难免有不足之处，诚请广大读者批评指正，不吝赐教，是我们之所感致。

编　者

2008年2月10日

目　录

绪　论

宠物临床诊断的基本任务在于防治宠物疾病，保障宠物健康，为丰富人类的精神文化生活、建立和谐社会服务。防治宠物疾病必须首先认识疾病，而建立正确的诊断是制定合理、有效的治疗措施的依据。因此，宠物临床诊断是宠物疾病防治工作的前提，也是宠物疾病治疗的基础。

一、宠物临床诊断的概念

宠物临床诊断是以宠物为对象，从临床实践的角度出发，研究宠物疾病的诊断方法、技能和理论的一门学科，是兽医临床诊断学的一个分支。

宠物临床诊断是宠物医疗专业的一门重要专业基础课，是从宠物临床基础课向临床专业课程过渡的纽带和桥梁。

二、症状、诊断及预后

（一）症状

症状就是在疾病过程中，宠物的病理改变在临床上所表现出的异常现象。致病因素作用于宠物机体致使宠物发病，必然引起宠物整个机体或某些器官系统的机能发生紊乱，可使某些器官或组织的形态学发生变化。从医学临床诊断来讲，一般把病理性的机能紊乱现象称为征候；把病理性的形态学变化通常称为症状。但在宠物临床诊断中，常常把宠物的机能紊乱现象和组织器官形态学的改变统称为临床症状。

宠物的疾病不同，在临床上所表现的症状及征候也往往不同，同一个症状也可出现在不同的疾病过程中。

（二）诊断

诊断就是对宠物所患疾病的本质做出判断。临床诊断的过程就是诊查、认识、判断和鉴别疾病和预后的过程。

一般在临床诊断疾病时常采用如下几种诊断方法对疾病予以诊断。

症状学诊断　症状学诊断又称为临床诊断，是将临床发现的疾病表现，经过客观的分析而做出的临床诊断，其对临床宠物医生特别重要。这就需要具有丰富的临床经验和熟练的临床诊断技能。依靠症状进行诊断，如犬、猫的破伤风病，全身表现出肌肉强直性痉挛；佝偻病表现为关节和骨骼的异常或变形等，仅仅根据特有的临床症状即可做出诊断。

病原学诊断 病原学诊断就是研究确定引起发病的病原体（病原）的诊断。因此，需要证明有病原微生物的存在或应用血清学反应、变态反应、血液学检查做出诊断。如宠物的炭疽病诊断，可应用阿斯克里（Ascoli）反应，检查菌体及芽孢；寄生虫病能检出虫体或虫卵；血液原虫病或弓形体病能检出血液原虫等进行诊断。

机能诊断 机能诊断又称特殊诊断，是对宠物机体各器官的机能进行检查。因此，需要以症状学诊断为基础而进行。如根据心电图及心音图的检查诊断心脏的机能；根据脑电波图检查中枢神经系统的机能；根据血液及尿液的理化检查了解机体的代谢机能等。

治疗诊断 当难以明确诊断的情况下，按预想的疾病进行试验治疗，根据试验治疗的结果获得确切的诊断称为治疗性诊断（又称诊断性治疗）。一般用于临床症状相似于某种疾病的症状，而又难以确诊时，从治愈的结果可得到确切的诊断。

病理诊断 病理诊断是利用活体或死亡的患病宠物的各种器官组织作为病料，进行肉眼或组织学检查，从而确定疾病性质的方法。临床宠物医生对死亡前的诊断不够切合客观实际时，必须根据剖检，有时需组织学检查来重新认识疾病。如宠物死亡前诊断是急性胃扩张，而死亡后剖检为空肠扭转，显然是宠物医生的误诊。

鉴别诊断 鉴别诊断又称类症鉴别诊断，始终贯穿在临床诊断的过程之中，是对某一疾病诊断时，以收集到的临床资料为基础，推断属于哪一种疾病，同时应当考虑与本病类似症状的其他疾病，与后者进行反复的比较、分析、鉴别所做出的诊断。鉴别诊断需要具有广博的宠物医学基础知识和临床经验。

诊断宠物疾病必须要认识疾病的本质。一个科学、完整的诊断，一般要求判断宠物疾病的性质；确定宠物疾病主要发生的组织、器官或部位；阐明致病的原因和机理；明确宠物疾病的发病时期或程度。在临床诊断中，阐明宠物发病的原因，做出确切的病因诊断，是为采取合理有效地治疗宠物疾病提供科学的根据。所以，在临床诊断中要尽可能在早期做出病因诊断。

（三）预后

预后就是对疾病的发展趋势及疾病的结局的预测与估计。特别要注意的是，宠物一般都是具有一定经济价值或被宠物主人视为无形价值的动物。因此，在宠物疾病临床诊断中，客观地推断预后以及采取合理的防治措施方面，具有重大的临床实际意义。

临床上一般将预后分为4种。

预后良好 有充分的根据可以治愈，是指宠物不仅能恢复健康，而且还不影响其应有的性能。

预后谨慎 有治愈的可能性，但应给以特别的注意。

预后可疑 判断预后的根据不足或病情严重，但经认真的努力救治或可争取病情好转。

预后不良 病情严重，可能不能彻底治愈或出现死亡。

三、临床诊断的基本过程

临床诊断工作的基本过程，一般分为 3 个阶段。

第一阶段 要接触患病宠物、视察或了解饲养状况及环境情况，通过调查了解，搜集有关宠物的发病经过、发生规律、可能致病的原因等一系列临床资料；应用各种诊断方法，客观地对患病的宠物进行系统的临床检查，以发现患病宠物所表现出的各方面临床症状和病理变化。

第二阶段 要分析、综合全部临床资料，做出初步诊断。对临床搜集到的每个症状，要分析症状发生的原因，评价其诊断价值；对全部临床症状，要分清主次，明确各症状之间的关系；综合有关的发病经过、发生情况、环境条件、可能的致病因素等各方面的临床资料做出初步诊断。

第三阶段 要依据初步诊断和所学过的医学专业基础课和临床专业课的有关知识，制定出相应的防治措施，通过临床防治效果检验初步诊断。并在宠物疾病的全部过程中，随时补充或修改初步诊断，以逐步得出最后的诊断。

实际上，诊断的全部过程是实践、认识、再实践、再认识的过程。通过临床诊断和治疗实践的全过程，直到病程结束，才能取得全面的、正确的诊断结论。但是，应当强调指出：从宠物疾病的诊断治疗的临床实际工作出发，必须要求宠物医生做到早期诊断。唯有早期诊断和及时的防治，才能收到很好的效果，并能更好地提高临床治愈率。因此，要求宠物医生多进行临床实践，不断积累宠物疾病的临床诊断治疗经验。

四、宠物临床诊断的主要内容

宠物临床诊断的主要内容，概括地分为 4 方面。

（一）诊断方法

主要是临床诊断方法学。为了搜集作为诊断依据的症状、资料，首先要利用各种诊断方法去进行调查和检查。所以，学好本课程中的临床检查方法十分重要。

用于临床实际的检查方法十分复杂。随着科学的发展，有很多新的临床检查方法和技术被广泛地应用于临床实际中，归纳起来可分为以下几类。

流行病学调查法 通过对患病宠物、饲养环境及条件等多方面的调查、了解，询问宠物主人，查阅有关资料或深入现场调查，特别是要了解患病宠物所在地是否有传染病发生或疑似传染病发生等。

物理学检查法 用宠物医生的感觉器官，直接对患病宠物进行客观的观察和检查，在临床上主要通过视诊、触诊、叩诊、听诊和嗅诊等方法进行诊断。

辅助和特殊检查法 利用特殊的临床检查仪器、设备、理化检验等手段，在特定的条件下对患病宠物进行临床检查、测定或检验。临床上一般采用的辅助和特殊检查法，主要是根据临床诊断的启示或需要，针对某种疾病或特殊情况而选择或配合临床检查而应用的，临床辅助和特殊检查法具有重要的临床诊断价值。

（二）症状或征候

症状或征候是提示诊断的出发点和构成诊断的重要依据，获取全面的、正确的症状和征候资料，是做出正确诊断的基础。只有熟悉宠物的正常生理状态，才能发现、识别宠物疾病状态下的异常病理变化。要了解、掌握一个或某几个疾病时所特有的临床征候群，掌握宠物常见疾病的临床鉴别诊断，也是本课程的重点内容。

（三）临床诊断思维

疾病诊断就是将各种检查结果经过分析综合、推理判断，用一个词或几个字反映符合逻辑的结论。临床诊断是确定进一步治疗疾病的基础和前提，没有正确的诊断，就没有正确的治疗。

要在临床实践中强调通过细致的询问和检查，敏锐的观察和联系，也就是将所获得的各种资料进行综合归纳、分析比较，去粗取精，去伪存真，由此及彼，由表及里，总结宠物疾病的主要问题，比较其与哪些疾病的症状相近或相同，结合医学知识和经验全面的思考，揭示疾病所固有的客观规律，建立正确的临床诊断。

临床诊断疾病是一系列思维活动的过程，也是通过思维认识疾病，判断鉴别，做出决策的一种逻辑思维方法。因此，在疾病诊断过程中，要树立科学的思维方法，科学思维是将疾病的一般规律运用于判断特定个体所患疾病的思维过程，是对各种检查材料整理加工、分析综合的过程，并是对具体的临床问题的综合比较、判断推理的过程，并在此基础上建立疾病的诊断。

通过对临床诊断方法和症状或征候的学习，要能够理论联系实际，能自主地逐渐形成建立诊断的方法（临床诊断思维方法）、步骤和原则。通过宠物临床诊断内容的学习，能培养宠物医学专业的学生依据辩证唯物主义和科学发展观，对临床症状、资料的综合、诊断的分析过程形成科学的诊断思路，为建立正确的诊断打下初步基础。

（四）宠物临床诊断实训

宠物临床诊断实训的内容，是传授宠物临床诊断中常用的基本诊断操作技术，也是宠物临床工作者多年来临床诊断技术和经验的总结。掌握和学好宠物临床诊断实训基本技术、技能，能够提高宠物医学专业学生诊断疾病的能力，为更好地提高临床诊疗水平奠定良好的实践基础。

五、学习本课程的目的、要求

学习宠物临床诊断的主要目的，是培养学生掌握临床检查和诊断宠物疾病的方法，为进入宠物医学专业课的学习，奠定良好的理论与实践基础。同时，使学生达到掌握基本临床诊断技能并培养出具有一定动手能力的宠物诊疗人才。

学习本门课程，必须具备一定的物理学、化学的基础，和必要的宠物解剖、病理解剖、药理、宠物病理生理等相关的基础知识，密切联系宠物医学专业课程，加以理解和吸收。学会用马克思辩证唯物主义的思想和科学发展观，不断提高自己的分析问题和解决问题的能力。

最后，从宠物诊疗的特点来讲，本门课程是研究宠物临床诊断理论、方法与应用的科学。因此，要求学生既应该学好宠物临床诊断课程的理论知识，也应该对所学的临床检查方法和技能熟练掌握，提高敏锐的观察、判断疾病的能力以及分析问题、综合问题的方法，更应该在临床实际工作中，反复锻炼、逐步提高。

“博于问学、明于睿思、笃于务实”是学习临床诊断课程的座右铭，获得广博的宠物医学知识、运用科学灵活的思维方法、掌握符合逻辑的分析和评价临床资料的技能，是学会建立正确临床诊断的必要条件和途径。

（丁岚峰）

第一章　宠物的接近与保定

为了更好的对宠物疾病进行诊断和治疗，确保医护人员和宠物的安全，必须学会接近宠物并熟练掌握宠物保定要领和方法。

第一节　宠物的接近

一、宠物的接近方法

接近宠物时，一般应在宠物主人协助下进行，以免检查者被宠物咬伤或抓伤。宠物医生接近宠物时，应以温和的呼声，先向宠物发出要接近的信息，然后从宠物的前侧方向徐徐地接近宠物。接近后可用手轻轻地抚摸宠物的头部、颈部或背部，使其保持安静和温顺的状态，便于进行临床检查。

二、接近宠物的注意事项

宠物医生应熟悉宠物的习性，特别对宠物表现的惊恐、攻击人的行为和神态要了解（如犬低头龇牙、不安低声惊吼、低头斜视；猫惊恐低匐、眼直视对方、欲攻击的姿势等）。

要向宠物主人了解宠物平时性情，注意了解宠物有无易惊恐、好咬人或挠人的恶癖等。

第二节　宠物的保定

宠物的保定是人为地用人力、器械或药物控制宠物的活动能力和防卫能力的方法。目的是确保医疗人员和宠物的安全，达到诊断和治疗的目的。

一、宠物的物理保定

（一）犬的保定

1. 扎口保定法

为防止人被犬咬伤，尤其对性情急躁、具有攻击性的犬只，应采用扎口保定。

（1）长嘴犬的扎口保定法　用绷带（或细的软绳），在其1/2处绕两次，打一活结圈，套在嘴后额面部，在下颌间隙系紧。然后将绷带两游离端沿下颌拉向耳后，在颈背侧枕部收紧打结。这种保定可靠，一般不易被自抓松脱（图1－1）。另一种扎口法即先打开口腔，将活结圈套在下颌犬齿后方勒紧，再将两游离端从下颌绕过鼻背侧，打结即可。

（2）短嘴犬的扎口保定法　用绷带（或细的软绳），在其1/3处打个活结圈，套在嘴后颜面，于下颌间隙处收紧。其两游离端向后拉至耳后枕部打结，并将其中一长的游离绷带经额部引至鼻部穿过绷带圈，再返转至耳后与另一游离端收紧打结（图1－2）。

图1－1　长嘴犬的扎口保定法

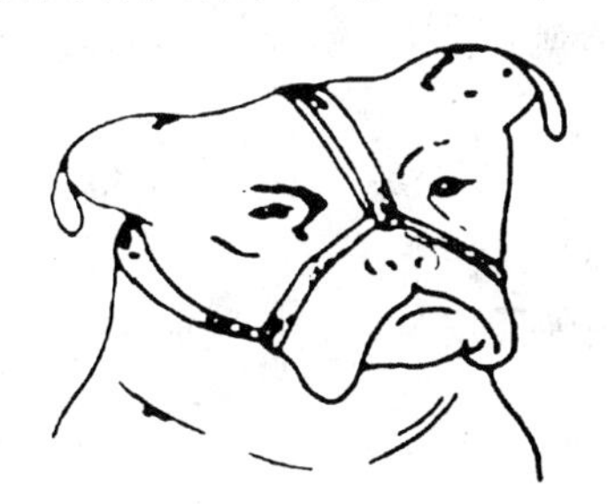

图1－2　短嘴犬扎口保定法

2. 口笼保定法

犬口笼多用牛皮革制成。可根据宠物个体大小选用适宜的口笼给犬套上，将其带子绕过耳扣牢。现宠物用品商店售有各种型号和不同形状的口笼。此法主要用于大型品种犬（图1－3）。

3. 徒手犬头保定法

保定者站在犬一侧，一手托住犬下颌部，一手固定犬头背部，握紧犬嘴。此法适用于幼年犬和温驯的成年犬。

4. 站立保定法

在很多情况下，站立保定有助于宠物的体检和治疗。犬站立于地面时，保定者蹲于犬右侧，左手抓住犬脖圈，右手用牵引带套住犬嘴。再将脖圈及牵引带移交右手，左手托住犬腹部。此法适用于大型品种犬的保定。

5. 徒手侧卧保定法

犬扎口保定后，将犬置于诊疗台按倒。保定者站于犬背侧，两手分别抓住下方前、后肢的前臂部和大腿部，其两手臂分别压住犬颈部和臀部，并将犬背紧贴保定者腹前部。此法适用于注射和较简单的治疗。

6. 犬夹保定法

用犬夹（图1－4）夹持犬颈部，强行将犬按倒在地，并由助手按住四肢。本法多用于未驯服或凶猛犬的检查和简单治疗，也可用于捕犬。

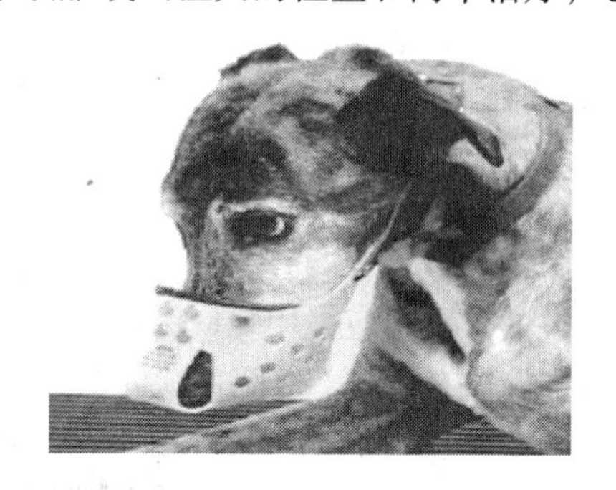

图1-3　口笼保定法

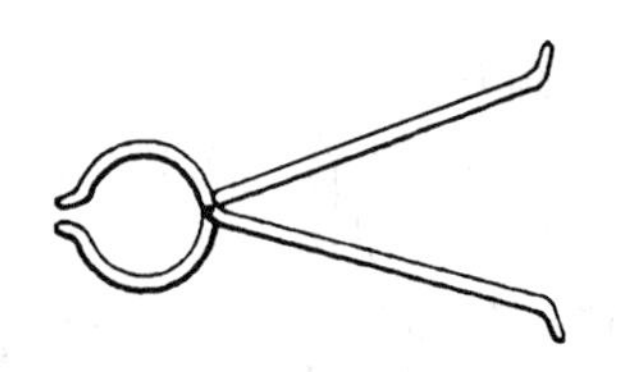

图1-4　犬夹

7. 棍套保定法

一根长1m的铁管（直径4cm）和一根长4m的绳子对折穿出管，形成一绳圈，制成棍套保定器（图1-5）。使用时，保定者握住铁管，对准犬头将绳圈套住颈部，然后收紧绳索固定在铁管后端。这样，保定者与犬保持一定距离。此法用于未驯服、凶猛犬的保定。

8. 颈枷保定法

颈枷又称伊丽莎白氏颈圈，是一种防止自我损伤的保定装置。有圆盘形和圆筒形两种。可用硬质皮革或塑料制成特制的颈枷（图1-6）。

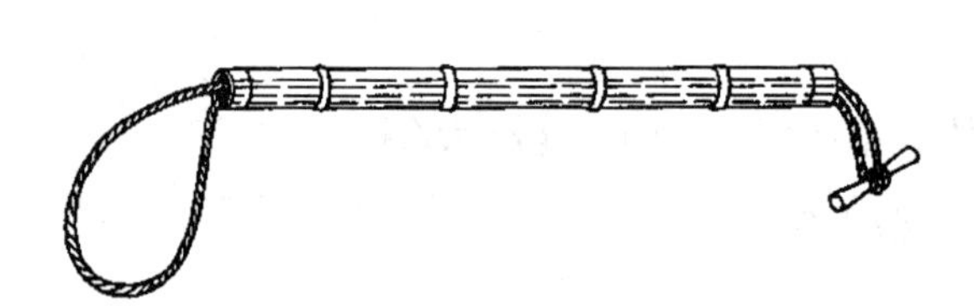

图1-5　棍套保定器

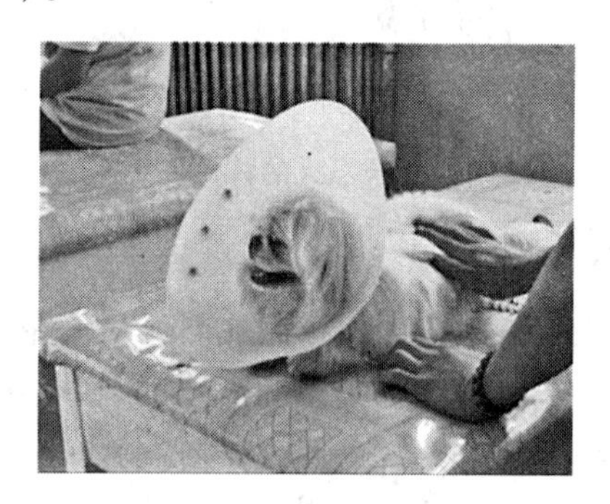

图1-6　颈枷保定法

也可根据犬头型及颈粗细，选用硬纸壳、塑料板、三合板和X线胶片自行制作。如制作圆筒形颈枷，其筒口一端粗，另一端细。圆筒长度应超过鼻唇2～3cm。常用废弃的塑料筒代替圆筒形颈枷。将筒底去掉，边缘磨光滑或粘贴胶布。在筒底周边距边缘1～2cm等距离钻4个孔，每孔系上纱布条做一环形带。再将塑料筒套在犬头颈部，用皮颈脖圈或绷带穿入筒上4个环形带，收紧扣牢或打结。犬术后或其他外伤时戴上颈枷，头不能回转舔咬身体受伤部位，也防止犬爪搔抓头部。此法不适用于性情暴躁和后肢瘫痪的犬只。

9. 体壁支架保定法

体壁支架是一种固定腹肋部的方法，取两根等长的铝棒，其一端在颈两侧环绕颈基部各弯曲一圈半，用绷带将两弯曲的部分缠卷在一起。另一端向后贴近两侧胸腹壁，用绷带围绕胸腔壁缠卷固定铝棒。其末端裹贴胶布，以免损伤腹壁（图1-7上）。

如需提起尾部，可在腹后部两侧各加一根铝棒，向上作 30°～45°弯曲，将末端固定在尾根上方 10～15cm 处（图 1－7 下）。此保定法可防止犬头回转舔咬胸腹壁、肛门及跗关节以上等部位，尤其对不愿戴颈枷的犬更适宜用此法保定。

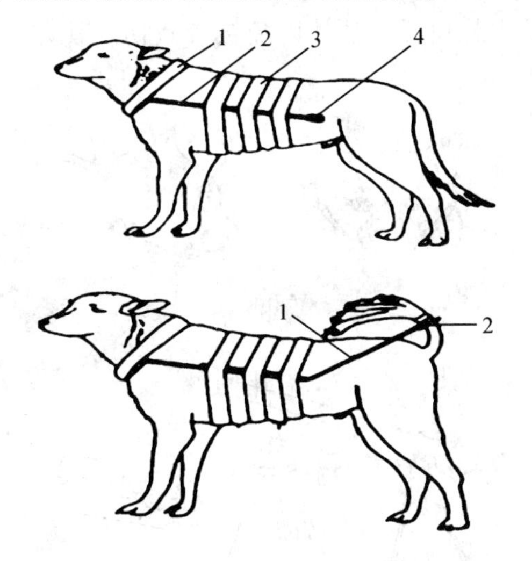

图 1－7　体壁支架保定法

上：1. 铝环包扎　2. 铝棒　3. 绷带　4. 棒末端缠上绷带

下：1. 铝棒弯曲　2. 棒末端固定在尾部

10. 静脉注射保定法

主要用于静脉采血和注射，需正确地加以保定。

（1）前臂皮下静脉（头静脉）穿刺保定法　犬腹卧于诊疗台上，保定者站在诊疗台右（左）侧，面朝犬头部。右（左）臂搂住犬下颌或颈部，以固定头颈。左（右）臂跨过犬左（右）侧，身体稍依犬背，肘部支撑在诊疗台上，利用前臂和肘部夹持犬身控制犬移动。然后，手托住犬肘关节前移，使前肢伸直。再用食指和中指横压近端前臂部背侧（或全握臂部），使静脉怒张。必要时，应作犬扎口保定，以防咬人。

（2）颈静脉穿刺保定法　犬胸卧于诊疗台一端，两前肢位于诊疗台之前。保定者站于犬左（右）侧。右（左）臂跨过犬右（左）侧颈部，夹持于腋下，手托住犬下颌，并向上提起头颈。左（右）手握住两前肢腕部，拉直，使颈部充分显露。

（二）猫的扑捉与保定

1. 布卷裹保定法

将帆布或人造革缝制的保定布铺在诊疗台上，保定者抓起猫背肩部皮肤把猫放在保定布近端 1/4 处，按压猫体使之伏卧，随即提起近端布覆盖猫体，并顺势连布带猫向外翻滚，将猫卷裹系紧。

由于猫四肢被紧紧地裹住不能伸展，猫呈“直棒”状，丧失了活动能力，便可根据需要拉出头颈或后躯进行诊治。

2. 猫袋保定法

用厚布、人造革或帆布缝制与猫身等长的圆筒形保定袋，两端开口均系上可以抽动的带子。将猫头从近端袋口装入，猫头便从远端袋口露出，此时将袋口带子抽紧（不影响呼吸），使头不能缩回袋内。再抽紧近端袋，使两肢露在外面。这样，便可进行头部检查、测量直肠温度及灌肠等。

3. 扎口保定法

尽管猫嘴短平，仍可用扎口保定法，以免被咬致伤。其方法与短嘴犬扎口保定相同（图1－8上）。

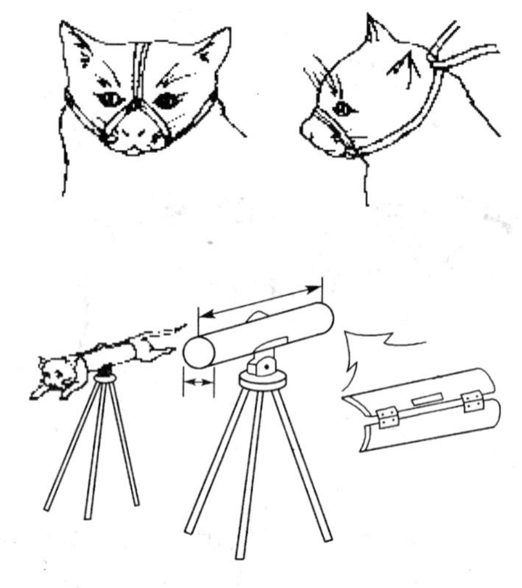

图1－8　扎口保定法（上）保定架保定法（下）

4. 保定架保定法

保定架支架用金属或木材制成，用金属或竹筒制成两瓣保定筒（长26cm，直径6～8cm），固定在支架上。将猫放在两瓣保定筒之间，合拢保定筒，使猫躯干固定在保定筒内，其余部位均露在筒外。

适用于测量体温、注射及灌肠等（图1－8下）。

5. 猫徒手扑捉与保定

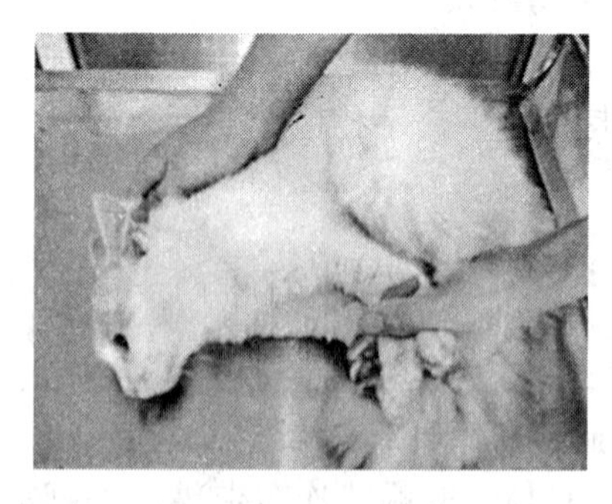

图1－9　猫的徒手保定

对伴侣猫，利用猫对主人的依恋性由主人亲自捕捉，抱在主人的怀里即可。一般扑捉或保定猫时，常用的方法是医护人员一只手抓住猫的颈背部皮肤，另一只手托住猫的腰荐部或臀部，使猫的大部分体重落在托臀部的手上。对野性大的猫或新来就诊的猫，最好要两个人相互配合，即一个人先抓住猫的颈背部皮肤，另一个人用双手分别抓住猫的前肢和后肢，以免把人抓伤（图1－9）。

6. 颈枷保定法

猫的颈枷保定与犬的保定相似。

7. 头静脉和颈静脉穿刺保定方法

其基本方法与犬一样。由于猫胆小、易惊恐，静脉穿刺又会引起疼痛，保定时应防止被猫抓咬致伤。

（三）鸽子及鸟的保定方法

捕捉鸽子时先用食物引诱，然后进行捕捉。鸽的保定可用一只手抓住双翅根部，另一只手抓住鸽的两只爪部即可。也可以一只手或两只手握住鸽的身体，同时用两手指夹住鸽的脚爪于指间。

小型的观赏鸟多在笼中饲养，捕捉时轻轻打开笼门，用一只手的食指和拇指抓住鸟的颈部、以手掌和其余手指握捉鸟的翅膀和躯体，注意不要握的太紧，以免发生窒息（图 1－10）。

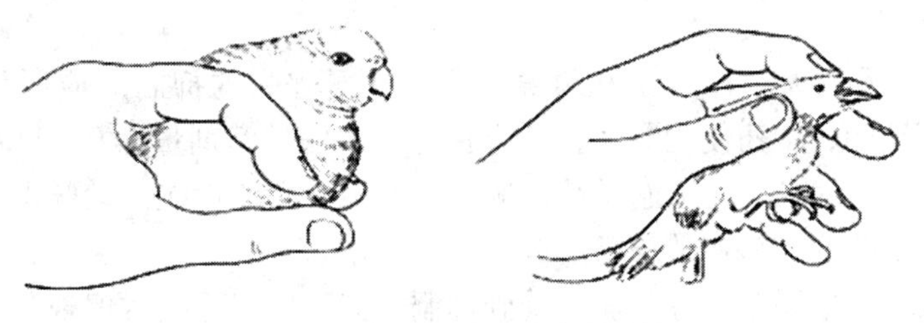

图 1－10 小型的观赏鸟的保定

有时可借用毛巾或毯子将鸟包裹后捕捉，捕后将鸟的头颈伸出。保定后可进行一般的检查和投药。

二、宠物的化学保定

化学保定是指应用化学药物，使动物暂时失去正常活动能力的一种保定方法，这种方法能使宠物活动能力暂时丧失，一般为肌肉松弛所致，而动物感觉却依然存在或部分减退。

（一）常用保定药物

1. 氯胺酮

氯胺酮又名凯他敏，犬和猫的氯胺酮肌肉注射量为 22～30mg/kg 体重，3～8min 进入麻醉，可持续 30～90min。氯胺酮注入犬体后，心率稍增快，呼吸变化不明显，睁眼、流泪、眼球突出，口及鼻分泌物增加，咽喉反射不受抑制，部分犬肌肉张力稍增高。

氯胺酮具有药量小，可以肌注、诱导快而平稳、清醒快、无呕吐及无躁动等特点，这是其他保定药不能代替的优点。临床上如发现犬的麻醉深度不够时，可以随时追加氯胺酮的药量，多次反复追补，均不会产生不良后果。氯胺酮属于短效的保定药物，一般经 20～30min，最长不超过 1h 可自然复苏，在恢复期，有的犬出现呕吐或跌撞现象但不久即会消失。

2. 噻胺酮

噻胺酮又称复方麻保静，从制动效果观察，噻胺酮的诱导期比氯胺酮长 2～3min，很少出现兴奋性增高的现象，使宠物呕吐的发生率也低于氯胺酮。

注射噻胺酮后肌张力下降，达到完全肌肉松弛状态，心率及呼吸数下降，有时发生呼吸抑制现象（均为2%左右），主要是因为麻保静发生作用的结果。噻胺酮的成分是 5% 氯胺酮1ml，麻保静1ml，混合后肌肉注射，犬的使用剂量为0.1～0.2ml/kg体重。噻胺酮复苏药常用的是回苏3号（1%噻恶唑），静脉推注后，一般2min后可自然起立，其用量与注射噻胺酮的剂量相同，肌肉注射回苏3号的剂量应加倍。

3. 麻保静

药理作用很广，在安定、镇静、镇痛、催眠、松肌、解热消炎、抗惊厥、局部麻醉等方面有明显作用，无论是单独使用或者和其他镇静剂、止痛剂合用，均能收到满意效果。麻保静对呼吸的影响与吗啡、芬太尼一类药物不同，对呼吸影响不大，可能对犬能出现呼吸加深、变慢，但总通气量基本不受影响，容易恢复。犬的用量为0.5～2.5mg/kg体重。

4. 846合剂

846合剂安全系数大于保定宁和氟哌醇等药，对呼吸的抑制效应明显低于双氢埃托啡。经临床应用证明，本药使用方便，效果良好。犬的推荐剂量为0.04ml/kg体重，肌肉注射。副作用主要是对犬的心血管系统的影响，表现为心动徐缓，动脉血压降低，呼吸性窦性心律不齐，Ⅰ、Ⅱ度房室传导阻滞等。

用药量过大，呼吸频率和呼吸深度受到抑制，甚至出现呼吸暂停现象。若出现麻醉过量的征候时，可用846合剂的催醒剂（1ml含4－氨基吡啶6.0mg、氨茶碱90.0mg）作为主要急救药物，用量为0.1ml/kg体重，静脉注射。

（二）应用禁忌

对心、肺、肝、肾实质器官患有严重疾病或机体患有急性感染者，要慎重或禁止采用药物保定；对孕犬要慎重、妊娠后期禁用；在不具有保证倒卧和起立等安全设施的情况下，一般不宜药物保定。

（三）注意事项

首先要确定需药物保定的宠物体重，如无条件称重，应尽可能地准确估量；其次要选择适宜的保定药物，了解手术和技术操作的性质，估计所需要的保定时间；然后确定剂量。剂量的确定应由多种因素综合确定，除体重因素以外，尚需考虑体型大小、病情、年龄、性别、季节以及应用目的等。

（四）不良反应及应急处理

应用保定药物时，在临床上往往会出现以下不良反应，通常采取相应的应急措施处理。

1. 呼吸不畅

一般主要指由于体位不适当，造成机械性的呼吸障碍，必须注意及时纠正。

2. 呼吸抑制

保定药物对呼吸机能有不同程度的抑制作用，按照每种药物各自的药理作用，呼吸抑制超过一定范围就有可能发生危险。例如，氯胺酮对呼吸抑制相对弱于新保灵系列制剂及麻保静，新保灵可使宠物在每分钟左右有1次呼吸，麻保静可使宠物每分钟3次呼吸。

呼吸抑制的判别除呼吸次数减少外，还应注意呼吸深度，即肺的气体交换量。当呼吸发生抑制或停止时，应立即采取氧气吸入或采取人工呼吸，一直坚持到出现自主呼吸或静脉注射呼吸兴奋剂吗乙苯吡酮。

3. 分泌过多

有的药物使分泌过多，表现为流涎增加，重则有可能导致急性肺水肿，可听到呼吸出现“呼噜音”。适时进行肌肉注射阿托品减少分泌。

（五）应激反应

有的保定药物比较容易出现应激反应。例如，在临床常用的药物中，噻胺酮出现应激反应的比例较高。应激反应表现在宠物复苏后，多出现兴奋不安、呼吸喘粗、心率加快、分泌增多，有时出现肌红蛋白尿。对出现应激反应的宠物，必须及时创造安静的环境。必要时采取镇静，配合输液、激素、抗菌素治疗等医疗措施。

（王立成）

第二章　临床检查的基本方法与程序

为了诊断的目的，应用于临床的各种检查方法称为临床检查法。但从临床诊断的角度出发，通过宠物医生的询问、调查、了解和利用检查者的眼、耳、鼻、手等感觉器官对宠物进行直接检查，是最基本的临床检查方法。

第一节　临床检查基本方法

临床检查宠物的基本方法主要包括：问诊及一般称为物理检查法的视诊、触诊、叩诊、听诊和嗅诊。这些临床检查方法都是通过宠物医生的感觉器官，或配合使用简单的器械发现患病宠物的异常表现，为认识疾病、建立正确的诊断提供可靠的资料。

一、问诊

临床检查中的问诊是以询问的方式，向宠物主人了解宠物（犬、猫及鸽等）的发病情况和发病的经过。

（一）问诊的方法

宠物医生应以和蔼的态度、通俗的语言，尽可能地向宠物的主人全面、重点地了解宠物的疾病情况，从中获取与诊断疾病有关的临床资料。宠物的问诊可在临床其他检查方法之前，也可穿插在其他检查方法之中。

（二）问诊的内容

问诊的内容十分广泛，通常应着重了解以下 3 个方面的内容。

1. 既往史

患病宠物与同窝宠物以往的患病情况，可帮助了解是否是继发性疾病，还是疾病复发？是否是传染病，或是中毒性疾病？

预防接种的内容、时间、效果等。过去有无类似的症状出现，经过和结局如何？临近区域经常发生疾病的情况等。可帮助判定是否有传染病或中毒性疾病的发生？

2. 现病历

本次发病的时间、地点，饲喂前或饲喂后发病，喂的食物情况，发病时的表现，目前病情的轻重等，是否经过治疗，用药情况，效果如何等。可帮助判定疾病的急慢性，以及疾病的大概性质等。

3. 生活史

平时的饲养管理情况、生活习惯等。可帮助判定是否有代谢性疾病、寄生虫疾病等。

（三）注意事项

问诊的内容广泛，应根据实际加以节选和增减；问诊的态度要和蔼，以取得宠物主人的密切配合；对问诊取得的资料不能简单地肯定和否定，应结合其他诊断全面分析，提出诊断线索。

二、视诊

视诊是利用宠物医生的视觉或借助器械（如反射镜、放大镜等）观察患病宠物的状态和病变，是认识疾病最常用最简单而又最重要的检查方法。

（一）视诊的方法

一般视诊时，检查者应先站在宠物左前方 1～1.5m 的地方，观察全貌。然后由前向后边走边看，顺序地依次观察宠物的头部、颈部、胸部、腹部及四肢。到正后方时，应观察尾部、会阴部，并对照观察两侧胸部、腹部的对称性，再由右侧到正前方。如发现异常应按相反的方向再转一圈，作进一步的检查。最后进行牵遛、观察步态等。

视诊在临床中分为全身（大体）视诊和局部（各部位）视诊两种。

1. 全身视诊

全身（大体）视诊通常不进行保定，应尽量让宠物采取自然姿势和状态，宠物医生站在宠物的左前方，观察全貌。然后由前向后边走边看，依次地观察头部、颈部、胸部、腹部及四肢，走到正后方时应停留一下，观察尾部及肛门、会阴部，并对照观察两侧胸部、腹部的状态及对称性，由右侧到正前方。如发现异常可稍接近作进一步检查。

2. 局部视诊

局部视诊根据情况可实行保定，主要观察宠物局部（各部位）如头部、颈部、胸部、腹部、四肢、尾部及肛门、会阴部等有无异常，如肿胀、创伤、溃疡等。

（二）视诊的内容

视诊时主要注意以下几方面内容：

1. 体质与外貌

如体格的大小、营养及发育状况，被毛的光润程度及胸、腹部的对称性等。

2. 精神、姿势、运动及行为

如精神沉郁（图 2－1）或精神兴奋，静止时的姿

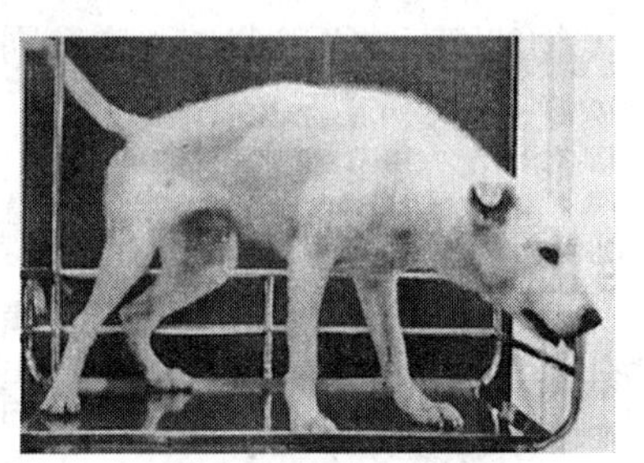

图 2－1　病犬精神呆滞

态，运动状态及步态的变化，行为变化及有无腹痛不安等。

3. 生理活动及代谢物的状态

如有无喘息、咳嗽，吃食、咀嚼、吞咽情况，排粪、尿的姿势及排泄物的数量、性状等。

4. 可视黏膜及与外界相通的体腔

如口、鼻、眼、咽喉、生殖道及肛门等黏膜的颜色、完整性，分泌物及排泄物的数量、性状及混合物等。

5. 体表组织病变

如创伤、溃疡、疱疹、肿物的形状、大小等。

（三）注意事项

视诊应选择光线比较好的地方，附近无干扰；对远道而来的宠物应先休息后再进行视诊；视诊所获得的资料应结合其他临床诊断资料再做出结论。

三、触诊

触诊是用手指或手掌，或者应用检查器械触动宠物机体，感觉、了解宠物某一器官、组织有无异常的一种方法。

（一）触诊的方法

触诊在临床上分为直接触诊（用手指、掌直接接触宠物体）和间接触诊（借助于器械间接地接触宠物体，如胃管探诊）；此外，根据触诊的部位分为内部触诊和外部触诊。临床诊断中触诊与视诊一般同时进行。

1. 外部触诊

外部触诊又称体表触诊，是用手掌、手指触知体表，感觉体表有无异常变化。如对宠物检查脉搏的变化，用手背感知皮肤的温度、湿度，用手指感知体表淋巴结的大小、形状、活动情况、压痛及软硬等，对宠物的皮肤和被毛的状态、骨骼、肌肉、关节及蹄的变化等。

2. 内部触诊

内部触诊又称深部组织触诊，是通过手掌或借助于器械检查内部组织、器官变化的方法。如用并拢的2～3指用力深入触压，检查痛感和疼痛范围（称插入触诊法）；用双手从宠物的腹背或两侧腹壁、胸壁同时加压，感知内脏实质器官有无肿瘤、积粪、肿胀等（称双手触诊法）。

（二）触诊的内容

对于局部组织或器官发生病理变化，临床上常用触诊的感觉变化来判定病变的性质、程度及范围。触诊的临床价值表现如下几方面。

1. 捏粉状

当指压时呈凹陷形成指压痕，但很快恢复原形，类似捏压生面团样的感觉，多见于组织间发生浆液性浸润，如水肿等。

2. 弹力感

弹力感像压肝脏一样的感觉，表现稍有弹性较硬的弹性感，如指压蜂窝织炎或新生肿瘤时的感觉。

3. 硬固

硬固感像触及骨样坚硬的物体时的感觉，如肠结石、硬粪块、异物、骨刺等。

4. 波动

内容物为血液、脓液及浆液样液体时，表面柔软略有弹性，触之有波动感，指压抬起后立即恢复原位。如脓肿、血肿、腹水等。

5. 气肿

气肿是指在组织间蓄积空气或气体时，体表呈现肿胀的外观，肿胀部位有界限不明显的膨隆触感。压迫时发出捻发音或小水泡破裂音，叩诊时发出鼓音。见于气肿疽、恶性水肿及其继发的皮下气肿。

6. 温感

温感是指对被检宠物体表的温度的感觉，是被检宠物全身或局部血液循环的影响所引起的。如局部炎症或高热时呈热感；贫血时呈现冷感。

7. 疼痛

当触诊宠物某一部位时表现出敏感、不安，可视为局部组织器官有炎症；针刺无反应可视为麻痹。局部炎症或麻痹在临床上非常重要。

（三）注意事项

触诊时必须使宠物安静，为了不给宠物以不安或惊恐感，应爱抚宠物，决不能粗暴；对性情不好的宠物应进行保定，性情温顺的宠物则不需要保定；触诊前必须进行视诊，不要马上触摸患部，先由健康部位开始，渐渐地触及患病部位，要注意患部与健康部位、对侧部位进行比较触诊检查。

四、叩诊

叩诊是专门用于宠物的胸部、腹部及其含气部位的诊断。是用手指或叩诊器叩击宠物患病部位所产生的振动声音（叩诊音），间接地判断内部病变的方法。

（一）叩诊的方法

叩诊在临床上分为直接叩诊和间接叩诊两种方法。

1. 直接叩诊法

直接叩诊是用叩诊槌或弯曲的手指，直接叩击患病部位表面的方法。常用于额窦炎、上颌窦炎、气肿部位的诊断，也可用于叩击关节或肌腱等以检查宠物的反射机能。

2. 间接叩诊

间接叩诊是用叩诊器或指与指进行的叩击宠物的方法，是临床应用最为广泛的诊断方法。在临床上又分为：

(1) 指指叩诊　主要用于小宠物的胸部叩诊。是将左(右)手指紧贴于被叩击部位，用另一只屈曲的右(左)手的中指进行叩击的方法。

(2) 叩诊器(槌板)叩诊法　主要用于胸、腹部的叩诊。是将叩诊板紧贴患病部位的体表，用叩诊槌叩击的方法。

(二) 叩诊的内容

叩诊音是叩击组织、器官时产生振动所发出的声音。叩诊音的性质取决于被叩组织的弹性、致密度和含气量。

声音的强弱、清浊，取决于声波振幅的大小，振幅大则声音强而清晰，振幅小则声音弱而钝浊。振幅的大小又决定于叩诊的力量及被叩组织、器官的弹性和含气量的多少。因此，在叩打肌肉等组织器官时，其振幅小，声音弱而钝浊，呈浊音；叩打肺脏边缘时，呈半浊音，其声音介于清音与浊音之间。

音调的高低，取决于振动的频率，即单位时间内振动的次数，频率高的音调高，频率低的音调低。

叩打含有一定量气体的单一腔体时，因器官振动规律呈周期性振动，则发生近于乐音的鼓音，如叩击含气部位发出的音响。

在临床叩诊检查过程中，常见的具有临床价值的声音如下。

1. 浊音

是叩击坚实或不含空气的部位时发出的小、弱而短的振动音。浊音是类似叩击肌肉多的股部发出的声音，又称为股音或肌音。在肺浸润或渗出性胸膜炎等临床叩诊时，可听到明显的浊音。

2. 半浊音

半浊音是清音与浊音之间的过渡音响，如叩击肺脏边缘时发出的声音。

3. 清音

是叩击肺脏区域发出的强大而清晰的声音，又称肺音。它是由肺泡、肺组织及气管内的空气振动所引起的。

4. 过清音

是介于清音与鼓音之间的过渡音响，音调较清音低，音响较清音强，极易听到。表明被叩击部位的组织或器官内含有多量气体，但弹性较弱。过清音是额窦、上颌窦的正常叩诊音。

5. 鼓音

是叩击含气器官发出的大而强的声音，其振动一致。在宠物患有肠臌气、局部气肿时，叩诊时能听到此音。

(三) 注意事项

叩诊检查应在室内进行，防止干扰；叩诊板与体表不得留有空隙、顺肋间放置，毛多的要拨开被毛；叩诊板不应用力压迫，其他物体不得接触叩诊部位，以免引起共振；叩诊槌(指)与叩诊板(指)呈直角，应短促、断续、快速而富有弹性地、以腕关节为轴，进行2～3次、间隔均等叩击；胸部叩诊时应在相应的对侧部位进行对比叩诊。

五、听诊

听诊是听取来自宠物机体内部组织器官发出的音响，从而推测内部组织器官有无异常的一种诊断方法。听诊与叩诊同样是临床非常重要的诊断方法。主要应用于胸部和腹部器官的检查。

自兰耐克（Lannec）1819 年开始制成的单耳听诊器以来，先后有多种类型的听诊器问世。近年来又生产出电子听诊器，主要是通过轻便的电子扩音装置，将听诊的声音进行放大。常用于心音和肺音的听诊检查。

（一）听诊的方法

听诊的方法有以耳直接贴于宠物的体壁上直接听诊和用听诊器间接听诊两种方法。

1. 直接听诊法

直接听诊法是将纱布或特制的听诊布覆于宠物的体壁上，用耳部贴附听诊布上，直接听取内部组织器官的音响。本方法诊断价值虽大，但检查时有一定的危险性。除特殊情况外，一般不用此方法。

2. 间接听诊法

间接听诊法是将听诊器的集音器头紧贴宠物的体壁上，通过连接的胶管，把听取内部组织器官的音响传入两耳内的方法。在临床上广泛应用。

（二）听诊的内容

听诊时根据来自内部组织器官发出的声音性质，判断内部组织器官有无病变，并将所听取来的病理性声音与生理状态的声音进行对比研究探讨。听诊主要应用于如下器官系统的临床检查过程中。

1. 呼吸系统

通常能听取喉头、气管、支气管及肺泡等发出的声音和胸膜的摩擦音等。

2. 循环系统

能听取心搏动的节律变化和心杂音以及心包的摩擦音、拍（击）水音等。特别在判定心瓣膜的机能变化上，心脏的听诊尤为重要。此外，在听取胎儿的心音，在产科范围内是不可缺少的诊断方法。

3. 消化系统

对消化系统用于听诊腹腔内肠管的声音。根据胃肠蠕动音的有无及蠕动音的性质判断消化机能。

4. 其他系统

还可听取血管音、皮下气肿音、肌束颤动音、关节活动音、骨折断面摩擦音等。

（三）注意事项

听诊应在安静的环境中进行；直接听诊时耳朵要紧贴体表，注意安全；集音器不要与被毛摩擦、胶管不能与衣物摩擦，防止干扰。

六、嗅诊

嗅诊是宠物医生的嗅觉来检查患病宠物的分泌物、排泄物、呼出气及其他病理产物的一种方法。

如呼出气带有特殊的腐败气味，常提示有坏疽性肺炎；呼出气和全身有尿味，可提示有尿毒症的可能。

第二节　临床检查的程序

为了全面系统地收集患病宠物的临床症状，并通过科学的分析以做出正确的诊断，临床检查工作应有计划、有步骤地按一定的科学程序进行。临床检查患病宠物疾病时一般可按下述程序。

一、患病宠物登记

患病宠物登记，就是系统地记录就诊患病宠物的标志和特征。登记的目的主要是患病宠物的个体特征，便于识别。同时，也可为临床诊断和治疗工作提供一些参考性条件。

对患病宠物的登记主要记录以下内容。

（一）宠物的种类

如犬、猫、鸽子、观赏鸟、观赏鱼等。不同种类的宠物各有本身固有的传染病，如犬瘟热病仅发生在犬，猫泛白细胞减少症（猫瘟热）不感染犬，而狂犬病是犬、猫宠物共患的传染病。宠物的种属不同也各有其不同的常见、多发病，如观赏鸟的嗉囊系列疾病等。

（二）宠物的品种

同一种属不同品种的宠物因品种之间的差异，发病情况不同；不同品种的宠物有不同的生理机能，其个体抵抗力及体质类型也不同。因此，不同品种宠物也有不同的常发病。如小型犬的膝关节易脱臼，拳师犬肿瘤的发病率较高，短头犬较易发生呼吸系统疾病。

（三）宠物的性别

不同性别宠物的解剖、生理特点，在临床诊断的工作中应予以注意。雌性宠物在妊娠、分娩前、分娩后的特定生理阶段，常有特定的多发病的发生，或在临床治疗中需特殊注意的治疗事项。因此，在宠物登记时对妊娠的宠物应加以明示。

（四）宠物的年龄

宠物的不同年龄阶段，常有其特有的、多发的疾病。宠物的不同年龄可提示不同种类的疾病。一般传染病和先天性疾病常发生在幼年宠物，而内分泌失调性疾病和肿瘤常发于成年或老年宠物；肠套叠和寄生虫病多见于青年的犬猫。

此外，对就诊的患病宠物还应登记宠物的名称。为了便于联系，应登记宠物主人的姓名、住址、联系电话等信息。通常应注明就诊的日期和时间。

二、发病情况调查

对发病情况的调查主要通过问诊的方法，必要时须进入现场进行了解患病宠物的全部情况。一般在患病宠物登记后与临床检查开始前进行。发病情况调查的内容如下。

（一）发病时间

询问患病宠物的发病时间及发病当时的具体情况，如饲喂前或饲喂后发病，运动中或休息时发病等。

（二）病后表现

主要了解患病宠物的饮食、粪便、尿液的情况，有无咳嗽、不安、异常运动行为表现等，主要向宠物的主人进行了解。

（三）诊治情况

宠物患病后是否治疗过。治疗时的用药情况及效果。供临床诊断和治疗时参考。

（四）以往健康情况

以往是否患过病？病的情况如何？平时的饲养情况怎样？日粮情况及调配情况等。

三、流行病学调查

对患病宠物怀疑是传染病、寄生虫病、代谢性疾病、中毒性疾病时，应当对患病宠物所在宠物群及住所周围宠物的发病情况，进行流行病学调查。流行病学调查的主要内容有如下两方面。

第一，同窝或周围饲养的宠物有无类似疾病的发生，发病率是多少；有无死亡，死亡率是多少；临近饲养的宠物有什么疾病流行；是否注射过疫苗；防疫时间如何，对传染病的分析有重大的临床诊断价值。

第二，宠物的食物配合情况和饲喂方法等情况，饲料的质量、加工调制的方法如何；饲料的放置场所附近有无有毒气体及废水排放等。对推断病因，分析中毒病、代谢性疾病等均有重要的临床诊断价值。

四、现症临床检查

对患病的宠物进行客观的临床检查，是发现、判断症状及病变的主要手段。症状及病变是提示诊断的基础和出发点。因此，临床检查必须仔细、认真。一般可按下列步骤进行。

（一）一般检查

1. 观察整体状态，如精神、营养、体格、姿势、运动、行为等。
2. 测定体温、脉搏及呼吸次数。
3. 被毛、皮肤及表在的病变。
4. 可视黏膜的检查。
5. 浅表淋巴结的检查。

（二）各器官系统检查

1. 心血管系统检查。
2. 呼吸系统检查。
3. 消化系统检查。
4. 泌尿及生殖系统检查。
5. 神经及运动系统检查。

有时也可根据个人的习惯，在患病宠物登记、问诊后，按整体及一般检查和头部、胸部、腹部、臀部及四肢等部位进行细致检查。

五、辅助或特殊临床检查

根据临床检查的需要可配合进行某些功能性试验，实验室检查检验，特殊临床检查等。

当然，临床检查的程序并不是固定不变的，可依据患病的具体情况而灵活运用。应该特别强调的是，临床检查必须全面而系统，在一般检查的基础上，更要对病变的主要器官和部位再作详细、深入的检查，以期全面的揭示病变与症状，为临床诊断提供充分、可靠的材料。

六、病历书写

所有临床检查（包括复诊病畜检查）及特殊检查的结果，均应详细地记录于病历中。

病历记录不仅是诊疗机构的法定文件，也是临床工作者不断总结诊疗经验的宝贵原始资料，并成为法律医学的证据。因此，必须认真填写，妥善保管。

病历的书写，一般包括登记、病史、一般检查、各系统检查、实验室及特殊检查，诊断、处方及治疗等内容。

病历书写要全面、详细，对症状的描述要力求真实、具体、准确，要按主次症状分系统（或按部位）的顺序记载，避免零乱和遗漏，记录用词要通俗、简明、字迹清楚。对疑难病例，一时不能确诊的，可先填写初步诊断，待确诊后再填最后诊断。

【病历记录表】

病　　志

NO：________________

主人：__________住址：______________________________电话：____________________

品种：__________性别：____________年龄：____________毛色：____________________

特征：____

发病日期：______________________________初诊日期：______________________________

初步诊断：______________________________最后诊断：______________________________

疾病转归：______年____月____日宠物医师签名：__________________________________

病　　史：既往历：____

____

现病历：____

____

饲养情况：____

____

临床检查：体温__________℃；脉搏__________（次/min）；呼吸数__________（次/min）

整体状态：____

____

____

循环系统：____

____

____

呼吸系统：____

____

____

消化系统：____

____

____

泌尿生殖系统：____

____

____

神经及运动系统：____

____

____

第1页

附　页

日　期	临床症状、治疗及处置	医师签字

第 2 页

（王雪东）

第三章　一般临床检查

一般临床检查是对患病宠物进行临床诊断的初步阶段。通过检查可以了解患病宠物的全貌，并可发现疾病的某些重要症状，为进一步的系统临床检查提供线索。一般临床检查主要应用视诊和触诊的方法进行。检查内容主要包括整体状态的观察、被毛及皮肤的检查、眼及眼结合膜检查、浅表淋巴结检查以及体温、脉搏及呼吸数的测定等。

第一节　整体状态观察

一、精神状态观察

精神状态的检查，可根据宠物对外界刺激的反应能力及其行为表现而判定。主要观察行为、面部表现和眼耳的动作。健康宠物两眼有神，反应敏捷，动作灵活，行为正常。

（一）正常状态

健康的犬活泼可爱，精神抖擞，行动灵活。双目有神，两耳常随声音而转动，即使是睡觉时，也始终保持警觉状态，听到一点细微的动静，就竖耳侧听，双眼盯视有动静的方向，表示出非常机灵的精神状态。

（二）临床诊断价值

当中枢神经机能发生障碍时，兴奋与抑制过程的平衡被破坏，具有临床诊断价值的是病畜常表现为过度的兴奋或抑制。

1. 精神兴奋

是中枢机能亢进的结果，依据其病变程度不同可表现为：

（1）轻度兴奋　病畜对外界的轻微刺激即表现为强烈反应，经常左顾右盼、竖耳、刨地、不安乃至挣扎。可见于脑及脑膜充血和颅内压增高及某些毒物中毒疾病，如脑与脑膜的炎症、日射病与热射病的初期等。

（2）精神狂躁　病畜表现为不顾一切障碍向前直冲或后退不止，反复挣扎乃至攻击人畜。多提示为中枢神经系统的重度病例，如脑膜炎的狂躁型、狂犬病等。

2. 精神抑制

是中枢神经紊乱的另一种形式。依据程度不同可表现为：

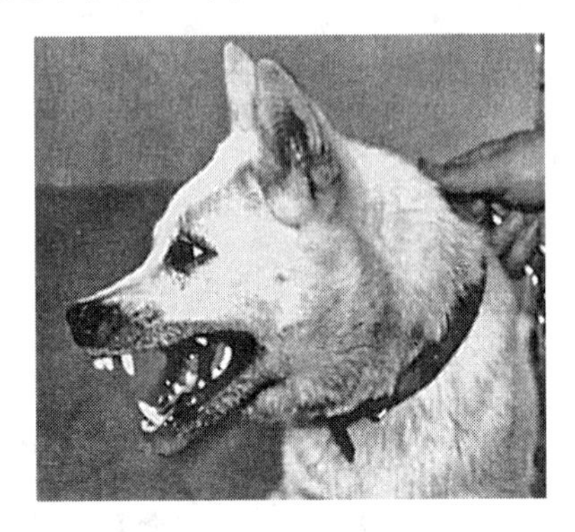

图3-1　处于精神兴奋、狂躁状态的犬

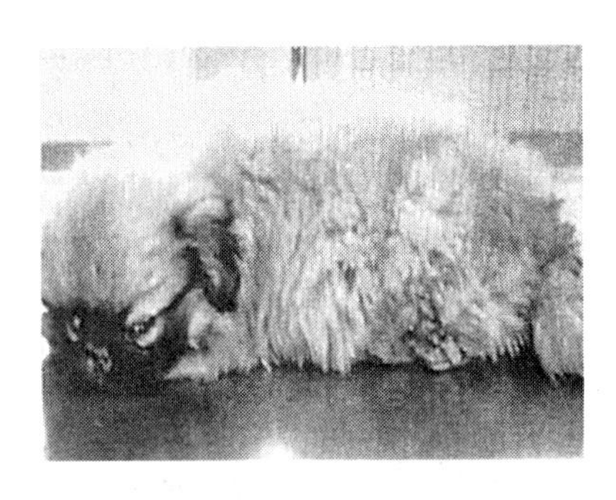

图3-2　病犬精神沉郁

（1）精神沉郁　可见病畜离群呆立，委靡不振，耳耷头低，对周围事物冷淡，对刺激反应迟钝，见于一切热性病及慢性消耗性疾病的体力衰竭时（图3-2）。

（2）精神嗜睡　表现重度委靡，闭眼似睡，或站立不动、或卧地不起，给以强烈刺激才引起其轻微反应。多见于重度的脑病或中毒性疾病。

（3）精神昏迷　是动物重度的意识障碍，可见意识不清，卧地不起，呼唤不应，对刺激几乎无反应或仅有部分反射功能。多见于脑及脑膜疾病的后期。重度昏迷是预后不良的征兆。

由于大失血、急性心力衰竭或血管机能不全而引起急性脑贫血时，临床上表现一时性昏迷状态称为休克或虚脱。如果病程好转，随着脑的供血机能的改善，动物的精神状态即行恢复。

二、营养状况观察

宠物的营养状况观察，主要是根据肌肉的丰满程度、皮下脂肪的蓄积量及被毛的状态和光泽、惊醒情况来判定。健康宠物应肥瘦适度，肌肉丰满健壮，被毛光顺而富有光泽，使人看后有一种舒适感。临床上把宠物的营养状况分为3类。

（一）营养良好

营养良好的宠物，肌肉丰满，皮下脂肪充盈，结构匀称，骨骼不显露，皮肤富有弹性，被毛有光泽。

（二）营养不良

营养不良的宠物，机体消瘦，肌肉松弛无力，被毛粗糙无光、焦干，尾毛逆立，毛焦肷吊，皮肤松弛缺乏弹性，骨骼显露明显等，常常是宠物患有寄生虫病、皮肤病、慢性消化道疾病或某些传染病的表现。

（三）营养中等

营养中等的宠物介于营养良好和营养不良之间。

三、姿势与肢体观察

（一）正常姿势

健康宠物均采取自然姿态，行走步态自然，各有其不同的特点。

（二）临床诊断价值

异常姿势的改变具有一定的临床诊断价值，常见姿势异常表现如下。

1. 强迫站立姿势

（1）木马样姿势　表现为头颈平伸、肢体僵硬、四肢关节不能屈曲、尾根竖起、鼻孔开张、瞬膜露出及牙关紧闭等，全身肌肉强直性痉挛。多见于宠物破伤风疾病（图3－3）。

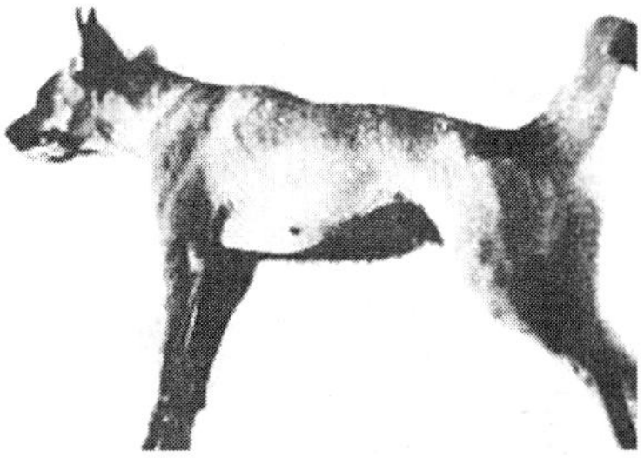

图3－3　破伤风强直性痉挛、角弓反张

（2）四肢疼痛性强迫站立姿势　单肢疼痛表现患肢提起，健肢负重站立姿势；多肢疼痛，多见于蹄叶炎、骨骼疾病、关节疾病、肢体肌肉风湿病时，常常四肢聚于腹下的站立姿势，或肢体频频交替的负重站立，健康肢采用替代负重的姿势。

2. 强迫伏卧姿势

（1）四肢骨骼、关节、肌肉疼痛　宠物喜卧，站立时困难并伴有全身肌肉震颤。见于骨软症、风湿病等。

（2）衰竭性疾病四肢无力　喜卧不动，多见于长期消耗性疾病。

（3）截瘫性强迫伏卧　多见于两后肢的截瘫，宠物呈“犬坐”姿势，严重的病例表现后躯感觉、反射机能障碍及排粪、排尿失禁。

3. 强迫运动姿势

（1）共济失调　运动时四肢配合不协调，呈醉酒状。可见于脑脊髓的炎症，多为病原侵害小脑的结果。

（2）盲目运动　无目的的徘徊，前冲或后退，或呈圆圈运动，或以一肢为轴，呈时针样运动。多提示脑、脑膜的炎症，中毒性疾病或脑的占位性病变。

（三）临床诊断价值

1. 体态改变

宠物在站立或行走时，四肢强拘，不敢负重，或仅在站立或运步时，显示四肢软弱无力，则表明四肢有异常。犬躺卧时体躯蜷缩，头置于腹下或卧姿不自然，不时翻动，则表明有腹痛症状。

2. 肢体跛行

某一肢体或多个肢体患有疼痛性疾病，使运动机能障碍导致运步失常称为跛行。患肢着地、负重时表现疼痛为支跛；患肢提举时有运动障碍为悬跛；两者均有时为混合跛。

跛行多见于四肢骨骼、关节、肌腱、蹄部或四肢外周神经的疾病所引起的。

四、被毛及皮肤检查

（一）被毛检查

1. 检查的内容

宠物的被毛检查主要采用视诊和触诊的方法。主要观察毛、羽的清洁性、光泽及脱落情况。健康宠物的被毛平顺而富有光泽，每年春、秋两季脱换新毛。

2. 临床诊断价值

被毛松乱、失去光泽、容易脱落，多见于营养不良、某些寄生虫病、慢性传染病。局部被毛脱落，见于湿疹、疥癣、脱毛癣等皮肤病。鸟的啄羽症脱毛，多为代谢紊乱和营养缺乏所致。

（二）皮肤检查

1. 检查方法

宠物的皮肤检查主要采用视诊和触诊的方法。

2. 临床诊断价值

宠物的皮肤检查的诊断价值主要有如下几方面。

（1）颜色　主要对浅色皮肤的宠物检查有重要意义。皮肤上出现小出血点，常见于败血性传染病；皮肤呈青白或蓝紫色，见于亚硝酸盐中毒等。

（2）温度　检查皮温，常用手背触诊。如果发现犬的鼻端（鼻镜）干而热，耳根部皮肤温度较其他部位高，宠物的精神不振、食欲不良而渴欲增加时，则表明该宠物体温高。

对观赏鸟可检查肉髯及两足。

全身皮温增高，常见于发热性疾病；局限性皮温增高是局部炎症的结果。全身皮温降低见于衰竭症、大失血；局部皮肤发凉，见于该部水肿或神经麻痹。皮温不均，见于心力衰竭及虚脱。

（3）湿度　皮肤的湿度与汗腺分泌有关。由于犬汗腺极不发达，此项对犬临床诊断意义不大。

对于其他宠物如发现汗增多，除因气温过高、湿度过大或运动之外，多属于病态。临床上表现为全身性和局部性湿度过大（多汗）。全身性多汗，常见于热性病、日射病与热射病以及剧痛性疾病、内脏破裂；局部性多汗多为局部病变或神经机能失调的结果。皮肤干燥见于脱水性疾病，如严重腹泻。

（4）弹性　检查皮肤的弹力时，是将颈侧或肩前或背部皮肤提起使之呈皱襞状，然后放开，观察其恢复原状的快慢。健康宠物提起的皱襞很快恢复。皮肤的弹性降低时，皱襞恢复很慢，多见于大失血、脱水、营养不良及疥癣、湿疹等慢性皮肤病（图3－4）。

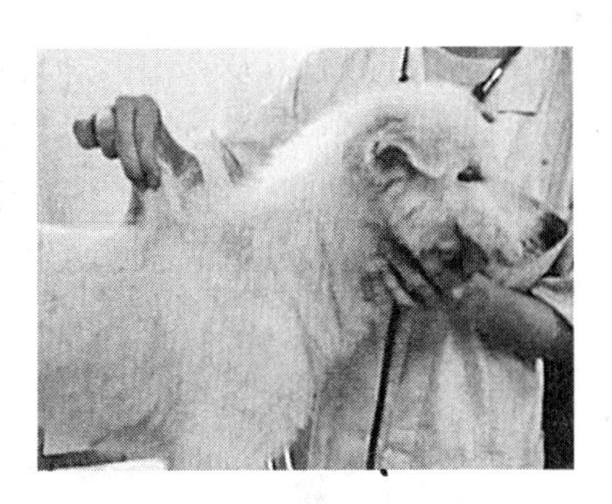

图3－4　提起背部皮肤进行检查

（5）*疹疱*　是许多传染病和中毒病的早期症状，对疾病的早期诊断有一定意义，多由于毒素刺激或发生变态反应所致。疹疱按其发生的原因和形态不同可分为以下几种：

斑疹　是弥漫性皮肤充血和出血的结果。用手指压迫，红色即退的斑疹，称之为红斑，见日光敏感性疾病；小而呈粒状的红斑，称之为蔷薇疹，见于痘病毒引起的疾病；皮肤上呈现密集的出血性小点，称之为红疹，指压红色不退，见于病毒性疾病及其他有出血性素质的疾病。

丘疹　呈圆形的皮肤隆起，有小米粒到豌豆大，是皮肤的乳头层发生浸润所致。在患传染性口炎和滤泡性鼻炎时，常出现于唇、颊部及鼻孔周围。

水疱　为豌豆大、内含透明浆液性液体的小疱。因内容物性质的不同，可分别呈淡黄色、淡红色或褐色。患痘病时水疱是其发病经过的一个阶段，其后转为脓疱。

脓疱　为内含脓液的小疱，呈淡黄色或淡绿色，见于痘病及犬瘟热等。

荨麻疹　为皮肤表面散在的鞭痕状隆起，多为豌豆大至核桃大，表面平坦，常有剧痒，多呈散在性的急性发生，预后不留任何痕迹。常见于接触荨麻而发生，故称荨麻疹。在宠物受到昆虫刺螫、突然变换高蛋白性饲料、消化不良以及上呼吸道感染等，均可出现荨麻疹。是由于机体变态反应引起毛细血管扩张及损伤而发生真皮或表皮水肿所致。

（6）*皮肤及皮下组织肿胀*　皮肤及皮下有肿胀时，用视诊法观察肿胀部位的形态、大小，并用触诊判定其内容物的性状、硬度、温度以及可动性和敏感性等。临床上常见的肿胀有以下几种。

皮下水肿　特征为局部无热、无痛反应，指压如生面团并留指压痕（炎性肿胀则有明显的热痛反应，一般较硬，无指压痕）。皮下浮肿依据发生原因主要分为营养性、肾性及心性浮肿。宠物下颌、四肢、下腹部浮肿，多见于寄生虫病；牛下颌或胸前浮肿，心脏病、心包炎时，因循环障碍，可引起全身浮肿；观赏鸟皮下浮肿可见于渗出性素质（如硒或维生素E缺乏）；一般宠物的腹下、胸下、阴囊及四肢浮肿，见于营养不良、心脏和肾脏疾病以及局部血液循环障碍等。

皮下气肿　触诊时出现捻发音，颈、胸侧及肘后的窜入性皮下气肿局部无热痛反应。多见于宠物皮下外伤引起的气肿等。出现腐败性炎症时，常伴有发热（局部或全身性），局部切开皮肤时，可流出腐败发臭的液体。

脓肿、水肿及淋巴外渗　多呈圆形突起。触诊多有波动感，见于局部创伤或感染，穿刺抽取内容物即可予以鉴别。

其他肿物

①疝　用力触压疝的病变部位时，疝内容物即可还纳入腹腔，并可摸疝孔，如宠物的腹腔疝、脐疝、阴囊疝。

②体表局限性肿物　如触诊坚实感，则可能为骨质增生、肿瘤、肿大的淋巴结；如腺

癌多发于肛门周围及耳部，肿块迅速增大，多发于雌性宠物；宠物的乳房部位出现肿块时，良性的肿胀缓慢，恶性的肿块增长速度快；腹部淋巴结肿大多见于痢疾；下颌、腋下、大腿根部淋巴结肿大，多见于恶性淋巴肿；四肢部位出现硬性肿物，触诊固定不动，有时带有疼痛，多见于骨质增生等。

第二节　测量体温、脉搏及呼吸数

体温、脉搏、呼吸数是宠物生命活动的重要生理指标。在正常情况下，除受外界气温及运动、使役等环境条件的暂时性影响，一般在一个较为恒定的范围内波动。

一、体温的测定

在正常生活条件下，健康宠物的体温通常保持在一定范围内，一般清晨最低，午后稍高，一昼夜间的温差一般不超过1℃。如果超过1℃或上午体温高、下午低，表明为体温不正常。

判定宠物发热的简单方法，是从宠物的鼻、耳根及精神状态来分析。正常宠物的鼻端发凉而湿润，耳根部皮温与其他部位相同。如果发现鼻端（鼻镜）干而热，耳根部皮肤温度较其他部位高，精神不振、食欲不良而渴欲增加时，则表明该宠物体温高。

一般情况下，在多数传染病，呼吸道、消化道及其他器官的炎症，日射病与热射病时体温升高。而在中毒、重度衰竭，营养不良及贫血等疾病时，体温常降低。

（一）测定方法

测量体温最准确的方法是用体温表量。测温时术者将体温表的水银柱甩到35℃以下，用酒精棉球擦拭消毒，并涂少量润滑剂（液状石蜡），由助手对宠物适当保定，测温者将尾稍上提，把体温表缓缓插入肛门内。插入后要防止体温表脱落，5min左右即可取出，读取度数。应当注意的是当宠物兴奋、紧张和运动后，或外界气温升高等，直肠温度可能有轻度的升高。

观赏鸟类在翅膀下测量。

（二）正常体温数

几种宠物正常体温数如表3－1：

表3－1　宠物正常体温数值表（℃）

宠物种类	体　温	宠物种类	体　温
犬	37.5～39.0	兔	38.0～39.5
猫	38.5～39.5	观赏鸟	40.5～42.0

宠物受某些生理因素的影响，可引起一定的生理性的体温变动。首先，是年龄因素，如幼犬体温高于成年犬0.5～1.0℃；其次，宠物的性别、品种、营养性能等对体温的生

理变动也有一定影响，如一般雌性宠物在妊娠后期体温可稍高；兴奋、运动以及采食、咀嚼活动之后，体温会暂时性升高 0.1～0.3℃；体温昼夜的变动一般早晨体温较低，午后稍高，其温差变动在 0.2～0.5℃。

（三）临床诊断价值

1. 体温升高

体温升高是指体温超出正常标准。

（1）体温升高程度　根据体温升高的程度分为：

微热　体温升高 0.5～1℃，仅见于如感冒等局限性炎症。

中热　体温升高 1～2℃，见于呼吸道、消化道一般性炎症及某些亚急性、慢性传染病、小叶性肺炎、支气管炎、胃肠炎等。

高热　体温升高 2～3℃，见于急性感染性疾病与广泛性的炎症，如犬瘟热、溶血性链球菌病、流行性感冒、急性胸膜炎与腹膜炎等。

极高热　体温升高 3℃以上，提示某些严重的急性传染病，如是否属于高热以及日射病与热射病等。

（2）热型变化　在临床上把每天上、下午测得的结果记录下来，连成曲线叫做体温曲线。根据体温曲线判定热型，对诊断疾病有重大的临床诊断价值。

热型可分为：

稽留热　其特点是体温高热，可持续 3d 以上，而且每天的温差变动范围较小，一般日差不超过 1℃，见于犬流感、犬炭疽病、大叶性肺炎等（图 3－5）。

弛张热　其特点是体温升高后，每天的温差变动范围较大，常超过 1℃以上，但体温并不降到正常，见于败血症、化脓性疾病、支气管肺炎。

间歇热　其特点是高热持续一定时间后体温下降到常温度，然后又重新升高，如此有规律的交替出现，见于慢性结核病、梨形虫病。

不定型热　体温曲线变化无规律，如发热的持续时间长短不定，每天日温差变化不等，有时极其有限，有时则波动很大。多见于一些非典型经过的疾病，如渗出性胸膜炎等。

双相热　初次体温升高约持续 2d，然后降至常温 2～5d，再次体温升高并持续数日，常见于犬瘟热等（图 3－6）。

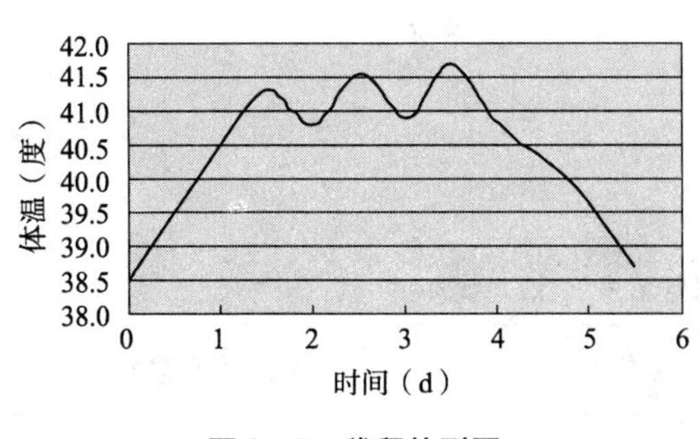

图 3－5　稽留热型图

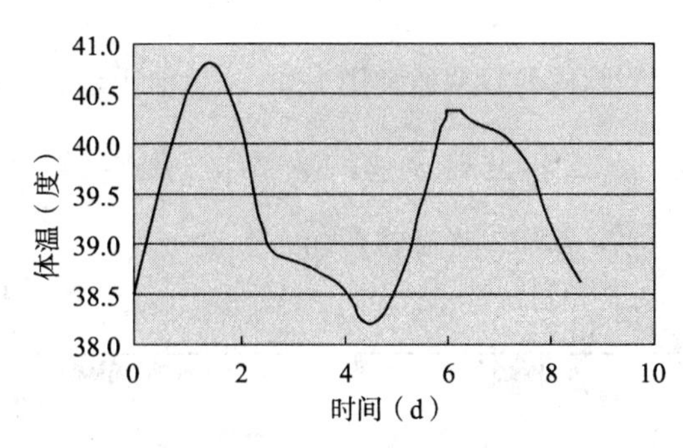

图 3－6　双相热型图

（3）发热病程长短　根据发热病程长短分为：

急性发热　一般发热期延续1～4周，如长达1个月有余则为亚急性发热，可见于多种急性传染病，如犬瘟热等。

慢性发热　持续数月甚至1年有余，多提示为慢性传染病，如结核病等。

一过性热　又称暂时性热，体温1d内暂时性升高，常见于注射血清、疫苗后的一过性反应，或由于暂时性的消化紊乱引起。

2. 体温降低

即体温低于正常指标，主要见于某些中枢神经系统疾病（流行性脑脊髓炎）、中毒病、重度营养不良、严重的衰竭症、低血糖病、顽固性下痢、各种原因引起的大失血以及陷入濒死期的病畜。

发热持续一定阶段之后则进入降热期。依据体温下降的特点，可分为热的渐退与骤退两种。前者表现为在数天内逐渐下降至正常体温，且宠物的全身状态亦随之逐渐改善而恢复；后者在短期内迅速降至正常体温或正常体温以下。如热骤退的同时，脉搏反而增数且宠物全身状态不见改善甚至恶化，多提示为预后不良。

（四）注意事项

测温前应将体温表水银柱甩至35℃以下，用酒精棉球消毒并涂以润滑剂后使用。测温时，应注意人和宠物的安全，通常需对患病宠物施行简单保定。体温计插入深度要适宜，体格大一些的宠物插入2/3，体型小的宠物不宜过深；勿将体温计插入粪便中，应排出积粪后进行测定；注意宠物的正常体温可能受某些因素影响，如幼龄、运动、外环境等因素引起的生理变动。

二、脉搏数测定

（一）脉搏数测定方法

临床上应用触诊的方法检查宠物的动脉脉搏，测定每分钟脉搏的次数。一般可在后肢股内侧检查股动脉，与其他宠物的检查方法不一致。

一般宠物过肥、患有皮炎，以及有其他妨碍脉搏检查的情况时，可用听诊心搏动数来代替。

脉搏的频率通常用1min的数值表示，但以求出2～3min的平均值为宜。

（二）正常宠物的脉搏数

宠物的正常脉搏数如表3－2。

表3－2　宠物正常脉搏数值表（次/min）

宠物种类	脉搏数	宠物种类	脉搏数
犬	70～120	兔	120～140
猫	110～130	观赏鸟（心跳）	120～240

（三）临床诊断价值

在正常情况下，脉搏数受外界温度、运动、年龄、性别等多种因素的影响而有所变动。在疾病情况下主要见于如下变化。

1. 脉搏增数

脉搏增数主要见于热性病（热性传染病及非传染性疾病）、心脏病（如心脏衰弱、心肌炎、心包炎）、呼吸器官疾病（如大叶性肺炎、小叶性肺炎及胸膜炎）、各类型贫血及失血性疾病、剧烈的疼痛性疾病（如腹痛症、四肢疼痛性疾病）以及某些毒物或药物的影响（如交感神经兴奋剂）。

2. 脉搏减数

脉搏减数主要见于某些脑病（如脑脊髓炎、慢性脑室积水）、中毒病（如洋地黄中毒）、胆血症（如胆道阻塞性疾病）以及危重病畜。

（四）注意事项

脉搏检查应待宠物安静后进行；如无脉感，可用手指轻压脉管后放松即可感知；当脉搏过于微弱而不感于手时，可用心跳次数代替脉搏数；某些生理性因素或药物的影响，如外界温度、宠物运动时，恐惧和兴奋时、妊娠后期或使用强心剂等，均可引起脉搏数改变。

三、呼吸次数测定

（一）测定方法

检查者站于宠物一侧，观察胸腹部起伏动作，一起一伏即为一次呼吸。在冬季寒冷时可观察呼出气流。还可对肺进行听诊测数。观赏鸟可观察肛门周围羽毛起伏动作计数。

（二）正常呼吸数

宠物的正常呼吸数如表 3－3。

表 3－3　宠物正常呼吸数值表（次/min）

宠物种类	呼吸数	宠物种类	呼吸数
犬	10～30	兔	50～60
猫	10～30	观赏鸟	15～30

（三）临床诊断价值

1. 呼吸数增多

呼吸数增多见于呼吸器官本身的疾病，如各型肺炎、主要侵害呼吸器官的传染病（如结核、传染性胸膜肺炎、流行性感冒、霉形体病）、寄生虫以及多数发热性疾病、心力衰竭、贫血、腹内压增高性疾病、剧痛性疾病、某些中毒症（如亚硝酸盐中毒）。

2. 呼吸数减少

呼吸数减少见于宠物颅内压明显升高（如脑水肿）、某些中毒及重度代谢紊乱以及呼吸道高度狭窄。

（四）注意事项

宜于宠物休息后测定；必要时可用听诊肺呼吸音的次数代替呼吸数；某些因素可引起呼吸次数的增多，如外界温度过高、运动时、妊娠、兴奋等情况。

第三节　眼、眼结合膜及浅在淋巴结检查

一、眼及眼结合膜检查

检查眼及眼结合膜时，着重观察眼结合膜的颜色，其次要注意眼有无肿胀和分泌物。

（一）眼部观察

宠物的眼部观察主要观察眼部的状况，如眼部外伤、有无肿胀物等。特别注意眼部（眼窝）凹陷，如凹陷，一般是脱水的特征；肿胀是水肿的特征。要注意与眼病的区别。

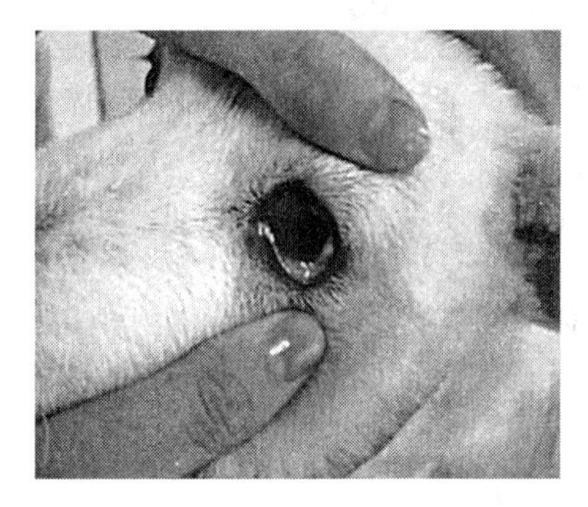

图 3－7　犬的眼结膜检查方法

（二）眼结合膜检查

用两手的拇指和食指打开上、下眼睑进行检查（图 3－7）。

健康宠物的眼结膜为淡红色，但很易因兴奋而变为红色。

（三）临床诊断价值

1. 眼睑及分泌物

眼睑肿胀并伴有羞明、流泪，是眼炎或眼结膜炎的特征。如有反复地周期性发作病史，多提示为周期性眼炎，如夜盲症。轻度的结膜炎症，伴有大量的浆液性眼分泌物，可见于流行性感冒。

黄色、黏稠性眼眵，是化脓性结膜炎的标志，常见于某些发热性传染病，犬瘟热。宠物大量流泪，见于感冒。

2. 眼结膜的颜色

（1）结膜苍白　结膜苍白表示红细胞的丢失或生成减少，是各种贫血的表现。急速发生苍白的，见于大失血、肝脾破裂等；逐渐苍白的，见于慢性消耗疾病，如慢性消化不良以及寄生虫病、营养性贫血。

（2）结膜潮红　是血液循环障碍的表现，也见于眼结膜的炎症和外伤。根据潮红的性质，可分为弥漫性潮红和树枝状充血。

弥漫性潮红是指整个眼结膜呈均匀潮红，见于各种急性热性传染病、胃肠炎、胃肠性

腹痛病等；树枝状充血是由于小血管高度扩张、显著充盈而呈树枝状，常见于脑炎及伴有高度血液还流障碍的心脏病。

（3）结膜黄染　结膜呈不同程度的黄色，是由于胆色素代谢障碍，致使血液中胆红素浓度增高，进而渗入组织所致，以巩膜及瞬膜处较易发现。

引起黄疸的原因为肝脏实质性病变；胆管被结石、异物或寄生虫所阻塞；红细胞大量被破坏等，见于血液寄生虫病、实质性肝炎、胆道蛔虫症、十二指肠炎、溶血病等。

（4）结膜发绀　即结膜呈蓝紫色，主要是由于血液中还原血红蛋白的绝对增多所致，见于肺呼吸面积减少和大量循环淤血的疾病，如各型肺炎、心力衰竭、中毒（如亚硝酸盐中毒或药物中毒）等。

（5）结膜有出血点或出血斑　结膜呈点状或斑块样出血，是因血管壁通透性增大所致，常见于血液寄生虫病、某些传染病等。

二、浅在淋巴结检查

由于淋巴结体积小并深埋在组织中，故在临床上只能检查少数淋巴结。对宠物常检查腹股沟淋巴结。

（一）检查方法

淋巴结的检查主要采用触诊和视诊的方法进行，必要时采用穿刺检查方法。主要注意其位置、形态、大小、硬度、敏感性及移动性等。

（二）临床诊断价值

1. 急性肿胀

淋巴结体积增大，有热痛反应，质地较硬，见于犬炭疽病、血液寄生虫病等。

2. 慢性肿胀

淋巴结多无热痛反应，质地坚硬，表面不平，活动性较差。常见于宠物的结核病及白血病等。

3. 化脓

淋巴结肿胀隆起，皮肤紧张、增温、敏感并有波动。宠物的淋巴结化脓，某些细菌性感染等。

（易本驰）

第四章　犬猫各器官的临床检查

根据临床基本检查和一般检查所收集、获得的临床资料，经过初步判断，需要有目的性的对可能详细检查的器官、系统再做进一步的临床检查，以便更翔实地收集、发现、丰富临床诊断的依据，供宠物医生做出完整、正确的临床诊断。

第一节　消化器官检查

犬和猫在分类学上属哺乳纲食肉目的犬科和猫科动物。犬被驯养后变成了以肉食为主的杂食宠物，猫的食物也不只限于肉食了。消化系统最易受到各种理化因素、生物因素的侵害。因此，消化系统疾病是宠物最常见的疾病，消化系统疾病严重影响宠物的消化吸收，影响宠物的生长发育，会导致机体抵抗力的降低，易诱发宠物的其他器官系统疾病。

消化系统的临床检查，多采用视诊、触诊和听诊的方法，根据临床需要，可采用X线检查、内腔镜检查、超声波检查，以及胃肠内容物、粪便及血液生化等实验室检验。

一、饮食欲检查

宠物的饮食欲是否良好，对宠物的消化系统疾病的诊断、治疗与判定预后，具有重要的临床诊断价值。

（一）食欲检查

对犬猫的食欲观察，只有在不改变宠物饲养的条件下，通过宠物对食物的要求欲望和采食量来加以判断。

1. 正常状态

健康犬猫食欲旺盛，特别是食物中肉类食物较多时，常常表现出“护食”的习性，防止其他同类靠近，而且吃的较快。猫采食时不喜欢打扰，多躲在安静的地方享用。

2. 临床诊断价值

健康犬猫因食物的低劣、外界温度的变化、过劳、改变环境以及异常的刺激，可引起暂时性的食欲不振或减退。

犬猫在疾病时，经常见到的具有临床诊断价值的病理性食欲变化有以下几种。

（1）食欲减退　采食缓慢、采食量明显减少。见于发热性疾病、代谢病以及各种胃肠疾病等。

（2）食欲废绝　食欲完全丧失，拒绝采食。见于急性胃肠道疾病和其他重症疾病等。

（3）食欲不定　食欲时好时坏，见于慢性胃肠卡他等。

（4）食欲亢进　患病犬猫食欲旺盛，采食量增多。见于肠道寄生虫病、糖尿病及重病的恢复期等。

（5）异嗜　是指犬猫采食平时不吃的物质。如木片、碎石等。宠物出现异嗜，多提示为营养、代谢障碍性疾病，如矿物质、维生素、微量元素缺乏等。

（二）饮欲检查

饮欲检查主要是观察饮水量的多少。

饮欲的产生是由于机体内水分缺乏时，由于细胞外液减少，血浆渗透压增高，致使唾液分泌减少，口咽黏膜干燥，反射性地刺激丘脑下部的饮欲中枢所引起的。在疾病状态下，具有临床诊断价值的饮欲的改变如下。

1. 饮欲增强

多见于剧烈的腹泻、糖尿病、呕吐后及发热性疾病等。

2. 饮欲减退

多见于半昏迷的脑病和某些胃肠疾病等。

二、吞咽和呕吐检查

（一）吞咽检查

吞咽动作是一种复杂的生理反射活动，这一活动是由舌、咽、喉及吞咽中枢和有关的传入、传出神经共同协作来完成的。

吞咽检查最有临床诊断价值的是吞咽障碍，一般患病宠物表现摇头、伸颈、屡次企图吞咽而又终止，或吞咽时引起咳嗽以及饮水从鼻腔返流。多见于咽的疼痛性肿胀、异物及肿瘤等。

（二）呕吐检查

犬猫较容易发生呕吐，呕吐时表现不安，伸头向前接近地面，同时腹肌强烈收缩，并张口作呕吐状。呕吐检查具有临床诊断价值的是呕吐的状态和呕吐物的性质。

1. 呕吐的状态

食后立即呕吐，常见蛔虫病、肠闭塞、急性中毒、急性腹膜炎及尿毒症等；喝水后不久出现呕吐，常见于急性钩端螺旋体病、急性胃炎、食物中毒、脑炎、脑肿瘤及吞食了异物等；呕吐后又吃下吐出物，常见于采食了过量的食物后，马上剧烈运动，或给予过量的水果等不易消化的食物使宠物胃的负担过重等。

2. 呕吐物的性质

呕吐物中混有血液，见于出血性胃炎、胃溃疡、出血性胃肠综合征、犬瘟热等出血性疾病；呕吐物呈黄绿色，见于十二指肠阻塞等；粪性呕吐物，多见大肠阻塞；呕吐物混有寄生虫、毛团及其他异物，多见于寄生虫病及代谢性疾病等。

三、口腔、咽和食道检查

临床上当发现宠物的饮食欲减退，吞咽或咽下障碍时，应当对口腔、咽及食道进行详细的检查。

（一）口腔检查

犬猫的口腔检查主要注意流涎、气味、口唇、口腔黏膜的温度、颜色、舌以及牙齿等情况。临床上一般采用视诊、触诊、嗅诊等方法进行。健康犬猫口腔稍湿润、口腔黏膜呈淡粉红色。

1. 开口法

一般采用徒手开口法即可。当犬猫骚动不安，或凶猛以及需要进行口腔深部检查时，可装置开口器。

（1）犬的徒手开口法　对性情温顺的犬，检查时令助手握住犬的前肢，检查者右手拇指置于犬的上唇左侧，其余四指置于上唇右侧，在掐紧上唇的同时，用力将唇部皮肤向内下方挤压；将左手拇指和其余四指分别置于下唇左右侧，用力向内上方挤压唇部皮肤，左、右手用力把犬的上、下颌拉开即可检查。

（2）猫的徒手开口法　可令助手握紧猫的前肢，检查者两手将猫的上、下颌分开；或令助手用左手抓住猫的颈项部皮肤，右手食指和拇指卡住猫头上下颌交汇处，左手手腕一转，使猫头向后仰，猫嘴张开，检查者可用铅笔或手指按住下颌进行检查。

2. 临床诊断价值

口腔检查的临床诊断价值表现如下几方面。

（1）流涎　见于各种类型的口炎以及伴发吞咽或咽下障碍的疾病。如溃疡性口炎、咽炎、唾液腺炎、颌骨骨折以及狂犬病、某些中毒病等。

（2）口唇　健康的犬猫上、下口唇紧闭。在病理状态下，口唇表现下垂，有时口腔不能闭合，可见于面神经麻痹、昏迷、下颌骨骨折、狂犬病、唇舌肿胀及牙齿契入异物等；一侧性面神经麻痹，口唇歪向健康一侧；双唇紧闭，口角向后牵引，口腔不易或不能打开，见于脑膜炎及破伤风等；兔唇，即口唇与鼻孔之间有裂痕，多发于短头品种的幼仔犬；口盖有裂口（纵裂），口腔与鼻腔相通，多为先天性畸形，轻者可以手术治疗，重者应淘汰。

（3）口腔气味　在正常情况下，口腔一般无特殊的臭味。当消化系统功能紊乱时，由于宠物长时间的饮、食欲废绝，口腔的黏膜上皮细胞以及食物残渣腐败分解，可发出甘臭味。多见于口炎、咽炎及胃肠炎等。当宠物发生齿龈炎、齿槽脓漏症、扁桃体炎等，可发出腐败性臭味。

（4）口腔湿度　临床上口腔湿润，见于口炎、咽炎、唾液腺炎、狂犬病等；口腔干燥，见于长期腹泻、脱水及一切发热性疾病。

（5）口腔温度　检查口腔温度时，可用手指伸入到宠物的口腔中感知。健康情况下，口腔的温度与体温是一致的。

临床上如果体温不高，仅口腔温升高，多为口炎的表现。

(6) 口腔颜色　犬猫的口腔颜色基本与眼结膜的颜色及病理临床诊断价值相同。

3. 舌、牙齿的检查

舌的检查应注意有无舌苔及舌苔的颜色；齿的检查应注意牙齿的排列是否整齐，有无松动、过长牙及赘生牙等。

舌苔是覆盖在舌体表面上的一层疏松或致密的脱落不全的上皮细胞沉淀物。

舌苔呈灰白色或黄白色，多见于胃肠疾病及热性疾病；舌苔黄厚，提示病情较重或病程较长；舌苔薄白，一般表示病轻或病程短；舌色呈青紫色、舌软如棉，常提示病情已经到了危重期；舌麻痹，舌垂于口角外，失去活动能力，多见于脑炎后期；舌体咬伤，可见于狂犬病、脑炎等；齿龈出血时，多见于齿龈炎、齿槽脓漏症、齿龈膜炎、齿根炎等。

（二）咽和食管检查

检查犬猫的咽部和食管，主要采用视诊和触诊的方法。必要时可使用开口器进行直接视诊或触诊。

咽部的触诊，一般用两手同时从两侧耳根部向下逐渐滑行，并轻轻按压以感知咽部周围组织的状态。

咽部视诊时，头颈的伸展和运动不灵活，咽部肿胀，多为咽炎的表现，触诊时出现敏感、疼痛或咳嗽，多见于急性咽炎或腮腺炎等。应当注意的是，咽炎时吞咽障碍明显，腮腺炎时吞咽障碍不明显。

食管检查多在宠物出现咽下障碍时进行。检查时应注意有无食道炎、食道梗塞、食道损伤及食道内寄生虫等。

四、腹部检查

犬猫腹部检查常用的方法是视诊、触诊和听诊。必要时可进行腹腔穿刺等检查。

（一）腹部视诊

主要观察腹围的大小以及有无局限性肿胀。具有临床诊断价值的表现如下。

1. 腹围增大

多见于犬猫的血丝虫病、腹膜炎、白血病等发生腹水时，可引起腹围增大，并常伴有四肢和下腹部水肿。宠物的结肠便秘时，在髋骨结节与季肋之间出现腹部隆起，表现为腹围增大。在宠物的卵巢囊肿、子宫蓄脓以及膀胱内充满尿液时，表现为腹部膨满。

2. 腹围缩小

急性腹泻、长期发热、慢性消耗性疾病等均可引起腹围缩小。破伤风、腹膜炎时，因腹肌紧张，可见腹围轻度减缩。

3. 局限性膨大

常见于腹壁疝时，由于腹肌破裂，肠管脱出于皮下。在疝部能听到肠蠕动音，触诊可觉感到有肠管和疝轮环（破裂口）。

（二）腹部触诊

1. 腹部触诊的方法

检查者站在犬的后方，以双手拇指在腰部做支点，其余四指伸直置于腹壁两侧，缓慢用力压迫，直至两手指端相互接触为止，以感知腹壁以及触摸到的腹腔器官状态。

对小的宠物，将两手置于两侧肋弓的后方，逐渐向后向上移动，让内脏滑过各个指端，进行触诊。也可采用使宠物前、后躯轮流高举的姿势，能触知腹腔内全部器官。在开始触诊时宠物的腹壁紧张，触压一会儿后即行弛缓。

2. 临床诊断价值

当宠物有胃炎、胃溃疡时，胃区有压痛。

胃扩张时，在宠物的左侧肋骨下方有膨隆。

大肠便秘时，在宠物的脊柱下和骨盆的入口处的前部可摸到香肠状粪条或粪块，有时前段可达肝脏，后段可延伸到右腹侧。

肠套叠时，可摸到一个坚实而有弹性的、弯曲的、移动的圆柱形的肠管，并有时可感知肠套叠的存在。

肠嵌闭或肠绞窄时，可摸到病变部形成的结节，前段有肠臌气、肠嵌闭或肠绞窄处有压痛。

腹水时，触诊有波动感，采用冲击触诊，会出现波动，多见于渗出性腹膜炎、子宫蓄脓、尿闭、腹腔积液等引起积液。

应当注意的是宠物患有单纯性的腹膜炎时，腹壁有疼痛这一点，可区别因其他疾病引起的腹腔积液。

（三）腹部听诊

腹部听诊主要了解犬猫胃肠机能状态以及肠道内容物的性状。犬猫的肠音不太发达，难以区分大、小肠音（统称肠音）。

一般犬猫的肠音每隔10～20s蠕动一次，呈哔发音或捻发音或流水音。具有临床诊断价值的病理性肠音，主要如下。

1. 肠音增强

肠音高朗，连绵不断，见于肠臌气的初期、肠卡他及胃肠炎的初期等。

2. 肠音减弱

肠音短促而微弱，次数稀少，多见于重度胃肠炎的后期以及便秘等。

3. 肠音消失

无肠音，多见于肠麻痹、肠便秘及肠变位的后期等。

4. 肠音不整

肠音时快时慢，时强时慢。见于胃肠卡他及大肠便秘的初期等。

5. 金属性肠音

多见于各种原因引起的肠臌气。

（四）腹部叩诊

宠物的腹部叩诊可用指指叩诊或槌板叩诊的方法进行。宠物发生肠臌气时，在腹部相应的位置可出现鼓音；便秘时，出现浊音；腹膜炎出现腹水时，出现水平浊音。

五、肝脏检查

犬猫的腹壁较薄，从右侧肋骨的后方，向前上方能触摸到肝脏。

犬的肝脏叩诊，在左侧第7～12肋间，肺脏的后缘1～3指宽；左侧第7～9肋间沿肺脏的后缘，均能叩诊出与心浊音界相融合的肝脏的浊音界。

犬猫肝炎时，肝脏的浊音界扩大有临床诊断价值，触诊肝区敏感性增高。在临床检查中，还应进行肝功能检验和超声波检查等检查。

六、直肠检查

当犬猫有腹痛，试图排粪而又不能排除时，应进行直肠检查。

一般采用触诊的方法。检查者用剪短指甲并涂润滑剂或带橡皮手套的小指或食指，轻轻插入犬猫的肛门，可判断肛门的收缩力以检查肛门括约肌有无麻痹、直肠内有无蓄粪、直肠黏膜有无息肉等。

犬猫便秘时，肛门指检呈现过敏状态，直肠内有干燥秘结的粪便；直肠歪曲时，直肠检查时，可发现形成的直肠囊袋或直肠侧曲，粪便在弯曲处发生秘结，X线钡餐摄影检查，可发现直肠歪曲或直肠狭窄。此外，直肠检查还可确定骨盆腔内的盆骨有无骨折或肿瘤。在直检前，应注意犬猫有无肛瘘、肛裂以及肛门腺囊肿等。

犬猫肛门区炎症时，经常将肛门沿地面摩擦、企图啃咬肛门等；肛门腺囊肿时，直肠检查有疼痛和肿胀，压迫肿胀部可流出多量分泌物。

七、排粪姿势及粪便检查

（一）排粪姿势及粪便状态检查

排粪姿势和状态是一种复杂的反射动作。一般采用视诊的方法进行检查。

1. 排粪姿势

观察犬猫的排粪姿势及检查粪便，对临床诊断有很大的帮助。犬排粪时，后肢张开弯曲，近于坐下的姿势。猫排粪时先寻找僻静的地方，用爪挖一小坑，后肢分开下蹲排粪，最后用土掩盖粪便。

2. 临床诊断价值

主要表现有腹泻、便秘、里急后重、排粪失禁及排粪时带痛等。

（1）腹泻　粪便稀软，排粪次数增加，甚至排水样粪便，有时混有脱落的肠黏膜上皮或血液，是肠蠕动机能增强的结果。多见于急性肠卡他、肠炎及某些肠道寄生虫病等。

（2）便秘　宠物表现排粪用力，排粪次数减少，屡有排粪姿势而排出量少、干固、色深的粪便。见于一般性发热性疾病、慢性胃肠卡他、肠便秘、肠变位等。

（3）里急后重　频频做排粪姿势并强力努责，无粪便排出，或有时排出极少量的稀软粪便或黏液，常见于肠炎、顽固性腹泻、结肠与直肠周围和肛门的疾病等。

（4）排粪失禁　宠物没有排粪的姿势，粪便不自主地排出肛门外。多由于肛门括约肌弛缓或麻痹引起的。如持续性腹泻、大脑疾病、脊髓损伤、全身虚弱等。

（5）排粪带痛　排粪时表现不安、弓腰努责，见于腹膜炎、结肠炎、直肠炎、直肠周围组织炎、泌尿道疾病等。

（二）粪便性状的检查

临床检查时，应注意如下几方面的情况。

1. 粪便的硬度和形状

与食物的种类、含水量、脂肪、粗纤维的多少以及食物在宠物胃内停留的时间有密切的关系。一般情况下，成年犬采食后食物停留的时间为20h，其中，胃4h、小肠5h、大肠10h。

通常在病理情况下，食物在消化道停留的时间长，可发生便秘、粪硬；停留的时间短，可发生腹泻、粪软；肠道内的水分过多即可腹泻；肠道内的水分过少即可便秘。

2. 粪便的颜色

粪便的颜色因食物的种类、胆汁的多少、肠液分泌的多少、粪便在肠道停留的时间长短而有不同。健康宠物的粪便为褐色。

病理情况下，粪便在肠道停留的时间长，颜色较黑；阻塞性黄疸时，胆汁排出障碍，颜色灰白；胃及上部肠道出血时，颜色呈黑褐色；下部肠道出血时，粪便呈红色；胰腺炎等疾病时，粪便呈灰色，并带有特殊的脂肪闪光；内服汞制剂时，粪便为绿色；钩端螺旋体病时，粪便呈黄绿色；肠炎时，稀便含少量的脓液和血液，并有腥臭。

3. 粪便的气味

因食入的食物种类不同，粪便的气味也有不同。一般食入肉类和脂肪时，粪便呈特殊的恶臭味；在临床诊断中，如果宠物没有食入肉类食物，而粪便呈现腐败性臭味，多为肠卡他、肠炎的疾病。

（三）粪便的异常混合物

犬猫的粪便异常混合物，在临床诊断中具有临床诊断价值的有如下几种。

1. 黏液

健康犬猫的粪便表面有极薄的黏液层。黏液量增多，表明肠道内有炎症，或排粪迟滞。肠便秘时，粪便有胶冻样黏液层，覆盖整个粪球，类似脱落的肠黏膜。有时带有血液。

2. 伪膜

随粪便排出的伪膜，是由纤维蛋白、上皮细胞及白细胞所组成，常为圆柱状。见于纤维素性伪膜性肠炎。

3. 脓汁

粪便中混有脓汁，是化脓性炎症的表现，如直肠脓肿等。

4. 寄生虫及异物

粪便中有蛔虫、绦虫体节等，对寄生虫病的诊断有重要的价值。粪便中混有毛球、破布、被毛等，多为宠物缺乏维生素、矿物质等所造成的异嗜等。

第二节　心血管器官检查

心血管系统的活动与全身机能有密切的关系，心血管系统发生疾病时，往往会引起全身机能发生紊乱。其他器官系统疾病时，也常常引发心血管系统疾病。在临床诊断中，准确地判断心血管系统的机能状态，不仅在临床诊断上十分重要，而且对推断预后也具有一定的诊断价值。心血管系统检查主要应用视诊、触诊、叩诊和听诊方法。此外，可根据需要配合应用某些特殊的临床检查方法，如心电图或心音图的描记；X 线的透视或摄影；中心静脉压的测定以及某些实验室检验等。

一、心脏检查

（一）心搏动检查

临床上把心室收缩、心肌冲动，使心脏部位的胸壁发生振动称为心搏动。

犬和猫的心搏动部位是在左侧第 4～6 肋间胸下部的 1/3 处，以第 5 肋间的搏动最明显，而右侧的心搏动在第 4～5 肋间较为清楚。

1. 心搏动检查方法

心搏动检查主要采用触诊的方法。先由助手握住宠物的左前肢并将其向前方提起，检查者用手掌置于犬猫的心脏区域进行触诊。必要时可采用双手触诊法，即检查者可用左、右两手同时自犬猫的两侧胸壁进行触诊。

2. 临床诊断价值

心搏动检查的临床诊断价值主要有如下几种。

（1）心搏动增强　可见于急性心包炎、心内膜炎、发热及中毒性疾病。

（2）心搏动减弱　当心区胸壁增厚，如浮肿、脓肿、气胸等，可引起心搏动减弱或消失。

（3）心搏动移位　靠近心脏的肿瘤、胸膜炎、心包炎和胸腔积液等，能使心搏动移位。

（4）心脏区压痛　触压心区时，表现敏感、有疼痛感，多见于肋骨骨折和胸膜炎等。

（二）心脏叩诊

1. 叩诊的方法

叩诊的部位与心搏动部位相同，常用指指叩诊法。

2. 犬猫心脏浊音界

犬和猫的心脏浊音界比较明显，即位于左侧 4～6 肋间呈绝对浊音。前缘至第 4 肋骨；上缘达肋骨和肋软骨结合部，大致与胸骨平行；后缘受肝浊音的影响，不明显。右侧位于第 4～5 肋间。

3. 临床诊断价值

（1）心脏浊音界扩大　心脏浊音界扩大可见于心脏肥大、心包积液、心脏扩张等疾病。

（2）心脏浊音界缩小　心脏浊音界缩小可见于肺气肿、气胸等疾病。

（三）心脏听诊

心脏听诊的目的在于听取心脏的正常声音和病理性音响，在犬猫的心脏疾病诊断中占有重要的地位。

1. 心音的产生

心电图检查已发现犬猫的正常心音分为第一、第二、第三和第四心音。但是，第三和第四心音一般很难听到，只有在心率减慢时才能听到。临床听诊时通常只能听到“通——塔”的第一和第二心音。第一心音是心室收缩开始时，二尖瓣和三尖瓣骤然关闭产生的振动音。第一心音在犬猫的前区各部位均可听到，以心尖部位最强。第一心音的特点是音调低而钝浊，持续时间长，尾音长。第二心音是心室舒张时主动脉瓣和肺动脉瓣关闭产生的振动音。第二心音的特点是音调较高，持续时间短，尾音终止突然。

2. 听诊心音方法

一般用听诊器进行听诊。听诊时先将宠物的左前肢向前拉伸半步，充分暴露心区，在左侧肘头后上方的心区部位听诊。必要时可听诊右侧心区。

3. 心瓣膜最佳听取点

在心脏的区域任何一点，都可以听到两个心音。心脏的 4 个瓣膜发出的声音沿血流的方向传导，只在一定的位置声音最清楚。临床上把心音听得最清楚的位置称为心音最佳听取点。犬和猫的心音最强听取点：

（1）二尖瓣口音　左侧第 5 肋间，胸廓下 1/3 的水平线上。

（2）三尖瓣口音　右侧第 4 肋间，肋软骨固着部上方。

（3）主动脉口音　左侧第 4 肋间，肩关节水平线直下方。

（4）肺动脉口音　左侧第 3 肋间，靠胸骨的边缘处。

4. 临床诊断价值

主要包括心音的频率、强度、性质和节律发生的变化。临床常见的病理性改变临床诊断价值如下。

（1）心音增强　如第一、第二心音同时增强，多见于发热性疾病的初期、疼痛性疾病、贫血、心脏肥大及心脏疾病代偿机能亢进时。生理性的心音增强，多见于兴奋、恐惧的情况以及机体消瘦的宠物。

如仅第一心音增强，多见于心脏肥大、二尖瓣狭窄及贫血时，是心脏收缩引起房室瓣的振动加强所致。如仅第二心音增强，是由于主动脉或肺动脉的血压增高所致，见于急性肾炎、肺淤血、慢性肺气肿及二尖瓣闭锁不全等。

（2）心音减弱　正常情况下，营养良好或肥胖的宠物听诊时均感到心音减弱。在病理情况下，由于心肌收缩力减弱，使心脏驱血量减少时，两心音均减弱。如心脏衰弱的后期及宠物疾病的濒死期、心包炎、渗出性胸膜炎及肺泡气肿等。

第一心音减弱，临床上比较少见，一般在心肌梗死或心肌炎的后期、宠物的房室瓣膜发生钙化而失去弹性时，可发生第一心音减弱。

第二心音减弱，多见于宠物大失血、严重的脱水、休克、主动脉口狭窄及主动脉闭锁不全等疾病。能导致血容量减少或主动脉根部血压降低的疾病，可引发第二心音减弱。

（3）心音分裂 见于心室收缩时，二尖瓣与三尖瓣的关闭不同步或心室舒张时，主动脉瓣与肺动脉瓣的关闭不同步所致。临床上把一个心音分成两个心音的现象称为心音分裂。第一心音分裂见于宠物右束支传导阻滞、心肌炎等，第二心音分裂见于房中隔缺损、主动脉或肺动脉瓣狭窄、心脏血丝虫、左或右束支传导阻滞等。

（4）心音混浊 心音低浊，含混不清，第一和第二心音的界限不明显。主要是由心肌变性或心脏瓣膜有一定的病变，使瓣膜的振动能力发生改变所致。多见于高热性疾病、严重的贫血、高度衰竭性疾病等，因为常伴发心肌营养不良或心肌变性，而引起心音混浊。

（5）心杂音 心杂音分为心内性杂音和心外性杂音。

心内性杂音 发生在心脏内部，杂音与心音保持一定的时间关系，声音的性质不同于心音。在临床上按心内性杂音出现的时期又分为收缩期杂音和舒张期杂音。缩期杂音，发生在心脏收缩期，常伴随第一心音后面或第一心音同时出现杂音；舒期杂音，发生在心脏舒张期，常伴随第二心音后面或第二心音同时出现杂音。

临床上常常把心内性杂音，按有无心脏瓣膜或瓣口的形态学变化，分器质性心内杂音和非器质性心内杂音。

器质性心内杂音，是由于瓣膜或瓣膜口发生解剖形态学变化而引起的，常见于瓣膜闭锁不全或瓣膜口狭窄等，其特点是长期存在，声音尖锐、粗糙，如锯木音或丝丝音，运动或注射强心剂后，杂音增强。

非器质性心内杂音有两种情况，一种是瓣膜和瓣膜口无形态学的变化，由于心室扩张而造成瓣膜相对闭锁不全所产生的杂音；另一种是由于血液稀薄，血流速度加快，振动瓣膜和瓣膜口而引起的杂音。其特点是杂音不稳定，音性柔和如吹风音，运动或注射强心剂后杂音减弱或消失。心内杂音的强度分级，在临床上没有统一的标准。1959年得特韦勒氏（Detweiler）把犬的心内杂音强度分为五级。

一级杂音，隐约地刚刚能听到轻微的杂音；二级杂音，听诊数秒后能听到清晰的杂音；三级杂音，开始听诊时就能在较大的区域听到杂音；四级杂音，能听到较强的杂音，将听诊器离开胸壁时听不到杂音，但能感知震颤；五级杂音，杂音强，将听诊器离开胸壁时也能听到杂音，并能感知震颤。在临床上瓣膜疾病的诊断要点如表4－1。

表4－1 瓣膜疾病的诊断要点表

瓣膜疾病	杂音发生时期	最强听取点	主要症状
二尖瓣闭锁不全	缩期	左侧第5肋间	咳嗽、呼吸困难、啰音、可听到缩期杂音，严重者出现心房性心律失常
三尖瓣闭锁不全	缩期	右侧第4肋间	右侧心音强、颈静脉阳性搏动、淤血、浮肿、脉弱
主动脉瓣闭锁不全	舒期	左侧第4肋间	左侧心音强、心肥大、扩张、虚脉、速脉
肺动脉瓣闭锁不全	舒期	左侧第3肋间	呼吸困难、发绀
二尖瓣狭窄	舒期或收缩前期	左侧第5肋间	咳嗽、呼吸困难、啰音、可听到缩期杂音，严重者出现心房性心律失常
三尖瓣狭窄	舒期或收缩前期	右侧第4肋间	弱脉、淤血、浮肿、胸水和腹水
主动脉瓣狭窄	缩期	左侧第4肋间	心肥大、扩张、心音强、脉弱小
肺动脉瓣狭窄	缩期	左侧第3肋间	脉弱小、呼吸困难、发绀

心外性杂音 是由心包或靠近心脏区域的胸膜发生病变所引起的。临床上一般声音固定，较长时间存在，听之距耳比较近，用听诊器的集音头压迫心区杂音增强。常见的心外性杂音有以下四种。

①心包摩擦音 正常心包内有少量的心包液，具有润滑作用，心脏活动时不产生音响。当心包发炎时，由于纤维蛋白沉着，使心包的脏层和壁层变得粗糙，心脏跳动时产生摩擦音。该杂音呈局限性出现，常在心尖部位听到。

②心包拍（击）水音 当心包发生腐败性炎症时，心包腔内聚集了大量的液体和气体，伴随着心跳活动，发出类似河水击打河岸的声音。心包拍水音在心脏的缩期和舒期均可听到，多在心脏的收缩期移行到舒张期时明显。

③心包－胸膜摩擦音 是靠近心区的胸膜发炎并有纤维素性渗出时，可随着呼吸及心搏动同时出现的摩擦音。见于各种类型的胸膜炎。

④心肺性杂音 是在紧靠肺前叶的心区部听诊时，有时可能听到的杂音。当心脏收缩时，容积变小，所形成的负压空间被肺脏充填所致。此种杂音在宠物吸气时增强，可与其他杂音相区别。多见于心脏增大及心脏收缩幅度增强的情况。

（6）心律不齐 是心脏活动快、慢不均及心音的间隔不等或强、弱不一的表现。常见的有窦性间歇、期外收缩、心房纤维性颤动、心房搏动和心脏传导阻滞等。心律不齐主要提示心脏的兴奋性与传导机能障碍以及心肌的损害。

二、脉管的检查

在心血管系统的临床检查中，需要对血管（动脉、静脉）进行检查。通过检查可以了解犬猫的心脏机能状态和血液循环状况，可作为临床判断预后的一项重要参考指标。

（一）动脉脉搏的检查

当心脏收缩时，血液被驱入到主动脉内，此时心脏所产生的压力传到动脉，则出现动脉的搏动，称为脉搏。

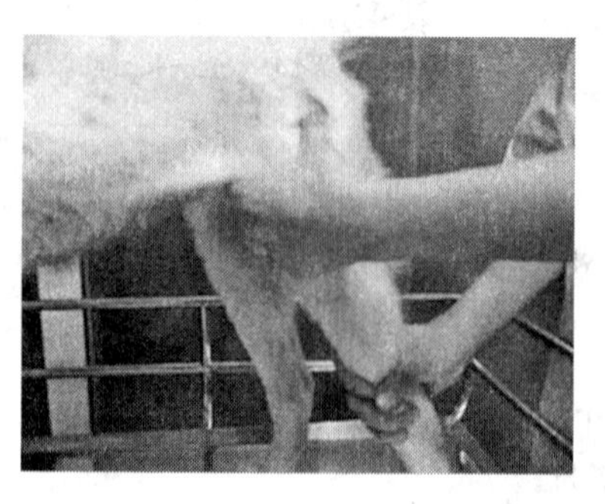

图4－1 在股动脉处测定脉搏数

1. 脉搏检查方法

犬猫脉搏的检查，一般检查股动脉。检查者一只手（左手）握住宠物的后肢下部，另一只手（右手）的食指和中指放于股内侧的股动脉上，拇指放于股外侧。

脉搏检查要注意计算脉搏的频率、脉搏的性质（搏动的大小、强度、软硬及充盈状态等）及有无节律的变化。

犬猫的脉搏可因种类、年龄、性别以及妊娠等生理因素和运动、兴奋及外界温度的变化而略有不同。

2. 临床诊断价值

正常犬猫的脉搏强弱一致，间隔均等。除脉搏增多和减少外，还有如下临床诊断价值。

（1）脉搏的性质 脉搏搏动的振幅较大称大脉，振幅较小称小脉；脉搏的力量较强称强脉，力量微弱称弱脉；动脉管壁较松弛称软脉；动脉管壁过于紧张而硬感称硬脉；血管内血液过度充盈称实脉，血量充盈不足称虚脉。

临床上动脉波动较强、大、充实、较软的脉搏，表示心脏机能良好；动脉搏动较弱、较小的，多提示心脏机能衰弱。脉搏微弱的不感于手，多提示心脏重度衰竭。在剧烈的疼痛性疾病时多表现出硬脉；宠物在失血或脱水时多表现为虚脉。

(2) 脉搏的节律　脉搏的节律又称脉律，脉律不齐是心律不齐的反映，其临床诊断价值与心律不齐相一致。

（二）表在静脉的检查

犬猫表在静脉检查主要观察静脉的充盈状态。一般宠物营养良好，表在静脉血管观察不明显，较瘦弱或皮薄毛稀的宠物比较好观察。

如表在静脉过度充盈（如颈静脉、胸外静脉、股内静脉等），是静脉血液回流障碍、体循环淤滞的征候，多见于心力衰竭、心肌炎后期、先天性心脏病等。

第三节　呼吸器官检查

机体与外界环境之间进行气体交换的全部物理和化学过程，称为呼吸。机体借助于呼吸，吸进新鲜空气，呼出二氧化碳，以维持正常的生命活动。呼吸系统的临床检查，主要包括呼吸运动的观察、上呼吸道检查、胸部检查及其胸腔穿刺液的检查等。

一、呼吸运动观察

犬猫呼吸时呼吸器官及呼吸辅助器官所表现的有节律的协调运动，称为呼吸运动。呼吸运动的观察具有重要的临床诊断价值。呼吸运动的观察除呼吸数外，包括呼吸式、呼吸节律和呼吸困难的观察。

（一）呼吸式观察

健康猫呈胸腹式呼吸，每次呼吸的深度均匀，间隔时间均等；健康犬呈胸式呼吸，胸壁的运动比腹壁明显，如出现腹式呼吸，表明病变在胸部，多见胸膜炎、肋骨骨折等；猫出现胸式呼吸，表明病变在腹部，多见腹膜炎、腹壁外伤、肠臌气、胃扩张等疾病。

（二）呼吸节律观察

健康犬猫呈节律性的呼吸运动，呼气与吸气在时间上的比值恒定，如犬的比值为1:1.64。呼吸节律可因兴奋、运动、恐惧、狂叫、喷鼻及嗅闻而发生暂时性的变化，并无临床诊断价值。

（三）呼吸节律检查的临床诊断价值

犬猫呼吸节律变化具有临床诊断价值的表现如下。

1. 吸气延长

吸气时间明显延长。主要是吸气时，空气进入肺脏发生障碍的结果，常见于上部呼吸道狭窄。

2. 呼气延长

呼气时间明显延长。主要是肺脏中的气体排出受到阻碍的结果，使呼气动作不能顺利完成。见于细支气管炎和慢性肺泡气肿等。

3. 潮式呼吸（陈－施氏呼吸）

呼吸运动暂停后，逐渐加深、加快，达到高峰后又逐渐变浅、变缓，以致呼吸暂停，如此反复交替出现波浪式呼吸节律。潮式呼吸表明，是呼吸中枢衰竭的早期，标志病情严重。多见于脑炎、心力衰竭、尿毒症及中毒病等。

4. 断续性呼吸（间断性呼吸）

是宠物在吸气或呼气过程中，出现多次短促而有间断的动作。表明宠物为了缓解胸壁或胸膜疼痛，将吸气分为多次进行，或一次呼气不能把肺内的气体排出，而又进行额外的呼气动作所致。临床上多见细支气管炎、慢性肺气肿及伴有疼痛性胸腹部疾病等。

5. 间歇呼吸（毕奥氏呼吸）

是在数次呼吸之后，出现数秒至半分钟的暂短时间停息后，又开始呼吸，如此周而复始地出现间歇性呼吸。多见于中枢的敏感性极度降低，比潮式呼吸更为严重，标志病情危重。见于脑膜炎、尿毒症等。

6. 深长呼吸（库斯毛尔氏呼吸）

是呼吸显著深长，呼吸次数明显减少，并在吸气时伴有鼾声。多见于代谢性酸中毒、失血的末期等。

（四）呼吸困难观察

呼吸运动加强，呼吸次数或呼吸节律发生改变称为呼吸困难。

（五）呼吸困难检查的临床诊断价值

按呼吸困难发生的原因呼吸困难的临床诊断价值可分为：

1. 心源性呼吸困难

是由于心脏衰弱、血液循环障碍所引起的。一般见于心力衰竭、心内膜炎等。

2. 血源性呼吸困难

主要是红细胞减少或血红蛋白变性所致。临床上见于重度贫血、大出血等。

3. 中毒性呼吸困难

由于致毒物质作用于呼吸中枢或使组织呼吸酶系统受到抑制所引起的。多见于尿毒症、巴比妥类药物中毒等。

4. 中枢性神经呼吸困难

由于中枢神经系统器质性病变或机能障碍所致。见于脑炎、脑出血、脑水肿等。

5. 肺源性呼吸困难

主要是由于呼吸器官机能障碍，使肺脏的通气、换气功能减弱，肺活量降低，血液中二氧化碳的浓度增高和氧缺乏等所致。由于呼吸困难的病变部位及病变性质不同，在临床上表现出临床诊断价值的三种呼吸困难形式：

(1) 吸气性呼吸困难　宠物在呼吸时，表现为吸气用力，吸气的时间延长，鼻孔扩张、头颈伸直、肛门内陷，并可听到吸气狭窄音。见于鼻腔、咽喉、气管狭窄性疾病。

(2) 呼气性呼吸困难　宠物在呼吸时，表现为呼气用力，呼气的时间延长，脊背弓曲、腹部用力紧缩、肛门突出、呈明显的二段呼气。一般多见慢性肺气肿、细支气管炎等。

(3) 混合性呼吸困难　宠物表现为吸气和呼气均发生困难，伴有呼吸次数增加。是临床上非常普遍存在的一种呼吸困难。常见于肺炎、渗出性胸膜炎等，心源性、血源性、中毒性、中枢神经性因素，均可引起混合性呼吸困难。

二、上呼吸道检查

上呼吸道检查包括对鼻液、鼻腔、咳嗽、喉和气管、喷嚏及打鼾等临床检查。

(一) 鼻液、鼻部及鼻腔检查

犬猫的鼻液、鼻部及鼻腔检查主要用视诊的方法。犬猫的鼻腔比较狭窄，检查时应用鼻腔镜较为适宜。

犬猫的鼻端有特殊的分泌结构，经常保持湿润状态，但在犬猫刚刚睡醒或睡觉时鼻尖干燥。

在发热性疾病和代谢紊乱时，鼻端干燥并有热感；流水样鼻汁时，常见于鼻炎、感冒、犬瘟热等；流脓性鼻汁时，常见于上呼吸道的细菌性感染、鼻窦炎、齿槽脓漏引起的上颚窦炎等；鼻出血时，常见于鼻外伤、鼻腔异物、鼻黏膜溃疡及鼻腔肿瘤等。

(二) 喉及气管检查

检查喉及气管一般采用视诊和触诊的方法，临床上两种方法相互结合进行，必要时可采用喉和气管听诊的方法。喉的内部检查，常用喉镜进行检查，主要观察喉黏膜有无充血、肿胀、异物及肿瘤等情况。

(三) 咳嗽检查

咳嗽是犬猫的一种保护性反射动作，是喉、气管和支气管等部位黏膜受到刺激的结果。

1. 人工诱咳法

人工诱咳是术者用手指握压气管的前端和喉部杓状软骨部位，同时稍压其上方，施加刺激而引发的咳嗽。临床检查时，应重点观察咳嗽的性质、次数、强弱、持续时间及有无疼痛等临床表现。

2. 临床诊断价值

常见咳嗽的临床诊断价值表现如下。

(1) 干咳　咳嗽的声音清脆、干而短、无痰，表明犬猫的呼吸道内无渗出物或仅有少量的黏稠的渗出物。临床上常见于喉和气管内有异物、慢性支气管炎、胸膜炎等。

（2）湿咳　咳嗽的声音钝浊、湿而长、有痰液咳嗽出，常伴随着咳嗽动作从鼻孔喷出多量的渗出物。常见于咽喉炎、肺脓肿、支气管肺炎等。

（3）稀咳　犬猫表现为单发性咳嗽，每次仅出现一两声咳嗽，常常反复发作而带有周期性。临床上见于感冒、肺结核等。

（4）连咳　表现为连续性咳嗽。临床上多见于急性喉炎、传染性上呼吸道卡他等。

（5）痉挛性咳嗽（发作性咳嗽）　咳嗽剧烈、连续发作、主要是宠物呼吸道黏膜遭受强烈的刺激，或刺激因素不易排除的结果。常见于异物性肺炎或上呼吸道有异物等。

（6）痛咳　咳嗽的声音短而弱，咳嗽带痛，咳嗽时宠物表现为头颈伸直、摇头不安或呻吟等异常表现。临床上常见于急性喉炎、喉水肿等。

（7）喷嚏　当鼻黏膜受到刺激时，反射性引起爆发性短促性呼气，气流振动鼻翼产生的一种特殊声响。常见于鼻炎、鼻腔内异物（昆虫、草籽、刺激性气体）等。

（8）打鼾　健康状态下犬猫较少打鼾，短吻型犬、猫打鼾，有时其他型的犬猫偶尔出现打鼾现象。病理性打鼾常由鼻孔狭窄引起。

三、胸部检查

对胸部检查，临床上常常采用视诊、听诊、叩诊和听诊的方法。必要时还需要配合 X 线特殊临床检查及胸腔穿刺辅助检查等方法。

（一）胸部视诊

视诊时着重观察胸廓的形状变化和皮肤的变化。健康犬猫的胸廓形状和大小，因种类、品种、年龄、营养及发育情况而有很大的差异。一般健康状况下胸廓两侧对称，肋骨膨隆，肋间细且均匀一致，呼吸均称。

在病理情况下，胸廓的形状可能发生变化。如重症慢性肺气肿可见胸廓向两侧扩张；骨软症时可变为扁平胸；一侧性胸膜炎或肋骨骨折时，可发现两侧胸廓不对称等。胸部皮肤检查，应注意有无外伤、皮下气肿、丘疹、溃疡、结节、胸前和胸下的浮肿以及局部肌肉震颤、脱毛等情况。

（二）胸部触诊

主要触摸胸壁的敏感性和肋骨的状态。触诊胸壁时，犬猫表现骚动不安、躲闪、反抗、呻吟等行为，多见于胸膜炎、肋骨骨折等；胸壁局部温度增高，可见于炎症、脓肿等。

（三）胸部叩诊

临床上主要是根据叩诊音的变化，判断肺脏和胸膜的病理变化。

1. 犬猫肺脏的叩诊区

正常叩诊区为不正的三角形。前界为自肩胛骨后角并延其后缘自然向下引一条垂线，止于第 6 肋间的下部；上界为距背中线约 2～3cm，与脊柱平行的直线（A）；后界自第 12 肋骨与上界的交点开始，向下向前经髋关节水平线与第 11 肋骨的交点（B），坐骨结节水平线与第10肋骨的交点（C），肩关节水平线与第8肋骨的交点所连接的弓形线，而止于第6肋间下部与前界相连（图4-2）。

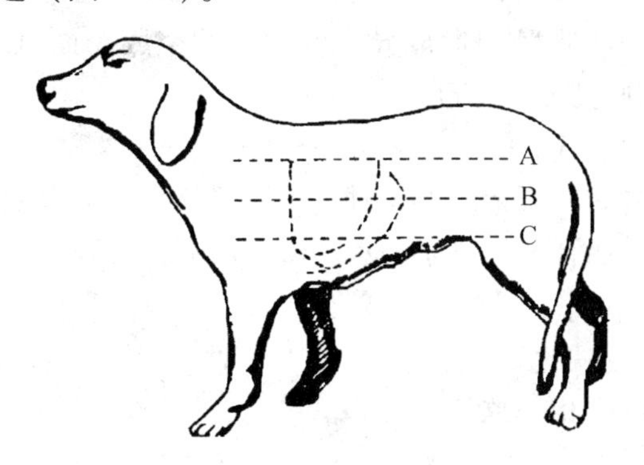

图4-2　犬肺脏叩诊区

2. 肺脏的定界叩诊

一般采用弱叩诊，是沿着上述三条水平线由前向后，依肋间的顺序进行弱的叩打，以便定界。

肺脏的定性叩诊诊断，一般采用强叩诊，是从上到下，由前向后，沿肋间顺序叩诊，直至叩诊完全部肺脏。如发现异常声音，应在对侧相应的部位进行比较叩诊。

3. 肺部正常叩诊音

健康犬猫的肺部叩诊音，中部为清音，音响较大，音调较低；上部及边缘部因肺的含气量少、胸壁较厚或下面有其他脏器等，叩诊音为半浊音。

4. 临床诊断价值

（1）肺叩诊区变化　叩诊区扩大，是肺过度膨胀或胸腔积气的结果，见于肺气肿、气胸等；叩诊区缩小，常见的有肺脏的前界后移或肺脏的后界前移，前者见于心脏肥大、心室扩张等，后者见于胃扩张、肠臌气等。

（2）肺叩诊音变化　肺脏的叩诊音变化如下（图4-3）。

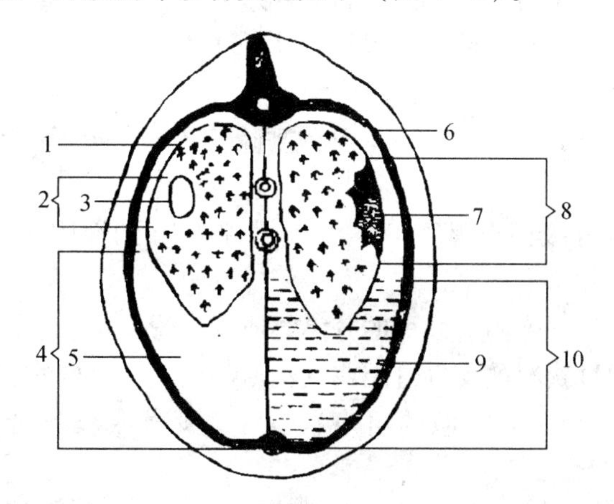

图4-3　胸部叩诊病理音示意图

1. 肺脏　2. 鼓音　3. 空洞　4. 鼓音　5. 气胸
6. 肋骨　7. 病灶　8. 浊音　9. 积水　10. 水平浊

浊　音　是由于肺泡内充满炎性渗出物，使肺组织发生实变，密度增加，或肺内形成无气组织所致。临床上常见于肺水肿、肺炎、肺脓肿及肺肿瘤等。

半浊音 是肺内的含气量减少，而肺的弹性不减退所发生的。见于支气管肺炎等。

鼓　音 是由于肺脏或胸腔内形成异常性含气的空腔，而且空腔的腔壁高度紧张所致。临床上常见于肺空洞、膈疝、气胸等。

过清音 多见于慢性肺气肿等。

水平浊音 当胸腔内聚积大量的液体时，积液部分叩诊出现浊音，由于液体上部呈水平界面，叩诊时出现水平浊音。常见于胸水、渗出性胸膜炎等。

（四）胸部听诊

宠物的听诊区与叩诊区相一致。

1. 听诊方法

临床听诊时，先从胸壁的中部开始，其次是上部和下部，均从前向后依次进行听诊，每个部位至少要听取2～3次呼吸音后，再改换听诊部位，直至听完全肺。发现异常声音时，要与对侧胸部对比听诊。

2. 正常肺泡呼吸音及支气管呼吸音

健康的犬猫肺泡的呼吸音，类似“夫”的声音。在整个肺部均能听到，其声音强而高朗。通常在第3～4肋间与肩关节水平线上下，接近体表的区域有较大的支气管（支气管区），可听到类似“赫”的支气管呼吸音。

3. 临床诊断价值

在临床上病理性呼吸音的临床诊断价值主要有以下几种。

（1）肺泡呼吸音增强　肺泡呼吸音增强，分为普遍性和局限性增强两种：

普遍性增强 是呼吸中枢兴奋性增高的结果。在临床听诊时，可听到类似重读的“夫－夫”音，声音较粗厉，整个肺区均可听到。见于发热、代谢亢进及伴有其他一般性呼吸困难的疾病情况。

局限性增强（代偿性增强） 主要是肺脏的病变侵害一侧肺或一部分肺组织，使被侵害的组织机能减弱或丧失，健康部位承担（代偿）了患病部位的机能而出现了呼吸机能亢进的结果。多见于支气管肺炎、渗出性胸膜炎等。

（2）肺泡呼吸音减弱或消失　特征为肺泡呼吸音变弱，听不清楚，甚至听不到。见于肺炎、慢性肺泡气肿等。

（3）啰音　是伴随呼吸而出现的一种附加音。按啰音的性质和产生条件不同，可分为干性啰音和湿性啰音两种：

干性啰音 当支气管壁上附着黏稠的分泌物或支气管发炎、肿胀或支气管痉挛，使气管的管径变窄，气流通过狭窄的支气管腔或气流冲击支气管壁的黏稠分泌物时，引起气流振动而产生的声音。其特征为类似的笛声、哨音、鼾声或丝丝音。常见支气管炎、肺炎等。

湿性啰音 是气流通过带有稀薄的分泌物的支气管时，引起液体移动或形成的水泡破裂而发出的声音。其特征为类似含漱、水泡破裂的声音。湿性啰音按发生部位的支气管口径的不同，可分为大、中、小水泡音。可见于肺炎、肺水肿、肺出血等。

（4）捻发音　是肺泡被少量的液体粘着在一起，当吸气时粘着的肺泡被气流突然冲开而产生的声音。其特征为类似在耳边捻一簇头发所产生的声音。捻发音的出现表明肺的实质有病变，见于肺炎、肺水肿等。在临床听诊中，捻发音与小水泡音很相似，其鉴别如表4－2。

表4－2　捻发音与小水泡音的鉴别

鉴别要点	捻发音	小水泡音
出现的时机	吸气顶点最清楚	吸气与呼气均可听到
性质	类似捻头发的声音，大小一致	类似水泡破裂声，大小不一致
咳嗽的影响	比较稳定，几乎不变	咳嗽后减少，或可能暂时消失
病变的部位	肺泡	细支气管

（5）空瓮音　是空气经过支气管而进入光滑的大空洞时，空气在空洞内产生共鸣所形成的。其特征为类似向瓶口吹气的声音。见于坏疽性肺炎、肺脓肿等形成的空洞时。

（6）胸膜摩擦音　健康犬猫的胸膜表面光滑，胸膜腔内有少量的液体起润滑作用，胸膜的脏层和壁层摩擦时不发生音响。当胸膜发炎时，由于纤维蛋白沉着，使胸膜增厚粗糙，呼吸时粗糙的胸膜相互摩擦而产生杂音。其特征为类似粗糙的皮革相互摩擦发出的断续声音。常见于犬瘟热疾病继发胸膜炎的初期或吸收期。

胸膜摩擦音与啰音很容易相互混淆，其区别如表4－3。

表4－3　胸膜摩擦音与啰音的鉴别

鉴别要点	胸膜摩擦音	啰　音
距离	听之距离耳边较近	听之距离耳边较远
出现的时期	吸气与呼气均清楚，深呼吸增强	吸气末期最清楚，深呼吸减弱或消失
咳嗽的影响	比较稳定，几乎不变	咳嗽后部位性质发生改变，有时消失
紧压听诊器	声音增强	声音不变
触诊时	疼痛，有胸膜摩擦感	没有或有轻微的振动感
出现部位	多在肘后，肺区下1/3处	部位不定

第四节　泌尿生殖器官检查

临床上犬猫的肾脏、尿路（除生殖系统外）的原发性疾病虽然少见，但在某些传染病、寄生虫病、代谢障碍等疾病的过程中，都有肾脏、尿路和生殖系统的损害，而且又多被这些疾病的原发病的症状所掩盖。因此，不应忽视泌尿生殖器官系统的检查。泌尿生殖系统的临床检查，主要采用问诊、视诊、触诊、尿液的实验室检查、肾功能检查以及超声波诊断等特殊的临床检查方法。

一、排尿状态观察

犬猫的排尿状态检查包括排尿姿势、排尿次数和尿量、排尿障碍的检查。

（一）排尿姿势及排尿量

健康的猫和母犬排尿时，采取下蹲姿势；公犬排尿采取先提一侧后肢，有排尿在其他物体上的习惯。公犬常常伴随嗅闻物体或其他犬排过尿的地方而排尿，在短时间可排尿10多次。健康的成年犬1d内的排尿量为500～2 000ml，幼犬为40～200ml；猫排尿量大约是犬的1/20～1/10。

（二）排尿障碍（排尿异常）的临床诊断价值

在病理情况下，犬猫都可以表现出排尿异常，排尿异常具有很大的临床诊断价值。

1. 频尿

临床中多表现为3种形式：

（1）排尿量增多　每次均有多量尿排出称为多尿症。是肾小球滤过机能增加或肾小管重吸收能力减弱的结果。一时性尿增多，见于大量饮水之后；持续性增多，见于慢性肾炎。

（2）排尿量减少　每次排出的尿量少，多提示为尿路受刺激的结果。一般见于尿道炎、膀胱炎等。

（3）尿淋漓或尿失禁　表现为犬猫不采取固有排尿姿势而尿液自然流出。见于膀胱括约肌的麻痹、脑炎后期、严重的脊髓损伤或腰荐部有横断性病理过程时。

2. 少尿或无尿

排尿次数少，而且尿量也减少。少尿分为以下3种情况。

（1）肾前性少尿或无尿　见于血浆渗透压增高和外周血液循环衰竭，肾血流量减少时，如大出汗、剧烈腹泻、休克和心力衰竭。

（2）肾源性少尿或无尿　是肾脏泌尿机能高度障碍的结果，如急性肾炎。

（3）肾后性少尿或无尿　见于膀胱括约肌痉挛或尿道阻塞时。

临床上一般把上述前两种称为尿闭或急性肾功能障碍，后一种称为急性尿潴留。尿闭时，膀胱内无尿，即使插入导尿管也无尿排出，尿潴留时，虽然膀胱膨满，但用手压迫膀胱也无尿液排出。

膀胱破裂时，不见宠物排尿，但直肠检查不能摸到膀胱，腹腔穿刺可见有尿液。

（三）尿液性质的临床诊断价值

在临床观察排尿状态时，要特别注意宠物的尿液性质变化，对临床诊断具有重要的价值。临床中尿液性质改变的诊断价值如下。

1. 红尿

健康犬猫的尿色呈黄色。当尿的颜色呈红色或褐色时，表明尿中带有血液或红色素的成分。

尿中含有红色素成分药物时，可询问病史及用药经过。

尿中混有血液时，经尿液离心沉淀后可见有红细胞，是膀胱炎、尿路出血的标志；血尿出现排尿全程，提示为肾脏的出血性炎症；仅于排尿初期有血液，可能为尿道出血；如在排尿后期有血液，并混有凝血块时，多为膀胱出血的特征。一般临床上出现红尿，多见细菌性膀胱炎、肾脏或尿路结石、犬丝虫病、元葱中毒等。

2. 血红蛋白尿

如尿液经放置或离心沉淀后不见红细胞且呈红色透明时，是血红蛋白尿的特征，提示机体有溶血性病理过程。见于溶血性疾病、血液寄生虫病等。

3. 尿液混浊

表明从肾脏到尿道这段尿路的炎症，炎性脓液混入尿中，使尿液变得混浊。常见的是膀胱炎。雌性犬猫生殖器官异常时也可使尿液变得混浊，如子宫炎时可出现奶酪色或咖啡色的尿液。

4. 尿液发亮

犬猫排尿后，在尿液渗透过的地方，可见到发亮的物质。表明宠物患有膀胱炎，是尿液在膀胱中形成了磷酸盐结晶的结果。

5. 尿液变浓或变淡

健康犬猫在清晨第一次排尿或运动后排尿以及水分不足时，由于尿液浓缩，尿液呈深黄色。患有糖尿病、尿崩症时，因饮水过量，尿液颜色变淡；患有痢疾、呕吐等症状的疾病时，尿液的颜色可变浓。

6. 尿液呈橙黄色

犬猫尿液的颜色变深，接近橙色，可能是肝脏疾病、药物引起的肝脏损害、胆囊疾病以及胆结石等引起的黄疸所致。黄疸出现时，皮肤和可视黏膜均变成黄色。

二、泌尿器官检查

泌尿器官是由肾脏、肾盂、输尿管、膀胱和尿道组成。肾脏是形成尿液的器官，其余部分是尿液排出的通路称为尿路。临床上对肾脏和尿路的检查比较重要。

（一）肾脏检查

泌尿器官检查包括肾脏、输尿管、膀胱及尿道检查。

1. 肾脏正常位置

肾脏是一对实质器官，位于脊柱两侧的腰下区，包于肾脂肪囊内，右侧肾脏一般比左侧肾脏稍靠前方。犬的右肾位于第1～3腰椎横突的下面；左肾因胃的饱满程度不同，其位置也常随之改变。猫的肾脏大致与犬相同。

2. 肾脏检查方法

犬猫的肾脏检查一般用触诊和叩诊等方法进行，但因肾脏的位置以及动物品种不同，有一定的局限性。通常情况下，犬猫的肾脏可进行腹部深部触诊，采取站立姿势，检查者两手拇指放在犬猫的腰部，其余的手指从两侧肋弓后方与髋关节之间的腰椎横突下方，从左右两侧同时施压向前滑动，进行触诊。

3. 临床诊断价值

（1）肾区视诊　肾脏疾病时，肾区表现敏感，肾区疼痛，常表现腰背板硬、拱起、运步小心，后肢向前移动迟缓。同时，发生眼睑、腹下、阴囊及四肢下部水肿（肾性水肿）。

（2）肾区外部触诊和叩诊　应注意宠物有无疼痛反应。肾脏出现压痛，可见急性肾炎、肾脏及周围组织的化脓性炎症、肾脓肿等；如感到肾脏肿大、压之疼痛敏感并有波动，提示为肾盂肾炎、肾盂积水、化脓性肾炎等；肾脏质地坚硬、体积增大、表面粗糙不平，提示为肾硬变、肾肿瘤、肾结核、肾及肾盂结石。触诊时，肾体积缩小，多提示先天性肾发育不全、萎缩性肾盂肾炎及间质性肾炎等。

（二）膀胱检查

膀胱是贮尿器官，上接输尿管，下与尿道相连。因此，膀胱疾病除膀胱本身的原发病之外，还可能继发肾脏、前列腺及尿道的一些疾病等。

1. 膀胱检查方法

膀胱位于耻骨联合前方的底部，一般采取仰卧的姿势进行触诊。通常膀胱检查时，检查者两手放于腹下的两侧，慢慢地向上方抬举，以感觉膀胱的大小和敏感性程度或把一手的食指插入犬猫的直肠，另一手的拇指压迫犬猫的腹壁，并用手指将膀胱向直肠方向后压（直肠触诊法）。

在膀胱检查中，较好的方法是膀胱镜的检查，可以直接观察到膀胱黏膜的状态和膀胱内部的病变，也可以窥察输尿管口的情况。此外，还可采用临床尿液的化验、X线造影术等检查方法。

2. 临床诊断价值

膀胱检查主要注意膀胱的大小、位置、充盈程度、膀胱的厚度以及有无压痛等。直肠触诊时，应注意膀胱的增大、空虚、压痛及膀胱内的结石、血凝块、肿物等。

（1）膀胱增大　多见于尿道结石、膀胱括约肌痉挛、膀胱麻痹、前列腺肥大、膀胱肿瘤、尿道狭窄等，有时也可见于直肠便秘压迫尿道所致；膀胱麻痹时，在膀胱壁上施加压力，可有尿液被动地流出，停止压力排尿立即停止。

（2）膀胱空虚　除肾源性无尿外，常见于外伤性、膀胱壁坏死性炎症（溃疡性）等引起的膀胱破裂。

（三）尿道检查

雌性宠物的尿道检查，用阴道开膣器；雄性宠物尿道检查常用触诊和尿道探诊的方法。检查时应注意尿道有无炎症、结石、狭窄及损伤等。

三、生殖器官检查

（一）雄性生殖器官检查

雄性犬猫生殖器官包括阴囊、睾丸、精索、附睾、阴茎及副腺体（前列腺、贮精囊和尿道球腺）。外生殖器包括阴囊、睾丸和阴茎。

健康状态下，犬猫的阴囊皮肤薄而皱缩，富有弹性。

阴囊肿大，触诊发凉，指压留痕，常见犬丝虫引起的浮肿；如触诊阴囊有热痛，见于阴囊炎、睾丸炎等；一侧睾丸肿大、坚硬并有结节，应考虑是否为睾丸肿瘤；阴囊明显增大，持续性腹痛、触诊阴囊有软坠感、无热等，多见于犬猫的阴囊疝；摸不到睾丸，可能为隐睾或先天性睾丸发育不全；患布氏杆菌病时，常发生附睾炎、睾丸炎和前列腺炎；阴茎嵌顿和阴茎外伤时，表现为阴茎肿大并疼痛不安等。

（二）雌性生殖器官检查

雌性犬猫生殖器官包括卵巢、输卵管、子宫、阴道和阴门。外生殖器包括阴道和阴门。

临床检查主要以视诊和触诊为主，可借助阴道开膣器开张阴道观察阴道黏膜的颜色、湿度、损伤、炎症、肿物及溃疡等情况。

健康犬猫的阴道黏膜呈淡粉红色，表面光滑而湿润。宠物发情期时，阴唇和阴道黏膜充血肿胀，有量不等的无色、灰白色或淡黄色、透明的黏液流出，有时常吊在阴唇皮肤上或粘着在尾根部的毛上，变为薄痂。

在病理情况下有诊断价值的疾病是阴道炎，常做排尿姿势而尿量不多，流出污秽不洁的浆液性、黏液性－脓性分泌物，呈腥臭味；伪膜性阴道炎时，可见阴道黏膜覆盖一层灰黄色或灰白色的坏死组织膜，膜下上皮损伤或出现溃疡，阴道黏膜肿胀，有时有小结节；宠物子宫扭转时，阴道黏膜呈紫红色，阴道壁紧张，越向前越变窄，有旋转状皱褶，同时伴有腹痛症状；当阴道或子宫脱出时，可见明显的脱垂物体。

第五节 神经机能检查

犬猫的神经系统检查不仅对神经系统本身的疾病有诊断价值，而且对其他器官系统疾病时，也具有十分重要的诊断价值。因为神经系统在犬猫的协调统一性上居主导地位，当机体发生疾病时，对于疾病的发生和发展，具有保护性的抑制作用。

一、精神状态观察

精神状态观察主要采取视诊的方法进行。临床检查时应注意颜面的表情、眼和耳的动作，身体的姿势以及宠物的各种防卫性机能等情况，特别要着重观察犬猫的精神兴奋和精神抑制状态。具体内容参见一般临床检查的内容。

二、感觉机能检查

感觉机能是由感觉神经系统完成的。在临床检查中，分为浅感觉、深感觉和特种感觉检查三部分内容。

（一）浅感觉检查

浅感觉是指皮肤和黏膜感觉。包括触觉、痛觉、温觉及对电的感觉等。在临床检查中，主要应用痛觉和触觉检查。

1. 检查方法

健康犬猫针刺后，立即出现反应，表现相应部位的肌肉收缩，被毛颤动，迅速回头或鸣叫等。

浅感觉检查（痛觉）时，为避免视觉的干扰，应先把宠物的眼睛遮住，然后用针头以不同的力量针刺宠物的皮肤，观察宠物的反应。一般先从感觉较差的臀部开始，再沿宠物的脊柱两侧向前，直至颈侧、头部。对四肢作环形针刺，较容易发现不同神经区域的异常。

2. 临床诊断价值

按临床表现分为如下 3 种。

（1）感觉性增高（感觉过敏） 是指给予轻微的刺激即可引起强烈的反应，主要是感觉神经径路发生刺激性病变，其兴奋性增高（兴奋阈值降低），对刺激的传送能力增强所致。临床上多见于外伤、脊髓膜炎、脊髓背根损伤、视丘损伤、末梢神经炎等。

（2）感觉性减退或消失 是指对刺激的反应减弱或消失，主要是由于感觉神经末梢、传导径路或感觉中枢障碍所致。局限性感觉性减退或消失，为支配该领域内的末梢感觉神经受到损伤的结果；体躯两侧呈对称性的感觉性减退或消失，多为脊髓横断性损伤，如脊髓挫伤、压迫及炎症；半边肢体的感觉性减退或消失，多见于延脑或大脑皮层之间的传导径路受损伤，多发生于病变部的对侧肢体；全身感觉性减退或消失，常见于各种疾病引起的昏迷等。

（3）感觉异常 是指不受外界刺激的影响而自发产生的感觉，如痒感、蚁行感、烧灼感等。感觉异常是感觉神经传导径路存在着强烈的刺激所致。多见于狂犬病、伪狂犬病、多发性神经炎等。应当注意的是，皮肤病、寄生虫病、真菌病等引起的皮肤瘙痒，应于神经系统疾病的感觉异常相区别。

（二）深感觉检查

深感觉是指位于皮下深处的肌肉、关节、骨、腱和韧带等，将关于肢体的位置、状态和运动等情况的冲动传到大脑，产生深部感觉，即所谓的本体感觉，借以调节身体在空间的位置、方向等。因此，临床上根据宠物肢体在空间的位置改变情况，可以检查宠物本体感觉有无障碍或疼痛反应等。

1. 检查方法

人为地使犬猫的四肢采取不自然的姿势，如令宠物的两前肢交叉站立，或令两前肢扩张站立，或令前肢向前方远放，以观察犬猫的复位反应。健康状态下，当人为地采取不自然的姿势后，能自动地迅速恢复原来的自然姿势。

2. 临床诊断价值

深感觉发生障碍时，可长时间保持人为的姿势不变。临床上深感觉障碍时多伴有意识障碍，多提示大脑或脊髓被侵害，如慢性脑室积水、脑炎、脊髓损伤、严重肝病及中毒性疾病等。

（三）特种感觉检查

特种感觉是特殊的感觉器官的感觉，如视觉、听觉、嗅觉、味觉等。

特种感觉的异常变化，也可因非神经系统的，尤其是特种感觉器官本身的疾病所引起，因此，在临床上应注意区别。

犬猫的视觉增强，多表现为羞明，除发生于结膜炎等眼科疾病外，罕见于颅内压升高、脑膜炎、日射病和热射病等；视觉异常的宠物，有时表现出“捕蝇样动作”，如狂犬病、脑炎、眼炎初期等；听觉迟钝或完全消失，多见于延脑或大脑皮层颞叶损伤；听觉过敏，可见于脑和脑膜疾病；嗅觉迟钝或消失，多见于猫瘟热或猫传染性胃肠炎等。

三、运动机能检查

运动是在大脑皮层的控制下，由运动中枢和传导径以及外周神经元等部分共同完成的。运动机能检查应注意不自主运动（强迫运动）、共济失调、痉挛和麻痹等。

（一）不自主运动

是大脑机能障碍所引起的不自主的运动。常见于盲目运动（回转运动）、圆圈运动等。

1. 盲目运动

患病犬猫无目的徘徊走动或回转运动，对外界刺激无反应。常见于脑膜炎等。

2. 圆圈运动

患病犬猫按一定的方向作圆圈运动，是大脑的前庭核的一侧性损伤引起的。临床表现为向患侧作圆圈运动；四迭体后部至桥脑的一侧性损伤，则向健侧作圆圈运动；大脑皮层两侧性损伤，可向任何一侧作圆圈运动。

（二）共济失调

是指犬猫不能保持躯体平衡的运动障碍（图 4－4）。临床上按发病的原因可分为：

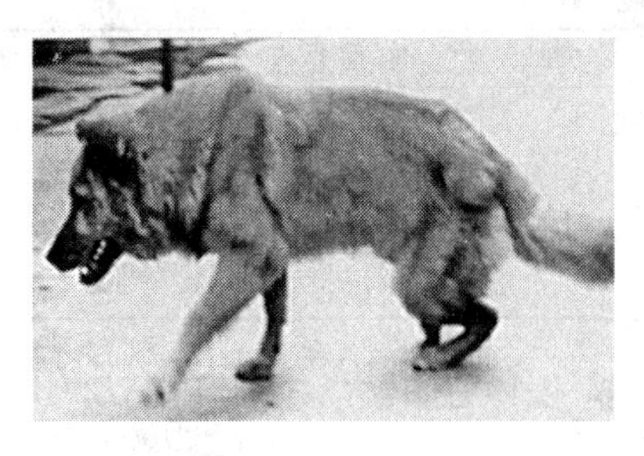

图 4－4　病犬共济失调

1. 外周性失调

是感觉神经兴奋传导障碍所引起的。多见于脊髓膜炎和神经受压迫等。

2. 脊髓性失调

是脊髓的感觉障碍所致。患病犬猫运步左右摇晃，但头不歪斜。

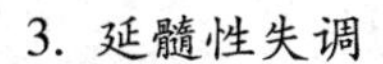

3. 延髓性失调

是延脑的障碍所致。患病犬猫多呈一前肢、躯干和颈部感觉异常。

4. 小脑性失调

是小脑异常所致。患病犬猫步态踉跄，直线困难。

5. 大脑性失调

是大脑皮层的额叶或颞叶受损所致。病犬随然能直线运动，但躯体向健侧倾斜，甚至转弯时跌倒。

（三）痉挛

肌肉的不随意性收缩，称为痉挛。是由于大脑皮层受刺激、脑干或基底神经节受到损伤所致。按照肌肉的不随意收缩的形式，具有临床诊断价值的痉挛可分为：

1. 阵发性痉挛

是肌肉一阵阵地收缩与弛缓交替出现。多提示大脑、小脑、延脑或外周神经受到损害，见于脑炎及犬猫的钙、镁缺乏症等。

2. 强直性痉挛

是肌肉长时间的连续收缩，无弛缓和间歇。是大脑皮质受抑制，基底神经受损伤，或脑干和脊髓的低级运动中枢受刺激的结果。多见于破伤风、有机磷中毒等。

3. 症状性癫痫

是大脑皮质出现器质性变化时，出现的癫痫症状。发作时表现强直性痉挛，瞳孔扩大、流涎、大小便失禁、意识丧失，多见于犬瘟热、尿毒症等。

（四）麻痹

随意运动减弱或消失，称为麻痹。完全麻痹又称为瘫痪；一侧躯体麻痹又称为偏瘫；后躯麻痹又称截瘫。偏瘫是脑部的疾病，截瘫是脊髓的损伤。

锥体系统和锥体外系统的运动神经原损伤所产生的运动麻痹，称为中枢性麻痹；脊髓的腹角和脑神经运动核的运动神经原损伤所产生的运动麻痹，称为末梢性麻痹。

在临床诊断中应注意中枢性麻痹与末梢性麻痹之间的鉴别（表4－4）：

表4－4　中枢性麻痹与末梢性麻痹的鉴别表

鉴别要点	中枢性麻痹	末梢性麻痹
肌肉张力	增　高	降　低
肌肉萎缩	一般无肌肉萎缩	迅速萎缩
腱反射	增　强	减弱或消失
皮肤反射	减弱或消失	减弱或消失

（李志民）

第五章　观赏鸟的临床检查

第一节　观赏鸟的临床检查特点

一、解剖生理特点

（一）运动系统的特点

鸟类的骨骼是含气骨，空气是通过与气管相通的气囊而进入的。因此，鸟类骨骼轻而便于飞翔。鸟类的颈椎数目较多，能形成乙状弯曲，使得头部运动灵活便于啄食、自卫以及喙取尾骶腺的分泌物、润泽羽毛。鸟类的前肢变为适宜飞翔的翼，其鸟喙骨和锁骨尤为发达。后肢是鸟类行走时的惟一支柱，因而髂骨与荐椎、腰椎、胸椎、尾椎愈合在一起。骨盆骨的腹侧开放形成开放型骨盆而便于排卵。鸟类肌肉的最大特征是胸肌特别发达，以适应飞翔的需要，其次是后肢的肌腱发达，表面有特殊的软骨鞘以适应于栖息。

（二）被皮系统的特点

鸟类皮肤薄而柔软，缺乏汗腺及皮脂腺，仅有一种皮肤腺，即尾骶腺，位于尾的上方，分泌脂肪性的分泌物。

（三）消化系统的特点

鸟类口腔构造简单，没有唇、颊和齿，上下颌骨由角质喙所代替，因而没有咀嚼作用。鸟的食管入胸腔前膨大形成嗉囊，起储存和软化食物的作用。有些鸟没有嗉囊，只有简单的食管膨大。鸟类胃分为腺胃和肌胃两大部分。腺胃能分泌胃液以浸软和消化食物，肌胃是由强健的平滑肌构成，里面被覆一层类角质状的膜。肌胃中通常含有许多沙粒，通过肌胃收缩和沙石的作用，能磨碎食料，食料的消化和吸收主要在小肠进行。鸟类肠管较短。肝脏分两叶，多数具有胆囊。鸟类的盲肠有两条，直肠短而直，末端扩大形成泄殖腔，开口于体外。

（四）呼吸系统的特点

鸟类肺脏很小，位于肋骨之间并与肋骨贴合在一起，里面有很多支气管与气囊相通，气囊分为颈、胸、腹气囊，其中有些气囊还和骨腔相通。

（五）血液循环系统的特点

鸟类血液循环系统不健全，心脏右房室口缺三尖瓣，为一特殊的肌肉膜所代替。淋巴系统无淋巴结，淋巴器官是法氏囊、哈德尔腺、盲肠扁桃体、胸腺和脾脏等，有些鸟在颈部和腰部有两组淋巴结。鸟类的脾很小，呈圆形、与胃并列。

（六）泌尿系统的特点

鸟类肾脏发达，每一侧肾由3～5叶组成，没有肾盂和膀胱。

（七）生殖系统的特点

公鸟的睾丸位于肺的后方，肾的前方，输精管弯曲开口于泄殖腔。

母鸟的卵巢只有左侧发达、位于左肾腹侧，表面呈葡萄状，输卵管也只有左侧的发达、前端宽阔呈漏斗状，紧接于卵巢后下方，漏斗以后的一段为卵白部，其后端变窄称峡部，峡部以后输卵管再扩大称为子宫，子宫以后的部分称阴道，其后端开口于泄殖腔。

（八）神经系统和感觉器官的特点

鸟类的脑没有沟回，皮质甚薄，外周神经与哺乳动物的基本相似。鸟类没有外耳廓。

二、鸟的临床检查特点

鸟的解剖生理学特点决定了它的临床检查特点，即主要利用视诊和触诊的方法进行临床检查。因此，鸟类的临床检查有其本身的特殊性和检查程序。

（一）患病鸟群的状态观察

1. 一般状态观察

注意观察鸟只对外界刺激的反应，采食、饮水状态，运动时的步态等。

2. 鸟群的发育营养状态

注意观察鸟群的营养状态，全身结构的匀称情况，羽毛的光泽等状态。

3. 姿势与体态

鸟类的异常姿势与体态能提示某些疾病的可疑，如钙磷代谢障碍，维生素缺乏等。

4. 被皮颜色

注意观察鸟类头部，皮肤颜色，如鸟冠，肉髯、喙的颜色。

5. 羽毛及羽毛状态

羽毛和羽毛状态是健康与疾病的重要标志，因此，应注意观察羽毛的色泽、排列及换毛情况。

6. 粪便的异常

粪便的异常往往能提示疾病的重要线索。

7. 啄癖

啄癖反映鸟类饲养管理及卫生条件不良引起代谢障碍或维生素缺乏等。

8. 呼吸系统观察

应注意其呼吸数、声音和呼吸时的状态。

（二）个体病鸟的检查

1. 头部检查

注意检查鼻孔和鼻腔分泌物的性状和量，眶下窦的形状及其分泌物，眼结膜的色泽，出血点、水肿，角膜的完整性和透明度；口咽腔内的黏液，舌及硬腭的完整性及颜色和黏膜状态；检查喉头黏膜的颜色、状态及分泌物性状等。

2. 气管

检查气管时注意鸟的表现。

3. 嗉囊

注意检查嗉囊的大小、内容物、质地等。

4. 胸廓

检查胸骨的完整性、胸肌的状态。

5. 腹腔检查

注意检查腹部的外形、皮肤颜色、有无皮下浮肿，触诊内脏的情况有无异常。

6. 泄殖腔

观察泄殖腔黏膜的色泽，完整性及其状态。

7. 腿和关节

检查腿的外形、韧带和关节的连接状态。

第二节 鸟类的临床检查程序

鸟疾病的诊断和防治也都是以群体为基础，无论在疾病的确切诊断还是防治效果的衡量，需遵守一般临床检查程序，这对鸟类临床检查尤为重要。

一、流行病学调查

流行病学调查是疾病诊断与防治的基础，在观赏鸟的养殖生产中非常重要。流行病学调查内容和范围十分广泛，凡与疾病发生、发展相关的自然条件和社会因素都在内，如地理地域、生态植被等；生物活动、环境、疫源、饲料和管理等；疾病发生时间（季节）、发展趋势、发病率与病死率及所采取防治方法的效果等。流行病学调查的方式方法也多种多样的。

（一）座谈询问

约见当事人、兽医、饲养员等座谈，询问当地（场、户）的自然环境状况、疾病情况、饲料来源和加工配制过程、引种和宠物出入，以及病的发生发展情况，特别是对相关传染病的免疫接种和寄生虫病的驱虫情况要作详细的说明和了解。

（二）现场踏查

在对座谈了解的资料经分析综合后，获得若干疾病发生发展的主要线索，并对其进行必要的实地调查、评估，做出流行病学诊断。

流行病学诊断属印象诊断范畴，只是依据流行病学调查、了解、分析和评估做出的。诊断结论可能有一两个以上，不能算确诊。如诊断为中毒病，其确切病因尚需作进一步的实验室检验、分析；诊断为传染病，其病原还要采取病料送实验室分离鉴定和血清学检查确定。但流行病学诊断可作为临床诊断、病理剖检诊断和病原学诊断的依据和佐证。

二、临床观察

临床观察检查往往与流行病学调查同时进行，而且两者密切相关。有些传染病的临床表现十分相似，但其流行规律和特点却有所不同，在诊断时应以流行病学诊断为基础。

观赏鸟的临床观察检查内容包括如下几个方面。

（一）精神状态

健康鸟十分机灵，对外界特别敏感，精神活泼，一旦受惊，立刻伸颈四顾，乃至飞翔跳跃。如出现迟钝、不活泼、呈嗜眠状，或者卧伏等，则为病态。

（二）行为习性

观赏鸟性情比较温顺，除水鸟外多喜干燥。体型除鸵鸟较大（50～150kg）外，其他均属10kg以内体重的小型宠物。健康鸟羽毛鲜艳光彩、光滑，姿势优美，采食、饮水、活动自在。喜于跳跃飞翔，步态稳健。若出现反应迟钝、不活泼、卧伏和羽毛粗乱无光泽，或肉髯、肉冠呈紫色等表现，则属病态。

（三）眼、鼻、嘴状态

正常鸟的眼干净、明亮有神，呈机警样；鼻孔干净湿润；嘴干净光亮。如发现眼睑下垂、流泪或有分泌物，鼻孔周围有分泌物、嘴有分泌物、嘴内有伪膜等均属病态。

（四）嗉囊

正常鸟在进食后数小时饲料下移，嗉囊即缩小。如出现嗉囊膨满，触摸有胀感、硬感或波动感，则表明有病。

（五）体温、脉搏与呼吸

正常鸟的体温为40.0～42.0℃，珍鸟为39.0～42.0℃。根据体温变化可以确定病的性质、程度和预后。一般体温超过正常生理范围表明发热，并伴有热症出现；体温过低比较少见，一般比正常范围低1.5～2.0℃则为险恶征兆。体温检测，通常将体温计插入肛门内 2～3cm，保留 2～3min 即可。

正常鸟的脉搏数为 150～200 次/min，珍鸟为 150～250 次/min。如脉搏数增加，多见于热性病及心力衰竭；脉搏数减少，常见于脑病和中毒病等。鸟的脉搏检测多在翅内侧进行，以每分钟动脉搏动次数计算。

正常鸟的呼吸数为 15～30 次/min，珍鸟为 25～45 次/min。通常鸟的呼吸有节律不发声，且闭嘴。若呼吸数增加，则表明是发生热性疾病、呼吸器官疾病等；患脑部疾病时也常出现呼吸数减少。

三、病理解剖学检查

病理剖检应在流行病学调查和临床观察的基础上进行，更易于获得确切的诊断。

（一）常见病理学价值

观赏鸟常见的病理学变化主要有充血、出血、肿大、水肿、萎缩、坏死、贫血、溃疡、黄疸等。

（二）剖检程序

1. 体表检查

检查病死尸体的变化（尸僵、尸冷、尸斑、尸腐）、天然孔（口、鼻、眼、耳、肛门）变化，外被（羽毛、皮肤）变化等。

2. 剖检术式

尸体先用水或消毒液浸湿后卧位固定，然后自肛门前沿腹中线剪开至颈部，并打开体腔，如采取病料，则以无菌操作采取，随之将内脏全部摘出。

3. 体腔与内脏器官检查

包括体腔液、浆膜、心脏、嗉囊、肺、肝、脾、肾、睾丸、卵巢、泄殖腔、胃、肠、腺体、脑、肌肉等的检查。

四、实验室检查

实验室检查包括病原学检查、免疫学检查和病理组织学检查，通常对一些传染病、寄生虫病可做出确诊。

（一）病料采取与送检

1. 病料采取的基本原则

采取病料要有明确的目的，依据流行病学、临床初步诊断采取相应的病料（大型鸟）或选择典型的病（死）鸟送检（小型鸟）。

传染病病料采取或整体送检，应选择流行初期未经任何治疗的典型病例。

2. 病料的采取与送检

病料采取的全部过程应保持无菌操作，全部器械均应消毒灭菌。病原学检验病料应先于剖检采取，在无菌下采取后置于灭菌容器中，经严密包扎后置2～8℃冰瓶中在20～24h内送检。

病理组织学检验病料应根据剖检检查病变状况采取，置于固定液（10%甲醛溶液或95%酒精）中固定24h，再换液一次后包扎送检。免疫学检验病料主要采取组织和血清，组织要防止污染，血清要避免溶血，包扎后置2～8℃冰瓶内送检。

（二）微生物学检验

1. 涂片镜检

血液、渗出液和浓汁等可制成涂片，器官组织病料可制成抹（触）片，就地或送实验室染色镜检（常用革兰氏或姬姆萨、美蓝染色法），检查病原性细菌。也可制成悬滴标本直接在镜下观察运动性或孢子，以检查螺旋体或真菌等。

2. 分离培养

细菌、真菌和螺旋体等都可在适当的培养基上生长，根据菌的菌落、形态、生化特性和宠物接种进行分离鉴定。病毒可用鸟胚、细胞或宠物接种进行分离鉴定。

（三）免疫学检验

免疫学检验，包括血清学检验与变态反应两类，前者主要检查血清抗体及病料组织中的抗原；后者主要对宠物鸟进行特异致敏性疾病检查。

（四）病料组织学检验

通常将固定的病料组织作石蜡包埋、切片、染色后进行镜检，根据组织细胞的充血、出血、炎性、坏死和包涵体等变化做出诊断。

（张红）

第六章　观赏鱼及龟鳖的临床检查

第一节　观赏鱼的临床检查

观赏鱼病的种类很多，引起观赏鱼病的原因也是很复杂的，为了有效地防治鱼病，必须对鱼缸及养殖观赏鱼的池塘环境进行调查，同时对疾病进行正确地临床检查和诊断，才能对症下药，这是能否收到效果的关键。临床调查和诊断观赏鱼病的步骤方法如下。

一、现场调查

水质环境的好坏，对观赏鱼类的生长有直接的影响。除因病原体、敌害等感染和侵袭而引起观赏鱼发病和死亡外，周围环境、水体物理及化学状况的恶化等对观赏鱼类的影响也很重要，如鱼缸和池塘水质变坏、农药或工业废水流入鱼缸或鱼池等也会引起鱼的死亡。因此，单纯从鱼体进行检查，很难得出正确的诊断，必须同时对现场进行调查。

（一）了解病鱼在鱼缸或鱼池内出现的异常现象

鱼生了病不仅在病鱼体表和体内表现出各种症状，同时在鱼池中也会表现出各种异常现象。

1. 急性型鱼病

病鱼一般在体色、外观和体质上与正常鱼差别不大，仅在病变部位稍有变化，但一经出现死亡，死亡率随即急剧上升，常在短期内出现死亡高峰。

2. 慢性型病鱼

往往体色变黑，体质瘦弱，离群独游，活动缓慢，死亡率一般呈缓慢地逐渐上升，在长时间内死亡高峰不明显。

3. 水中行为表现

池中鱼类受到寄生虫的侵袭和刺激，往往表现不安状态，如鱼受到鲺侵袭后，虽体色和体质变化不大，但表现为上窜下跳，一时急剧狂游；受鲢碘泡虫侵袭的白鲢，尾部上翘，鱼在水中狂游乱窜，抽搐的打圈子；受到鲢中华鳋侵袭的鲢、鳙鱼的尾鳍上叶往往露出水面，在水体表层打转或狂游。

鱼因农药或工业废水中毒时，也会出现兴奋、跳跃和冲撞现象，而后转入麻痹阶段。

由上述寄生虫引起的死亡，一般是缓慢地逐渐增加，总的死亡率一般不会太大。但是，鱼类中毒，则往往在较短的时间内出现大批死亡，各种鱼都不例外。因此，到现场详细了解池中的种种表现和周围环境情况，是正确诊断鱼病的首要环节。

（二）了解鱼缸或鱼池水质的理化状况

1. 水的温度

水温的高低与鱼病流行有密切关系。

大多数的菌毒性鱼病和寄生虫病都是在水温较高的情况下发生，如一些致病菌和病毒在平均水温25℃左右时，毒力显著增高，当水温降到18℃以下时，则毒力减弱，流行病逐渐停止。

但也有的寄生虫适宜于在较低水温中生活，如斜管虫适宜在12～18℃时大量繁殖。

2. 水的颜色

纯净的水是透明无色的，但由于水对光线有选择地吸收作用，水中有溶解的或悬浮的物质，光线透入水中时，有一部分被反射出来，便呈现出各种颜色。

水中腐殖质多时，水呈蓝褐色；水中含钙质多有机物少时，水呈天蓝色；当微囊藻（湖靛）大量繁殖时，水呈铜绿色；当水被污水污染时，因污水种类和性质的不同而出现各种颜色，如黑色、红色、紫红色、灰白色等。同时水的透明度大大降低。

3. 水的化学物质

在一般的养鱼缸和池塘中，水化学成分的变化，诸如溶解氧、硫化氧、pH 值、水中溶解有机物耗氧量、氯化物、硫化物等与鱼病的流行有着的密切关系。

鱼缸长时间不清缸，甚至鱼池数年不清塘，长期累积的残饵沉入池底，当水底溶氧含量减少时，嫌气微生物发酵分解产生硫化氢，这不仅容易使鱼类中毒，而且加剧了池水溶氧的缺乏，鱼类浮头或窒息而死。

水中有机物突然大量增加，迅速将水中溶氧耗尽，观赏鱼会发生大批死亡；有机物多和肮脏发臭的水，一般适宜腮霉的大量繁殖，引起腮霉病的流行；酸性水常引起嗜酸性卵甲藻病的暴发；氯化物和硬度含量较高，则促使小三毛金藻大量繁殖，导致鱼类中毒死亡。

4. 废水污染

各种废水的污染，使水体的化学组成发生严重变化，各种有毒物质的含量增高。其中尤以酚、重金属盐类、氰化物、酸、碱、有机磷农药、有机氯和有机砷等农药对鱼的毒害较大。为了尽快地了解某水体鱼类因中毒死亡的原因，应迅速检测废水的主要化学成分，然后有的放矢对被污染水体进行全面化学分析，测出有毒物质的含量，采取紧急有效措施。

（三）了解饲养管理情况

鱼缸或池中鱼发病，常与放养密度过大、饲养管理不善有关。放养过密，鱼苗互相拥挤，摄食不足，生长不良，削弱了对疾病的抵抗能力，有利于病原体的传播。投喂的饵料变质或腐败、投喂过多等，都容易引起水质恶化，产生缺氧，严重影响鱼体健康，同时给病原体以及水生昆虫和其他种种敌害，如水蜈蚣、蚌虾加速繁殖创造有利条件，引起鱼大批死亡。反之，如果水质较瘦，食料不足，会引起萎瘪病、跑马病等。另外，由于各种原因使鱼体受伤，容易引起白皮病和肤霉病。因此，投饵量、饵料品种、放养密度、规格和品种、搭配比例、牵网和各种操作以及历年来发病情况等，应作详细的了解。

此外，对室内小气候、外界气候变化以及各种敌害的发生情况也应同时了解。

二、鱼体的肉眼观察

（一）目检步骤

在观赏鱼病的调查和养殖实践中，目检是检查鱼病的主要方法之一。

目检可以从鱼体患病部位找出病原体，观察由病原体对机体刺激后表现出的各种现象，即通常所称的症状，为诊断鱼病提供依据。

按病原体来划分，鱼病可分为病毒性、细菌性和寄生虫性 3 大类。

目检查时，一些大型的寄生虫（蠕虫、甲壳动物、软体动物幼虫、体型较大的原生动物等）可以看到，但真菌（水霉等）等用肉眼是看不见的，就需要根据其症状进行大致的辨别。

关于鱼类致病病毒的研究，我国最近几年来才开始，还处于试验研究阶段，鉴定过程是比较复杂的。而鱼类致病菌的确定，在我国虽有方法可循，但需要一定的实验设备、训练有素的操作人员和较长的时间。所以，当前在一般的鱼病检查及生产实践中，对病毒性病、细菌性病，多根据病鱼表现的症状，用肉眼诊断。

一般菌毒性鱼病，常表现充血、发炎、脓肿、腐烂、鳍条基部充血、蛀鳍（鳍的表皮组织腐烂）、竖磷等病状；而寄生虫鱼病，常表现出黏液过多、出血、有点状或块状的胞囊、寄生处溃疡等病状。由于病原体种类的不同，其所引起的症状也各异，这些不同的病状，为诊断鱼病提供了有利条件。

鱼体检查的部位主要包括体表、鳃、内脏 3 部分，检查顺序和方法如下。

1. 体表观察

将病鱼或刚死的鱼置于白搪瓷盘中，按顺序检查从头部、嘴、眼、鳃盖、鳞片、鳍条等仔细观察。

在体表上的一些大型病原体（水霉、线虫、锚头鳋、鲺、钩介幼虫等），很容易看到，但有些用肉眼看不出来的小型病原体，则根据所表现的症状来辨别：

（1）体表寄生虫　口丝虫、车轮虫、斜管虫、三代虫等引起的症状，一般会引起鱼体分泌大量黏液，又是微带污泥，或者是头、嘴以及鳍条末端腐烂，但鳍条基部一般无充血现象；复口吸虫病后期，则表现出眼球混浊，有白内障。

（2）体表细菌病　细菌性赤皮病，则鳞片脱落，皮肤充血；疥疮病则在病变部位发炎，脓肿；白皮病是病变部位发白，黏液减少，用手摸时有粗糙的感觉；打印病的病变部位产生侵蚀性的腐烂等症状。

但应当注意的是有些症状，包括体表、鳃、内脏等病的症状，在几种不同的病中基本是一样的，如鳍基充血和蛀鳍，为赤皮病、烂鳃病、肠炎病及部分其他细菌性鱼病所共有的症状之一；又如在大量车轮虫、口丝虫、斜管虫、小瓜虫、三代虫等寄生时，都会在体表或鳃有较多的黏液，应把观察到的症状，联系起来加以分析。

2. 鳃部检查

腮部的检查重点是鳃丝。首先注意鳃盖是否张开，然后用剪刀把鳃盖除去，观察鳃片的颜色是否正常，黏液是否较多，鳃丝末端是否肿大和腐烂等现象。

细菌性烂鳃病，则鳃丝末端腐烂，黏液较多；鳃霉病则鳃片颜色比正常鱼的鳃片颜色较白，略带血红色小点；口丝虫、隐鞭虫、车轮虫、斜管虫、指环虫等寄生虫性疾病，则鳃片上带有较多黏液；中华鳋、狭腹鳋、双身虫、指环虫以及黏孢子虫等寄生虫，则常表现鳃丝肿大，鳃上有白色虫体或孢囊，鳃盖胀开等症状。

3. 内脏检查

（1）内脏检查方法　内脏检查以肠为主。先把一边的腹壁剪掉（勿损坏内脏），先观察是否有腹水和肉眼可见的大型寄生虫（鱼怪、线虫、舌状套虫等）；其次对内脏的外表仔细观察，看是否正常；最后用剪刀从靠咽喉部分的前肠至后肠剪断，取出内脏，置于白搪瓷盘中，把肝、胆、鳔等器官逐个分开，再把肠道从前肠至后肠剪开，分成前、中、后三段，置于盘中，轻轻地把肠道中的食物和粪便去掉，然后进行观察。

（2）内脏检查的临床诊断价值　在肠道中比较大的寄生虫如吸虫、绦虫、线虫等容易看到；如果是肠炎，会出现肠壁充血、发炎；球虫病和黏孢子虫病则肠壁上一般由成片或稀散的小白点。

其他内部器官，如果在外表上没有发现病状，可不再检查。

由于目检主要是以症状为依据，所以，往往有这样的情况：一种病由几种症状同时表现出来，如肠炎病，具有鳍条基部充血、蛀鳍、肛门红肿、肠壁充血等症状；另一种是一个症状有几种病都同样出现，如体色变黑、鳍条基部充血、蛀鳍等，这些症状是细菌性赤皮、疥疮、烂鳃、肠炎等病所共有。因此，在目检时应做到认真检查，全面分析，并做好记录，为诊断鱼病提供正确的依据，也为今后的诊断工作积累资料。

（二）常见鱼病肉眼鉴别的症状

鱼病一般都在病鱼体表或体内表现出各种各样的症状。虽然有些症状在许多病中都同样地有所表现，但一般说来每一种病都有它本身所特有的症状。根据症状，并通过对水体和周围环境条件的了解，以及病原体的检查等综合起来加以分析，就可以对病做出确切的判断。在一般临床检查情况下，病鱼本身的症状，是诊断鱼病的重要依据之一。

常见各种鱼病的症状如表6－1。

表6－1　常见鱼病的病原与症状表现

病名	病原	症状
竖鳞病	水型点状极毛杆菌	鳞囊积水，鳞片竖起，形似松果；用手轻压鳞片，鳞囊积水即可喷出；有时鳍条基部充血，腹部膨大
白头白嘴病	一种黏细菌	活动缓慢，体色稍黑，头顶上和嘴部周围发白，在池中活动时的病鱼，其症状容易辨别出来
白皮病	白皮极毛杆菌	从背鳍后部至尾柄末端的皮肤发白，呈白雾状；用手摸时，鳞片粗糙，无黏液，病重将死的鱼，表现出头部朝下，尾鳍朝上

续表

病 名	病 原	症 状
赤皮病	荧光极毛杆菌	病变部位一般在鱼体两侧及腹部，常出现发炎、出血、鳞片脱落、鳍基充血，末端腐烂
疥疮病	点状产气单孢杆菌	病变部位常在背部两侧，呈现脓肿和稍微突起；将病变部位解剖，可见肌肉充血和糜烂
打印病	腐败极毛杆菌 嗜水产气单孢杆菌嗜水亚种	病变部位在鱼体两侧，发病初期，常见圆形或椭圆形并有出血现象的病灶，好像打上印记，随着病灶逐渐扩大，同时向深处发展，严重时，病灶部分肌肉往往烂穿，可见骨胳或内脏
出血病	一种病毒	口腔、身体两侧肌肉、鳍的基部特别是臀鳍基部充血，有时眼睛也充血，剥掉皮肤时，病情轻的鱼，肌肉呈现不同程度的点状出血，病情严重的，全身肌肉呈深红色，有时甚至鱼体稍微发肿，皮肤发红，不用剥开皮肤，就可判断是肌肉严重充血；红鳍红鳃盖型病鱼，初期是鳍条基部充血，鳃盖、腹部、口腔亦有不同程度充血，严重时鳍条和体表亦充血，肠管发炎
痘疮病	一种病毒	病鱼皮肤表面有很多石蜡状的“增生物”，发病初期，体表出现乳白色小斑点，覆盖很薄的一层白色黏液，随着病情的发展，白色斑点的数目和大小逐渐增加和扩大，一直蔓延全身
水霉病	水霉菌	病变部位长着大量的棉絮状菌丝，像一团团的白毛
原生动物皮肤病	主要有颤动隐鞭虫、口丝虫、车轮虫、斜管虫、舌杯虫等	这些病原体大量侵袭时，病鱼没有表现特有的症状，肉眼可观察到的一般是皮肤黏液增多，有时带有污泥，体瘦发黑，缓慢地漂流在下风水面上
黏孢子虫病	黏孢子虫	由于黏孢子虫的种类不同，一般病鱼在体表出现各种形状和大小的灰白色胞囊，有的胞囊多数分布在鱼的头、嘴、各种鳍上，有的在鱼体两侧的鳞片底下，使鳞片竖起，还有一种胞囊，呈淡黄色，轮廓也不明显，病鱼体上满布包囊时，表现游动无力，体瘦变黑
小瓜虫病	小瓜虫	严重感染时，皮肤出现小白点，故又称“白点病”
三代虫病	三代虫	体表出现大量黏液，用肉眼仔细观察病变部位，可看到细毛状的虫体在活动
吸虫囊蚴病	吸虫囊蚴	寄生于体表、肌肉、被寄生处常呈现出黑色的小斑点，故有“黑斑病”之称
线虫病	嗜子宫线虫	寄生于鳞片底下，以及各种鳍的基部，用肉眼可观察到，因虫体颜色鲜红，故有红线虫病之称
钩介幼虫病	河蚌的幼体	寄生于鱼体鳍条、鳃、嘴和口腔；用肉眼仔细观察，可见到米黄色三角形小点
锚头鳋病	多态锚头鳋、鲩锚头鳋等	寄生在鲢、鳙等体表部位，肉眼容易看到，因为锚头鳋用它的头角和一部分胸部钻入鱼的肌肉组织里或鳞片下面，露出外面部分身体细长，因此又称这种病为针虫病，但鱼体严重感染时，好像披着蓑衣一样
鲺病	日本鲺等	被感染的鱼常表现不安或跃出水面，或在水中狂游，食欲减退，鱼体日渐消瘦，严重时甚至死亡，在病鱼体上，往往见不到虫体，或只见个别虫体，因虫体常会随时离开原寄主，而重新另找寄主

续表

病名	病原	症状
打粉病	嗜酸卵甲藻	初期病鱼体表黏液增多，出现大量白点和少数红点，食欲减退，后期白点接连重叠，向米粉般裹满全身，“粉块”脱落处长“毛”或溃烂，鳃内也有病变，病鱼常呆浮水面，不食不动
烂鳃病	鱼害黏球菌	病鱼鳃丝腐烂，严重时鳃丝末端仅留骨条，且常带污泥，靠病变部位的鳃盖内侧的表皮，常被腐蚀成一个圆形或不规则的透明小洞
鳃霉病	鳃霉	病鱼鳃部呈现苍白色，有时有点状充血或出血现象，此病常有暴发性的急剧死亡出现
原生动物性鳃病	主要有鳃隐鞭虫、口丝虫、车轮虫、斜管虫、舌杯虫、毛管虫等	病鱼鳃部产生大量黏液，严重影响鱼的呼吸，故浮头时间较长，严重时体色变黑，离群独游，漂浮水面
黏孢子虫病	黏孢子虫	除少数种类，它的营养体以渗透形式，散布在鳃丝的组织里面，不形成明显的胞囊外，一般在鳃表皮组织里面有许多灰白色得点状胞囊，肉眼容易看到
指环虫病	指环虫	大量感染指环虫时，鳃部显著浮肿，鳃盖微张开，黏液增多，鳃丝呈暗灰色，有些比较大的虫体，肉眼容易看到
中华鳋病	中华鳋虫	鳃丝末端肿大发白，在这些肿大的鳃丝上寄生着许多虫体，肉眼容易看到，虫体后面带有一对细长的白色卵囊，形状稍似小蛆
肠炎病	一种病毒	肛门红肿，病情严重的常表现鳍条基部充血，腹部现红斑，剖开鱼腹，往往有腹水流出，肠管充血发炎，严重时整条肠呈红色或紫红色
球虫病	艾美虫	一般是侵袭肠管，严重时，腮部呈苍白色，食欲不振，在肠的内、外壁，肉眼可看到许多白点状的胞囊，肠组织被严重破坏，引起发炎充血，甚至贯穿肠壁
黏孢子虫病	黏孢子虫	有些种类只在肠黏膜组织生长发育，形成白点状胞囊，有些种类，除侵袭肠内黏膜组织之外，还可穿过肠壁，在肠外壁出现大量胞囊，这两种情况在二龄以上的鲤、鲫较常见
疯狂病	黏孢子虫	此病主要出现在白鲢和花鲢，病原体侵入鱼的脑内，破坏神经系统的正常生理活动，病重时，鱼在水中狂游乱窜，抽搐地打圈子，有时沉到水底，有时躺在水面，不久即死去；病鱼外表是头大体瘦，尾部极端上翘，头部脑廓是黄色，内部脑微血管充血，肝脏一般发紫，有时还腹腔积水
侧殖吸虫病	日本侧殖吸虫	此病主要是危害鱼病，由于鱼苗肠道被吸虫阻塞，影响鱼苗的正常摄食和消化所致；病鱼身体发黑，游动迟缓，成群地漂浮在夏风水面，用肉眼仔细观察鱼苗肠道，可见到芝麻状虫体在蠕动
鱼怪病	鱼怪虫	虫体寄生在鱼的腹腔，单独成囊，仔细观察鱼的胸鳍内侧，尤以黄豆大小的洞（寄生囊），从洞的位置剖开鱼腹，在胸鳍部位的寄生囊中有一对形似土鳖的白色虫体，病鱼身体瘦弱，生长缓慢，丧失生殖能力

续表

病名	病原	症状
复口吸虫病	复口吸虫的尾蚴	鱼苗被尾蚴感染后，最初是在水面上下往返，急速地游动或挣扎状态，继而出现腹部朝天，倒头向下，头部充血，部分鱼体出现弯体，几分钟或数十分钟急剧死亡，或由于不摄食，日益消瘦而死；如一时感染尾蚴数量未达到致鱼苗死亡程度时，尾蚴进入眼球水晶体，使水晶体混浊，呈乳白色，一般称白内障病，这时，鱼除了引起瞎眼或掉眼睛之外，鱼还可正常生长，不致死亡
头槽绦虫病	九江头槽绦虫	此病对当年鱼种危害较大，感染了这虫以后，鱼的营养被消耗，影响生长发育，使病鱼日渐消瘦，常在秋风起时，鱼种食欲降低使大批死亡，解剖鱼腹，在前肠后部转弯处，肉眼即可见到许多细面条状的白色虫体
舌状绦虫病	舌状绦虫	病鱼腹大背瘦，用手轻压，有坚硬的感觉，与腹水肿病的情况不同，解剖鱼腹，即可见到白色长条状的虫体缠绕着消化道
毛吸线虫病	毛吸属的线虫	虫体寄生在鱼的肠内，对夏花鱼种危害较大，鱼被大量寄生时，食欲不振，鱼体消瘦，逐渐死亡
跑马病		此病常在10～15d以后的鱼苗出现，与环绕鱼池半圆成群地狂游，长时间不停，过分地消耗体力，逐渐瘦弱而致死亡

三、显微镜检查

仅凭目检对观赏鱼病的正确诊断是不够的。因此，除一些较明显而情况又比较单纯，凭目检可以有把握地做出诊断外，一般必须进行必要的显微镜检查。显微镜检查是根据目检时所确定下来的病变部位进行的，并在此基础上进一步作全面细致的检查。

（一）检查时应注意的事项

鱼病在显微镜检查时要注意：①要用活的或刚死的鱼检查；②检查的鱼要保持鱼体湿润；③取出鱼的内部器官时，要保持器官的完整；④解剖的鱼体和取出的器官不能干燥；⑤用过的工具要洗干净后再用；⑥一时无法判定的病原体或病症要保留标本。

（二）检查方法

检查比较大的病原体，如蠕虫、蛭类、软体动物幼虫、寄生甲壳等，用双目解剖镜比用低倍显微镜便利得多，因为双目解剖镜视野大，较容易操作。检查比较小的寄生虫时，非用显微镜不可，有时还需要放大到比较高的倍数，才能看清楚。

在检查寄生虫时，对一较大的寄生虫，可直接放在小玻璃皿或玻片上观察。

（三）检查步骤

检查鱼病时，要有步骤地进行，才不致手忙脚乱，顾此失彼。

一般检查步骤是：①编号；②记录时间地点；③鉴定鱼的种名；④称重量；⑤测量大小；⑥记录年龄；⑦记录性别；⑧肉眼检查鱼的体表；⑨逐个器官检查：主要检查黏液、

鼻腔、血液、鳃、口腔、体腔、脂肪组织、胃肠、肝、脾、胆囊、心脏、鳔、肾、膀胱、性腺、眼、脑、脊髓、肌肉等情况。

第二节　龟鳖的临床检查概要

一、龟鳖的保定方法

（一）保定方法

龟鳖宠物的保定常用麻醉药物、器械和人力保定3种。

1. 麻醉保定

麻醉保定又称为药物保定或化学保定。麻醉保定适应性情凶猛、难以接近的宠物。龟鳖宠物的头颈可缩入壳内，在治疗时不易控制，故麻醉保定适用于较大的龟鳖宠物。常使用的麻醉药物有乙醚、氯胺酮和眠乃宁等。对于较小的龟鳖可直接点滴白酒麻醉。

2. 器械保定

器械保定是最悠久、使用最广泛的保定方法。龟鳖宠物的保定方法是使用保定架。将龟鳖腹甲朝上，放置在保定架的中央。

3. 人力保定

人力保定是操作人员用适当的辅助工具，徒手保定宠物。小型或中型的龟鳖宠物可直接用手保定。

鳖的保定方法，以重500g的鳖类为例，首先将鳖放置在一张旧报纸上，鳖的腹甲朝上，将报纸一端向里折叠，盖住鳖体，再将另一端报纸向内折叠，仅露出鳖的尾部或需治疗的部位。

常用龟的保定方法有四种。

（1）鳄龟、平胸龟保定　鳄龟、平胸龟等凶猛龟类，可直接抓尾部，并使其头部朝外（龟的头部不能面向操作者，以免被咬）。

（2）小型龟类保定　小型龟类头部保定时，用大拇指和食指用力夹龟头部的枕部，使龟头部不能动弹。

（3）中型龟类保定　以重1kg左右龟为例，操作者坐下，将旧报纸或布平铺再两腿之间，把龟放在两腿间，报纸的一端遮盖龟的头部，露出需诊治的部位或龟体后半部。

（4）大型龟类　大型龟类（体重5kg以上）保定时，操作者两手放在龟背甲前部和后部中央，尤其是龟背甲前部的手必须放在背甲的中央。若向左或向右偏移，操作者均能被龟咬住（龟颈向左或向右移动，但不能向头顶仰翻）。

龟类的头颈缩入壳内，龟类头部较难控制，但借助开口器能使龟张开嘴。将龟竖立，用硬物刺激龟嘴边缘，当龟张嘴攻击人时，操作者立即将开口器送入龟嘴中，调整开口器位置，使龟嘴张开。

（二）龟鳖的称量

称量龟鳖宠物的体重是日常管理的基本工作。

通过对龟鳖体重、体格的记录，可以了解龟鳖宠物的生长情况、生长速度，从而对龟鳖宠物健康状况进行评估。

称量体重可用天平、电子秤、磅秤等。用电子秤称体重时，龟鳖易惊动、爬动，可用硬物或小型瓶盖垫在龟鳖腹甲中央，使龟鳖悬空。

测量龟鳖宠物体态，主要是对龟鳖背甲的长、宽和整体的高度测量。

二、龟鳖疾病诊断方法

龟鳖宠物身披硬甲，无恒定体温（变温宠物的体温随环境温度变化而变化），加之龟鳖宠物疾病诊断方面的研究报道很少，一些正常生理常数无依据。因此，有关龟鳖宠物疾病防治方法只能在实践中边摸索、边治疗、边总结。

（一）诊断的方法

龟鳖宠物诊断的基本方法，一般是用眼、鼻、手等感觉器官对病龟鳖进行问诊、视诊、触诊、嗅诊。

1. 问诊

向饲养者、管理人员调查了解病龟的发病情况。

问诊的主要内容包括：①龟鳖的来源、产地、年龄等；②日常管理情况，包括喂食、饮水等；③发病情况，包括龟鳖的行动、进食、症状等；④排粪便情况，包括排粪便的次数、数量、形状、颜色等；⑤治疗情况，包括是否经过治疗、用药情况等。

2. 视诊

用眼或借助器械观察病龟鳖的整体和局部的异常表现。视诊的内容主要包括：

（1）检查整体状况　整体状况检查内容主要包括：①龟鳖宠物体形大小，躯干和肢体有无变形、肿胀、破损和创伤；②宠物体质强弱，发育情况，营养状况；③宠物的精神状态及姿势是否正常。

（2）临床诊断价值　龟鳖患病时主要表现如下临床症状：①体表是否有寄生虫，鳞片是否脱落，眼睛是否肿胀，黏膜脱落的特性；②天然孔（口腔、鼻腔、肛门）的分泌物及排泄物性状；③体内器官生理功能的异常，如呼吸运动、采食、吞咽等消化运动的异常表现。

3. 触诊

利用触摸或借助器械检查。分为直接触诊和间接触诊：直接触诊是检查者用手、手掌，直接触摸龟鳖的某一部位，以判定病变的位置、形状、硬度及敏感性等；间接触诊是借助器械进行触诊，如使用镊子等。

触诊的内容主要包括：①龟鳖皮肤及皮下组织的弹性、坚实性等；②触摸某些器官的活动状态，如四肢施予机械刺激后，龟鳖所表现的反应，可以判断其感受力与敏感性。

4. 嗅诊

用嗅闻发现、辨别宠物的排泄物及病理性分泌物的气味。

（二）临床检查的程序

临床检查包括一般检查、系统检查和特殊检查。

1. 一般检查

龟鳖宠物的一般检查，包括体态检查、皮肤检查和可视黏膜检查。

（1）体态检查　体态检查可从龟鳖的一般体格、营养状况、精神状态、姿势和运动5个方面入手。

体格　体格发育好的龟鳖宠物，四肢粗细均匀，肌肉饱满且富有弹性，背甲和腹甲壳坚硬，无软壳现象。反之，发育不良的龟鳖，四肢纤细，肢体瘦弱，用手压背甲和腹甲壳，感觉较软，生长速度缓慢或停滞。

营养状态　营养状态是表示宠物机体物质代谢的总水平。龟鳖宠物营养状态通常是以龟鳖四肢肌肉的丰满度和鳞片多少为依据，来判断龟鳖的营养状态。

营养状态可分为良好、中等和不良3种。营养良好的龟鳖，皮肤有光泽且富有弹性，肌肉饱满，肥瘦均匀，鳞片完好。营养不良的龟鳖，皮肤颜色暗淡且褶皱多，四肢干瘪，骨骼显露，用手掂量龟鳖，感觉非常轻。营养不良的龟鳖常患腹泻、贫血等疾病。

精神状态　精神状态是宠物的中枢神经系统机能活动的反映。

健康的龟鳖宠物、姿态自然，动作敏捷且协调，反应灵敏。以陆龟为例，陆龟爬行时，四肢能将自身沉重的硬壳托起（腹甲离开地面）爬行，而不是腹甲在地面上摩擦，四肢拖地而爬行；当有敌害靠近或感觉到有振动时，立即停止爬行，并将头颈、四肢、尾缩入壳内，使敌害无从下手。精神状态不好的龟鳖反应迟钝，遇有惊动，不能迅速做出应急措施，经常躲藏在角落，缩头闭眼少动。

姿势　姿势是指宠物在相对静止或运动过程中的空间位置和呈现的状态。就龟鳖而言，不同生活习性的龟鳖，具有特有的生理姿势。

健康的鳖类，在静止时常伏于水底；阳光明媚时，则趴在岸边晒壳，遇惊动立即潜入水中；游动时，鳖身体平衡游动，四肢自然划水。患病的鳖类，常漂浮于水面，不能沉水，对外界刺激反应迟钝。

健康的陆龟类，静止时腹甲趴伏于地面，时常伸头四下张望；爬行时，龟的四肢有力，伸缩自如。若陆龟站立时，四肢摇摆或不能站立，仅顺着地面匍匐前进，多见于营养不良、骨折、关节脱位等病。

运动检查　运动检查是对龟鳖的游动、爬行等进行观察。

健康的龟鳖宠物在爬行时，左前肢和右后肢一起动，然后右前肢和左后肢再动。以水龟为例，当水龟在水中游动时，四肢动作协调一致，灵活自然。若出现圆圈运动、跛行等，有可能四肢的肌腱或神经调节发生障碍。

（2）皮肤检查　通过对龟鳖皮肤的检查，可以了解内脏器官的机能状态（如皮肤水肿，可判断心、肾机能），发现早期症状（皮肤上有红色斑点，可考虑龟鳖是否患炭疽），判定疾病性质（依据皮肤弹性的变化，可了解脱水的程度），做出决定性诊断。

皮肤检查可从皮肤颜色、鳞片脱落、皮下组织、皮肤疱疹4个方面检查。

皮肤颜色　皮肤颜色能反映出龟鳖宠物血液循环系统的机能状态及血液成分的变化。龟鳖宠物的皮肤具不同的色素（如黄喉拟水龟的四肢背部皮肤为灰褐色、红耳龟的四肢皮肤为绿色），检查较困难，一般通过龟鳖可视黏膜的色彩足以说明问题。

鳞片脱落　健康龟鳖的鳞片应整齐和完整。若龟鳖四肢上的鳞片轻轻触摸，鳞片即掉落或常自行脱落，可考虑龟鳖发生营养代谢障碍、慢性消耗性疾病。

皮下组织 皮下组织检查应注意从肿胀部位的大小、形态、内容物性状、硬度、移动性及敏感性几个方面判断。

龟鳖宠物皮下肿胀一般为皮下水肿、脓肿、肿瘤。皮下水肿特征视皮肤表面光滑、弹性消退，肿胀界限不明显。脓肿的特点是皮下组织呈局限性肿胀。肿瘤是宠物机体上发生异常生长的新生细胞群，形状多种多样，龟鳖的肿瘤常在颈部、四肢、耳后。

皮肤疱疹 皮肤疱疹是许多疾病的早期症状，多由传染病、中毒病、皮肤病及过敏反应引起。疱疹又分为斑疹、丘疹、水疱、痘疹等，龟鳖宠物常患斑疹，斑疹是皮肤充血和出血所致用手指压迫红色即退。

（3）可视黏膜检查 检查可视黏膜能反映黏膜本身的局部变化以处，还有助于了解龟鳖全身血液循环状态，一般对龟鳖宠物的眼结膜检查。其他部位的可视黏膜，在相应器官系统中进行。

眼结膜的检查主要指分泌物。龟鳖宠物有少量分泌物，如健康的缅甸陆龟分泌物为无色透明黏液，若分泌物为混浊黏液，是龟患了呼吸道疾病或眼睛疾病。

2. 系统检查

根据一般检查获得的线索和印象，确定某一器官系统作为检查的重点。由于龟鳖宠物特殊的身体、生理结构及研究资料缺乏，使检查范围受到限止，如龟鳖无正常体温、呼吸数也无正常值、不能用听诊器听心脏的心音等。所以，龟鳖宠物的系统检查主要指消化系统、呼吸系统两个方面。

（1）消化系统 龟鳖消化系统疾病极为常见，检查时可从食欲、吞咽、口腔、泄殖腔和粪便进行观察：

食欲 龟鳖食欲好坏，可依据龟鳖进食的数量、进食的次数来决定。健康的龟鳖宠物投喂食物能主动捕食（龟鳖受刺激后张嘴，饲料将食物放入龟鳖口腔，龟鳖自行吞咽的喂食方式除外），进食数量与平时相当。患病龟鳖表现出食欲减退，进食次数减少，有的有异食癖。

吞咽 龟鳖宠物均无牙齿，食物均整吞整咽。健康的龟鳖宠物能在前肢辅助下，自行将食物吞咽。患病龟鳖有时虽有捕食行为，但不吞咽；有的将捕到的食物只在嘴中嚼烂，然后吐出。

饮欲 龟鳖宠物的饮欲主要与气候、运动及饲料的含水量有关。水栖龟鳖常生活于水中，饮水行为较难观察。陆栖龟类和半水栖龟类正常情况下，需2～3d饮水1次，异常改变有饮欲增加（表现频频饮水）及饮水减少或废绝。

口腔 龟鳖宠物口腔检查主要包括口腔黏膜、湿度。

大多数健康的龟鳖宠物口腔黏膜为粉红色或淡红色（平胸龟、锯缘摄龟、海龟等龟类的舌为灰黑色），患病龟鳖的口腔黏膜呈苍白色，口腔壁上有白色溃疡。龟鳖宠物口腔内黏液过多，并挂于喙外端，可考虑呼吸道疾病、咽炎、急性败血症等。

泄殖腔 健康龟鳖宠物的泄殖腔清洁，无稀粪便污染。泄殖腔孔干燥而紧缩。若龟鳖的泄殖腔孔周围有稀粪便，泄殖腔孔潮湿且松弛，常见于肝炎。

粪便 粪便检查首先要注意正常粪便和异常粪便的区别，龟鳖宠物粪便的颜色因捕食的食物种类不同，排出的粪便也不同，如乌龟食物为混合饲料时，排出的粪便为棕色圆柱形，若食物为瘦猪肉，排出的粪便为绛红色圆柱形。健康凹甲陆龟的粪便为绿色长圆柱形或条状，患病龟的粪便稀，患病严重者呈水样甚至泡沫状，颜色多为淡绿色、黄绿色或深黑色。

（2）呼吸系统　龟鳖宠物的呼吸方式较为特殊，其呼吸为吞咽式。

正常龟鳖呼吸时，四肢腋窝有节律的收缩，水栖龟鳖时常将头露出水面唤气。若龟鳖张口呼吸，不通过鼻腔，是感冒病症。龟鳖呼吸时，发出“呼哧、呼哧”的声音，鼻腔中有混浊黏液，是支气管肺炎病症。

3. 特殊检查

包括实验室检查、X 线检查和寄生虫检查等。方法与其他宠物的操作大致相同。但有关龟鳖宠物实验室检查有待进一步探讨。

（肖银霞）

第七章　临床辅助检查及其应用

临床辅助检查是指在特定的场所或条件下，用特殊的器械与设备而进行检查的方法。

一般情况下，辅助检查法并无普遍应用的必要，通常都是在一般临床检查之后，在已取得检查结果的启示下，为了进一步地证实或排除某种疾病、现象，根据需要而选择、配合应用的，因而其应用的范围受到一定的局限。

尽管该类检查法应用范围较窄，但并不能降低其实际临床诊断价值。在很多情况下，辅助检查法的结果，对证实或排除某种疾病并对明确诊断起着重要作用，有时在某些疾病的诊断中，甚至具有决定性的临床诊断价值。

第一节　导管探诊及感觉、反射机能检查

一、食道、胃及尿道探诊法

食管及胃的探诊是用橡胶或塑料特制的胃管进行的一种诊断方法，根据胃管深入的长度和宠物的反应，可确定食管的梗塞、狭窄、憩室及炎症的发生部位，并可提示胃扩张的可疑。

探诊时根据宠物种类和需要，可采同不同粗细口径的胃管。

（一）食道、胃的探诊法

1. 检查方法

用长95cm，外径12mm的弹性胶管，经开口器中央小孔插入。最好实行右侧横卧保定后再进行插管。要确定胃管插在食管内。

2. 临床诊断价值

食管及胃的探诊，不仅对一些食管疾病和胃扩张的诊断有重要的临床诊断价值，而且也常是一种治疗手段。同时，根据需要还可将胃管插入胃内采取胃内容物进行实验室检查。

当食管梗塞时，胃管到达梗塞部位时遇到阻碍而不能继续插入，根据胃管插入的长

度，可以确定梗塞的部位。临床上常以胃管探查的结果，作为食管梗塞与胃扩张诊断的依据。

当食管狭窄时，细的胃管可以插入，粗的胃管不能插入。当食管憩室时，经常因胃管前端抵在憩室的侧壁上而不能继续插入，只有当胃管通过憩室后，才能继续插入。

当患食管炎时，插入胃管宠物表现剧烈疼痛，极度不安，不断做吞咽动作；当患急性胃扩张时，可能有大量酸臭气体或黄绿色稀薄胃内容物从插入的胃管排出。

（二）尿道的探诊及导尿法

应用导尿管，不但可进行尿道探诊，排除积尿和洗涤膀胱，而且还是采取尿液的方法。

1. 雄性宠物尿道探诊及导尿法

一般采用站立保定，并固定右后肢，术者蹲在宠物的右侧，右手伸入包皮内，抓住龟头，或用食指抠住龟头窝，把阴茎拉出至一定长度，用温水洗去污垢后，交由助手握住阴茎，术者将手洗干净，再以无刺激性的消毒液（2%硼酸水、0.1%新洁尔灭液）擦洗尿道外口，后用已消毒并涂润滑油的导尿管，缓慢地插入尿道内。导尿管进入膀胱，若膀胱内有尿，即见尿液流出。

2. 雌性宠物尿道探诊及导尿法

保定好宠物，用消毒液（0.1%高锰酸钾液，0.02%呋喃西林液）洗净外阴部，术者消毒手臂后，以左手伸入阴道内摸到尿道外口，用右手持导尿管，沿尿道外口插入膀胱内。必要时可用阴道开张器，打开阴道便于找到尿道外口。

雌性宠物尿道较短，尿道外口位于阴道腹侧，前端与膀胱颈相接，后端开口于生殖前庭起始部的腹侧壁。

导尿过程中导管已进入膀胱，不见尿液排出，可能是宠物在导尿前刚排过尿；亦可能是导管前端未浸入尿液中，这时可前后轻轻抽拉导管，使其与尿液接触，亦可通过导管注入一定量的空气，以刺激膀胱收缩促使尿液流出。

3. 临床诊断价值

（1）尿道阻塞　常因尿道结石和尿道炎性产物等所引起。探诊时有抵抗感，表现疼痛明显。

（2）尿路狭窄　常因尿道发炎、黏膜肿胀，或因机械性损伤后瘢痕收缩所致，此时导尿管不易插入。

二、感觉、反射机能检查法

（一）感觉机能检查

宠物的感觉包括视觉、嗅觉、听觉、味觉、平衡感觉、浅感觉、深感觉和内脏感觉，它们都有各自的感觉器及传入神经，除嗅觉外均经过脊髓或延髓、丘脑，上传到大脑皮层，产生各自的感觉。因此，各种致病因素损伤感觉传导神经径路的任何一部分，均可引起感觉机能障碍。

1. 皮肤感觉检查

(1) 检查方法　宠物的皮肤感觉主要有触觉、痛觉、温热觉。一般在检查前应先遮盖宠物的眼睛进行检查。

触觉检查　可用细草秆、手指尖等轻轻接触鬐甲部被毛，以观察宠物的反应。

痛觉检查　可用消毒的细针头，由臀部开始向前沿脊柱两侧直至颈侧，边轻刺边观察宠物反应。

(2) 临床诊断价值　健康宠物对触觉检查可表现皮肤缩动，对痛觉检查可表现皮肌缩动、躲闪或其他反应性活动。

感觉减弱　表现为对强烈刺激无明显反应，常由于中枢机能抑制的结果，脊髓及脑干的疾病时则痛觉可消失。

感觉增强　可见于局部炎症、脊髓膜炎等。

感觉异常　表现为宠物集中注意于某一局部，或经常、反复啃咬、搔抓同一部位。除了皮肤病、外寄生虫引起的痒感外，可见于伪狂犬病。

2. 感觉器官检查

(1) 视觉检查　主要判定宠物的视力变化。检查宠物视力时，可用较长的缰绳牵引宠物前进，使其通过障碍物，健康宠物可顺利通过。

视力障碍可见于维生素 A 缺乏症、食物中毒及伴有昏睡或昏迷症状的疾病。

(2) 听觉检查　利用人的吆唤声或给以其他音响的刺激，以观察宠物的反应。

常见的病理反应为听觉增强，对轻微声音的刺激，呈强烈反应，见于破伤风、狂犬病等。听觉减弱，即对较强的声音刺激无任何反应，提示脑中枢疾病。

(3) 嗅觉检查　将宠物眼睛遮盖，用有芳香味的食物或良质的饲草、饲料置于宠物鼻前，观察其反应。

正常时宠物摇头或引起其咀嚼动作；宠物患有脑中枢疾病时不见反应。

(二) 反射机能检查

反射是神经系统活动最基本的方式。它必须在反射弧的结构和机能保持完整的情况下才能实现。否则，反射弧（感受器——传入神经——反射中枢——传出神经——效应器）的任何一个环节受到破坏，反射活动就消失；如反射弧的高级神经中枢受到损害，则由于失去控制作用，使脊髓反射增强。通过反射检查可帮助判定神经系统损害的部位。

1. 皮肤反射

通过用手指、针头轻触皮肤，以观察其皮肌的收缩。

(1) 耳反射　用草棒、细枝等轻触耳内侧被毛，健康宠物摇头或转头。反射中枢在延脑及第 1～2 颈髓段。

(2) 鬐甲反射　轻触鬐甲部的被毛，则出现肩部和鬐甲部皮肌收缩抖动，反射中枢在第 7 颈髓及第 1～2 胸髓段。

(3) 腹壁反射及提睾反射　针刺腹壁时，则相应部位的腹肌收缩，刺激大腿内侧，睾丸上提；这两种反射中枢均在胸、腰髓段。

(4) 肛门反射　用体温计轻触肛门皮肤，肛门括约肌迅即收缩。反射中枢在第 4、第 5 荐髓段。

（5）会阴反射　轻刺激尾根下方或会阴部皮肤，产生突然性的引尾向会阴部的动作。反射中枢在腰髓－荐髓段。

2. 黏膜反射

（1）咳嗽反射　呼吸道（喉、气管、支气管）黏膜受刺激时，则发生咳嗽。中枢位于延脑，传导神经为迷走神经。

（2）角膜反射　用手指、细纸片或羽毛等轻触角膜时，则宠物立即反射性闭眼。反射中枢在桥脑。

3. 深部反射

（1）膝反射　用叩诊锤叩击髌骨的中直韧带，则该肢膝关节部强力伸展。反射中枢在第4、第5腰髓。检查时，先令宠物横卧，使上侧的后肢保持松弛状态，然后叩击膝韧带的上方。健康状态下，由于股四头肌挛缩，而下腿伸长。

（2）跟腱反射　叩击跟腱后，跗关节伸展而球节屈曲。反射中枢位于荐髓前段。检查方法基本与上同，叩打跟腱部。

4. 临床诊断价值

（1）反射亢进（增强）　多由于神经系统的兴奋性普遍增高所致，见于脊髓膜炎、破伤风、有机磷中毒以及士的宁中毒等。

（2）反射减弱、消失　多是反射弧的感觉神经纤维、反射中枢或运动神经纤维的损害所致。常见于脊髓背根（感觉神经）、腹根（运动神经）或脑、脊髓的灰、白质受损害。也可见于颅内压增高及昏迷期。

第二节　一般器械辅助检查

一、动脉血压的测定法

动脉压是指动脉管内的压力。心室收缩时，血液急速流入动脉，动脉血管高度紧张度时的血压称为收缩压；心室舒张时，动脉血压逐渐降低，血液流入末梢血管，动脉管的紧张度最低时的血压称为舒张压。收缩压与舒张压之差称脉压，它是了解血流速度的指标。

（一）测定方法

常用的测定方法有视诊法和听诊法。常用的血压计，有汞柱式、弹簧式、电子式3种。宠物测定在股动脉。临床上多用弹簧式血压计。

测定血压时，使宠物取站立保定，将橡皮气囊（或袖袋）绑在尾根部或股部。橡皮气囊的一端联在血压计上，另一端连在打气用的胶皮球上。

用观察指针的方法测定时，是用胶皮球向气囊内打气，使汞柱或指针超过正常高度以上的刻度，随后通过胶皮球旁侧的活塞缓缓放气，每秒钟放气量以下降2刻度为宜，一边放气，一边观察汞柱表面波动或指针的摆动情况。当开始发现汞柱表面发生波动或指针出现摆动时，此时的刻度数即为心收缩压。以后再继续缓缓放气，直至汞柱的波动或指针的摆动由大变小，由明显变为不明显时，这时的刻度数即为心舒张压。

用听诊法测定时，是先将听诊器的胸件放在气囊部的远心端，然后向气囊中打气至约200刻度以上，随后缓慢放气，当听诊器内听到第一个声音时，汞柱表面或指针所在的刻度即为心收缩压。随着缓慢的放气声音逐渐增强，以后又逐渐减弱并很快消失。在声音消失直前血压计上的刻度，即代表心舒张压。

血压的记录和报告方式为：收缩压、舒张压及脉压，单位为kPa。

（二）临床诊断价值

健康宠物的动脉压测定值：犬收缩压15.999～18.665kPa，舒张压3.999～5.333kPa，脉压11.999～13.322kPa。

1. 动脉血压增高

可见于动脉硬化、发热、左心室肥大及铅中毒等疾病。

2. 动脉血压降

动脉血压降低见于心力衰竭，外周循环衰竭、大失血、休克及虚脱等。

（1）脉压加大　见于主动脉瓣闭锁不全。

（2）脉压变小　可见于二尖瓣口狭窄。

二、中心静脉压的测定法

中心静脉压是指右心房或靠近右心房的腔静脉压力。它的高低主要由血容量的多少，心脏功能的状态及血管张力的大小来决定。当心血管功能正常时，中心静脉压就直接随血容量的变化而升降。因此，测定中心静脉压作为观察血液的动态变化以及临床上作为补充血容量的一项重要指标。

（一）测定方法

测定时使用特制的测压计。测压计由盐水静压柱（内径约2.5mm的玻璃管）和标尺、尼龙导管（聚乙烯医用输液导管），内径约1mm，Y型三通环璃管、输液胶管（内径约3mm）组成。测定时，宠物取站立或横卧姿势，确实保定。将测压计的标尺的零刻度与心房在同一高度上。按下列步骤操作。

先使输液瓶与盐水静压柱相通，用生理盐水灌满静压柱。再取大号针头（畜用输血针23号），使针尖朝向心端方向，刺入颈静脉内，并迅速将尼龙导管通过针孔导入颈静脉内，使其深达右心房附近，即相当于抢风穴的位置（事先应量好针孔到抢风穴的距离，并做出标记），总长约40～50cm，用夹子固定。使静压柱与尼龙导管相通，即可见到静压柱内的液面始而上升，继而下降，待液面不再升降，而紧随呼吸微微上下波动时，此时液面所在标尺上的刻度、即为中心静脉压的读数（单位用Pa或kPa表示），零上为正，零下为负。读数后，再使输液瓶与尼龙导管相通，输液5min，再测一次，以两次的平均数为结果。

（二）临床诊断价值

正常时中心静脉压的高低与宠物种类、体位及是否处于麻醉状态等因素有关，应给予注意。用厘米水柱表示。

1. 急性循环衰竭或经初期治疗而反应不佳，不能判明是否为血容量不足或心功能不全时，可鉴别低血容量休克与非血容量休克，前者中心静脉压偏低，后者则不降。

2. 大量补液可迅速补足血容量，避免引起循环负荷过重，故在中心静脉压回升至接近正常时，可放慢补液速度和减少补液量。

3. 在血压正常而伴有少尿或无尿时，如仅是肾功能不全，可适当少补液；如系脱水或低血容量所致，则应多补液。

4. 临床应用时，不能单纯根据中心静脉压高于或低于正常值来确定血容量足或缺，还必须结合心功能的情况。如中心静脉压偏低，血压也降低时，表示血容量绝对或相对不足。此时必须大量快速输液，以提高血容量，改善循环功能；若中心静脉压升高而血压偏低，表示心功能不全，必须先强心，后酌情补液；若血压正常而中心静脉压偏高，这可能是由于胸内压增大引起的（肠阻塞，肺部疾患等），应注意相区别。

（三）注意事项

测压计各部件在用前应彻底消毒，但尼龙管不能煮沸消毒，只能用0.1%新洁尔灭液浸泡15min消毒；测定过程中，如发现静脉压力突然出现显著波动性升高时，可能是导管尖端进入右心室，应立即退出一小段后再测压；测压完毕应先将针头拔出后，再拔导管。切勿先拔导管，以防导管被针头尖端割断而遗留在静脉内。

第三节　穿刺液检查法

一、胸、腹穿刺方法

穿刺液检查是对宠物体的某一体腔、器官或部位，进行实验性穿刺，以证实其中有无病理产物，并采取体腔内液、病理产物或活组织进行检验而诊断疾病的方法。宠物患有急性胃、肠臌气时，应用穿刺排气，可以迅速解除病象，在治疗上具重要的实际价值。

（一）胸腔穿刺法

胸腔穿刺术是用穿刺针穿入胸腔排出胸腔的液体或气体，以作诊断和治疗的一种方法。

1. 适应症

胸腔积液，获取分析用的液体样本，排出液体，减轻呼吸困难。

2. 保定

宠物侧卧，以便于胸腔内液体可由重力作用而位于胸腔的腹侧面，而气体则位于胸腔背面。配合的患病宠物可用手来保定。暴躁或者不安的宠物可以用镇静剂使其安静：猫0.1ml克它命静脉注射；犬0.05～0.15ml乙酰丙嗪静脉注射；环丁甲二羟吗喃，0.2～0.4mg/kg体重，静脉注射（可以结合苯甲二氮0.2mg/kg体重静脉注射或咪达唑仑（速眠安）0.1～0.2mg/kg体重静脉注射，以增强镇定效果）。

3. 操作技术

对穿刺部位的皮肤进行剪毛，且无菌操作。

(1) 空气　吸出脊背部在第7到第9肋间的空气。20或22号注射针头，三通开关，12～20ml注射器。

(2) 液体　吸出胸部在第7到第8肋间的液体，避免心跳过速。17或19号注射针头，静注导管接头，三通开关，12～20ml注射器。

吸空气或者液体时使用合适的器械。

用针穿过皮肤、肋间肌肉和胸壁、胸膜进入胸膜腔。如果使用一个静脉注射导管，导管穿入胸腔大约几英寸然后抽出穿刺针。在开口位置的三向管开关处应用负压进行注射。

(二) 腹腔穿刺法

腹腔穿刺指穿透腹壁，排出或抽吸腹腔液体，并进行诊断。

1. 适应症

多用于腹水症，减轻腹腔内压。也可通过穿刺，确定其穿刺液性质（渗出液或漏出液），进行细胞学和细菌学诊断，以及腹腔输液、给药和腹腔麻醉等。

2. 保定

实行宠物站立或侧卧保定。

3. 操作技术

(1) 穿刺部位　在耻骨前缘腹白线一侧2～4cm处。

(2) 穿刺方法　术部剪毛消毒，先用0.5%盐酸利多卡因溶液局部浸润麻醉，先将皮肤稍微拉紧，再用套管针或14号针头垂直刺入腹壁，深度2～3cm。如有腹水经针头流出，使动物站起，以利于液体排出或抽吸。术毕，拔下针头，碘酊消毒。

二、胸、腹腔穿刺液的检验

(一) 物理学检验

1. 漏出液

(1) 颜色与透明度　一般为无色或淡黄色，透明，稀薄。

(2) 气味与凝固性　无特殊气味，不易凝固，但放置后可有微细的纤维蛋白凝固块析出，仅有少量沉淀。

(3) 相对密度　相对密度在0.015以下，测定方法与尿密度测定相同。

2. 渗出液

(1) 颜色与透明度　一般为淡黄、淡红或红黄色，混浊或半透明，稠厚。

(2) 气味与凝固性　有特殊臭味，易凝固，在体外或尸体内，均能凝固。

(3) 相对密度　相对密度在1.018以上，标本采取后，为避免凝固，应迅速测定。

(二) 化学检验

1. 浆液黏蛋白试验

(1) 原理　浆液黏蛋白是一种酸性糖蛋白，等电点pH值为3～5，在稀释的冰醋酸溶液中可产生白色云雾状沉淀。

(2) 操作方法　在烧杯或大试管中加蒸馏水 50～100ml，加冰醋酸 1～2 滴，充分混合后加穿刺液 1～2 滴。如穿刺液下沉，显白色云雾状混浊直达管底，为阳性反应，是渗出液；无云雾状痕迹或微有混浊，且中途消失，为阴性反应，是漏出液。

2. 蛋白质定量

穿刺液的蛋白质定量方法与尿液蛋白质定量方法相同。尿蛋白计仅能测定较少量蛋白质，测定穿刺液蛋白质时应稀释 10 倍后进行。

蛋白质含量在 4% 以上的为渗出液，在 2.5% 以下的为漏出液。

(三) 显微镜检验

胸、腹腔液的显微镜检验，主要用于发现和识别其中的有形成分，以鉴别穿刺液的性质。在某些情况下，对确定胸、腹腔积液的病因有重要的临床诊断价值。

取新鲜穿刺液置于盛有 EDTA－Na_2 抗凝剂的试管中，抗凝剂的用量同血液抗凝。离心沉淀，上清液分装于另一试管；取 1 滴沉淀物置于载玻片上，覆以盖玻片，在显微镜下观察间皮细胞、白细胞及红细胞等；需做白细胞分类时，则取沉淀物做涂片，染色镜检，其方法与血液白细胞分类相同。

(四) 渗出液与漏出液的鉴别

健康宠物的浆膜腔内含有少量液体，与浆膜腔内的毛细血管保持渗透压的平衡。

血液内胶体渗透压降低，或毛细血管内压增高，或毛细血管的内皮细胞受损，都可使浆膜腔内产生大量的积液。这些积液可能是炎性的渗出液，亦可能是非炎性的漏出液。应用下列所列的检查方法可以鉴别渗出液和漏出液，见表 7－1。

表 7－1　渗出液与漏出液鉴别表

鉴别点		渗出液	漏出液
病　因		炎性（发炎所致）	非炎性（多因循环障碍所致）
化学检查	李瓦他氏试验	阳　性	阴　性
	蛋白含量	高于 3g/dl	低于 3g/dl
显微镜检查	细胞数	常超过 500 个/mm^3	常少于 100 个/mm^3
	细　菌	有	无
物理学检查	颜　色	不定（黄、白、乳白）	淡黄色
	透明度	半透明或混浊	透　明
	比　重	高于 1.018	低于 1.018
	凝固性	易凝固	不易凝固

三、脑脊液的采集方法

脑脊髓的穿刺法

使用脑脊液（CSF）管通过透皮针在蛛网膜下腔抽吸采集脑脊液。

1. 适应症

当中枢神经系统器官损伤时采集 CSF 进行检查。近期有神经症状病史，检查到神经缺陷。向蛛网膜下腔注入造影剂，通过 X 射线有助于对脊髓损伤进行定位。

2. 保定

犬猫 CSF 穿刺常进行全身麻醉，进针时正确定位十分关键。池状穿刺，动物侧卧保定使头向胸部弯曲以打开环枕间隙。耳朵前拉以紧张皮肤。可在头下放一毛巾或沙袋稳定脊柱与桌面的距离。腰部穿刺，动物俯卧，一助手将后腿拉向头侧以打开腰尾椎骨的关节间隙，脊柱必须保持直线。

3. 操作技术

（1）池状穿刺 ①距嘴 2cm 处到枕部隆起到第 3 颈椎的横突间的背颈部，剪毛，皮肤消毒；②术者用左手触诊枕部隆起和寰椎横翼。用食指触压三者的凹陷处。凹陷处为进针部位（图 7－1）；③透过皮肤、皮下组织和肌肉，慢慢刺入带探针的脊髓针。大型犬：20 号 8.89cm 针头。小型犬和猫：22 号 3.81cm 或 7.62cm 针头；④穿刺硬脑膜和蛛网膜：针头每刺入一层膜便抽出一次探针检查有无液体，在深推针头时要重置探针（小型宠物不使用探针）；⑤当针头出现液体时，立刻装上三向阀门的脊髓压力计：压力计应该垂直于针头纵轴，并打开阀门使 CSF 流入压力计中，当压力计中液面稳定后读数（cm）。当测压时应确保宠物身体各部位没有外压力，而且一定不能压迫颈静脉；⑥将 3ml 的注射器接于三向阀门末端并小心轻轻抽吸收集 CSF：在测压和收集液体时不可移动针头。将压力计中的液体抽吸到注射器中以增加样品量。小型宠物（小于 7kg）的 CSF 量比较少会影响测压操作。因此，注射器应直接接于针头或将 CSF 滴注到无菌收集管中。收集脑脊液的量：大型犬 1.0～3.5ml。小型犬、猫 0.5～1.5ml；⑦根据需要可以注入造影剂进行脊髓造影；⑧小心轻轻地拔出针头，将液体保存在无菌管中以便进行显微镜、化学和微生物化验。

（2）腰髓穿刺 ①夹起背腰椎皮肤并消毒；②触诊腰椎的背脊柱，收集 CSF 的最佳位置位于 4 和 5 腰椎或 5 和 6 腰椎间隙（图 7－2）；③在刺入点的尾侧面紧靠脊柱的背脊柱刺入 20 号或 22 号的脊髓针：针头向脊髓管刺入直到遇到脊柱板状面。沿板状面前后移动直到其刺入关节间隙。后肢或尾巴的轻微抽动暗示进针正确；④抽出探针，将注射器接于针头并轻轻抽吸直到出现液体。在抽吸过程中，针头进针深度应做轻微调整。腰部蛛网膜下腔间隙较小，而且仅可抽出少量液体（0.5～2.5ml）；⑤在该部位若需要脊

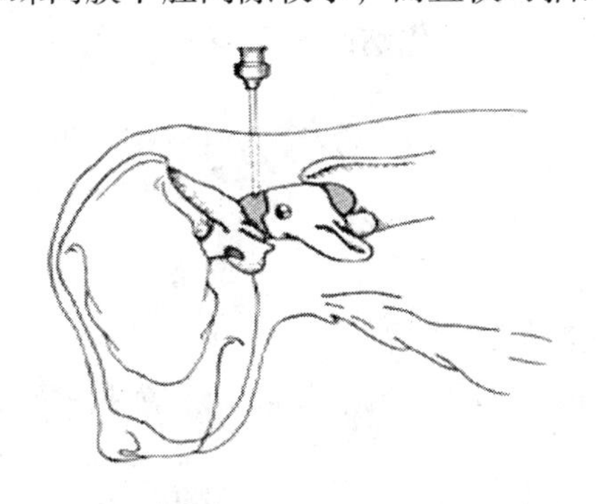

图 7－1 小脑延髓池穿刺收集脑脊液和（或）脊髓造影时注入造影剂

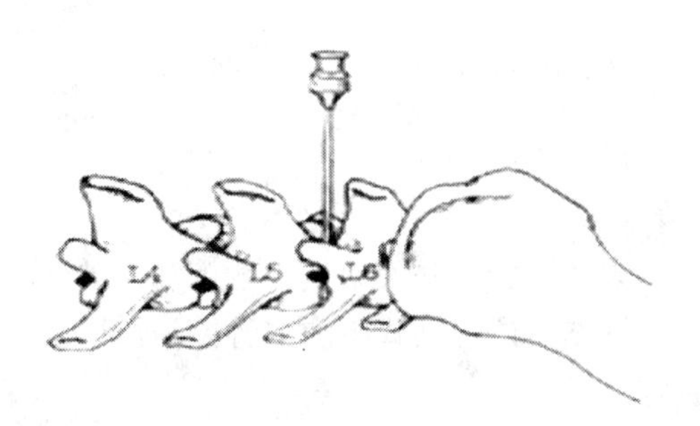

图 7－2 在 5～6 腰椎间的关节空隙进行腰脊柱穿刺放液

髓造影可以注入造影剂；⑥抽出针头并将液体保存于无菌试管中进行显微镜、化学和微生物检查。

4. 并发症

若进针不小心或控制不当，可能造成脑脊髓软组织被针刺伤。医源性出血使实验室结果无法解释。若发生了血液污染应考虑以下纠正方法：每 500 个红细胞与 1 个白细胞或 1 000 个红细胞可增加 CSF 约为 1ml/dl。

四、脑脊髓穿刺液的检验

（一）物理学检验

1. 颜色

最好利用背向自然光线进行观察。正常脑脊髓液为无色水样。

（1）淡红色或红色　可能是因穿刺时的损伤或脑脊髓膜出血而流入蛛网膜下腔所致。如红色仅见于第一管标本，第二、三管红色逐渐变淡，可能是由于穿刺时受损伤所致。如第一、二、三管标本呈均匀的红色，则可能为脑脊髓或脑脊髓膜出血；脑或脊髓高度充血及发生日射病时，脑脊髓液可呈淡红色。

（2）黄色　见于重症锥虫病、钩端螺旋体病及静脉注射黄色素之后。

2. 透明度

观察时应以蒸馏水作为对照。正常脑脊髓液澄清透明，如蒸馏水样；含有少量细胞或细菌时，呈毛玻璃样；含有多量细胞或细菌时，呈混浊或脓样，是化脓性脑膜炎的征兆。

3. 气味

健康动物的脑脊髓液无臭味，但室温下长久放置时可有腐败臭味。脑脊髓液有剧烈尿臭，为尿毒症的特征；新采取的脑脊髓液发臭腐败，见于化脓性脑脊髓炎。

4. 相对密度

（1）用特制密度管，于分析天平上先称 0.2ml 蒸馏水的质量，再称 0.2ml 脑脊髓液的质量，则脑脊髓液的相对密度 = 脑脊髓液质量/蒸馏水质量。

（2）如脑脊髓液的量有 10ml 时，可采用小型尿密度计直接测定其相对密度。健康动物脑脊髓液的相对密度为 1.000～1.007。腰椎穿刺所获得的脑脊髓液较颈椎穿刺的相对密度大。相对密度增加，见于化脓性脑膜炎及静脉注射高渗氯化钠或葡萄糖液之后。

（二）化学检验

1. 蛋白质检查

（1）蛋白质定性（硫酸铵试验）

原理　脑脊髓液中蛋白遇饱和硫酸铵溶液，即失去溶解性而发生混浊。

操作方法　试管中加脑脊髓液 1ml、饱和硫酸铵液 1ml，充分混合，静置 4～5min 后判定结果。

结果判定　+ + + +：显著混浊；+ + +：中等度混浊；+ +：明显乳白色；+：微乳白色；-：透明。健康马脑、脊髓液硫酸铵试验为微乳白色。

(2) 蛋白质定量（磺基水杨酸实验）

原理 脑、脊髓液中的蛋白质和磺基水杨酸作用形成沉淀，与标准蛋白质浓度比浊，可求得蛋白质的含量。

试剂 3%磺基水杨酸液，如出现颜色，应重新配制；标准蛋白质储存液，事先将正常动物血清用微量定氮法准确测定其蛋白质含量；标准蛋白质应用液，取标准蛋白质储存液用生理盐水稀释即成。

操作方法 取小试管3支，按表7-2（磺基水杨酸试验方法）操作。

表7-2 磺基水杨酸试验操作方法

试 液	测定管	标准管	空白管
被检脑脊髓液	0.5ml		
标准蛋白质应用液		0.5ml	
生理盐水			0.5ml
3%磺基水杨酸	4.5ml	4.5ml	4.5ml

将上述试液颠倒混匀后，放置5～10min。以空白管校正光密度到零点，用波长500nm或绿色滤光板进行比色。如测定管加入磺基水杨酸后产生絮状物而不便于比色时，应另取脑脊髓液用生理盐水做2～4倍稀释后，如前操作，在计算时乘以稀释倍数。

标准曲线绘制 取无溶血或胆红素不增高的健康动物新鲜血清，用微量定氮法准确地测定其总蛋白含量，作为脑脊髓液蛋白质定量测定的标准液。并用生理盐水将蛋白质稀释成4g/dl（例如，血清总蛋白质量测定为7g/dl，则吸取血清4ml，加入生理盐水3ml，即稀释成为4g/dl）。将上述含蛋白质4g/dl的血清分别在试管中用生理盐水进行10、20、40、80及160倍稀释，则每管相当于脑脊髓液总蛋白质的浓度分别为400、200、100、50、25mg/dl。取洁净试管6支，按表7-3操作。

表7-3 磺基水杨酸试验标准曲线操作方法

试 液	1	2	3	4	5	空白管
不同蛋白质浓度（mg/dl）的稀释血清	400	200	100	50	25	
生理盐水（ml）	0.5	0.5	0.5	0.5	0.5	0.5
3%磺基水杨酸（ml）	4.5	4.5	4.5	4.5	4.5	4.5

脑脊髓液与试液混合后放置5min，以空白管校正光密度到零点，用绿色滤光板比色，分别读取各管光密度。以各管的光密度读数为纵坐标，已知的蛋白质浓度为横坐标绘成标准曲线。

(3) 临床诊断价值 健康宠物脑脊髓液仅含有微量蛋白质（400mg/dl以下），血脑屏障的通透性增大时，脑脊髓液中蛋白质增多，且多为球蛋白，见于中暑、脑膜炎、脑炎、败血症及其他高热性疾病。但破伤风、慢性脑水肿及牛发生产后瘫痪时，脑、脊髓液中蛋白质含量仍可能在正常范围。

2. 葡萄糖检查

(1) 原理及操作方法 同尿中葡萄糖测定。

(2) 注意事项 葡萄糖测定应在标本采取后立即进行，否则由于细菌或白细胞作用而分解糖类，影响测定结果。如果不及时测定，应在每2ml脑脊髓液中加福尔马林1滴，在冰箱内保存。

（3）临床诊断价值　脑脊髓液的含糖量取决于血糖的浓度、脉络膜的渗透性和糖在体内的分解速度。血糖含量持续增多或减少时，可使脑脊髓液的含糖量也随之增减。健康动物脑脊髓液的葡萄糖含量为40～60mg/dl。含糖量增多不常见；含糖量减少见于化脓性脑膜炎、重度过劳及血斑病。

3. 氯化物测定

（1）原理及操作方法　同血清中氯化物测定。如脑脊髓液混浊或含血液，应离心沉淀，取上清液测定。

（2）临床诊断价值　脑脊髓液中氯化物的含量略高于血清，按氯化钠计算，健康动物为650～760mg/dl。氯化物显著增加见于尿毒症（850～980mg/dl）；氯化物减少见于沉郁型脑脊髓炎。

（三）显微镜检验

1. 细胞计数

在采集细胞计数的脑脊髓液时，应按每5ml脑脊髓液加入10% EDTA－Na_2抗凝剂0.05～0.1ml，混合后备检。

（1）操作方法

白细胞计数法　取小试管1支，加冰醋酸龙胆紫稀释液0.38ml（龙胆紫0.2g，冰醋酸10.0ml，蒸馏水加至100ml）；将摇匀的脑脊髓液0.02ml加入该稀释液中内，振荡混合，脑脊髓液为20倍稀释；取20倍稀释的脑脊髓液，滴入血细胞计数板上的2个计数池中，在显微镜下计数10个大方格内的白细胞数（每个计数池计数5个大方格，容积共为$1mm^3$）。$1mm^3$脑脊髓液内白细胞数为10个大方格内的白细胞总数乘以稀释倍数（20）。

红细胞计数法　用毛细吸管吸取摇匀的脑脊髓液少量，滴于血细胞计数池内，计数5个大方格内的细胞数，包括红细胞及白细胞，将计数结果乘以2，即为$1mm^3$脑脊髓液的红、白细胞总数；用另一毛细吸管，先吸入冰醋酸并轻轻吹去，再吸取混匀的脑脊髓液少量（此时红细胞已被破坏而白细胞未被破坏），滴入计数池中，计数5个大方格中的白细胞数，将计数结果乘以2，即为$1mm^3$脑脊髓液内的白细胞数。红、白细胞总数减去白细胞数即红细胞数。

（2）注意事项及临床诊断价值　应于采样后1h内做细胞计数，否则细胞可被破坏或与纤维蛋白凝集成块而影响准确性。如穿刺中损伤血管而使脑脊髓液含有多量血液时，一般不适宜做白细胞计数。

健康宠物脑脊髓液中的细胞数为0～10个/mm^3，大多数为淋巴细胞，除穿刺引起损伤外，一般不含红细胞。细胞数增多，见于脑膜脑炎。

2. 细胞分类

（1）瑞氏染色法　将白细胞计数后的脑脊髓液立即离心沉淀10min，将上清液倒入另一洁净试管，供化学检验用。把沉淀物充分混匀，于载玻片上制成涂片，尽快在空气中风干。然后滴加瑞氏染色液5滴，染色1min后，立即加新鲜蒸馏水10滴，混匀，染色4～

6min，水洗，干燥后镜检，可以区分出中性粒细胞、嗜酸性粒细胞、淋巴细胞和内皮细胞。内皮细胞较大，接近方形或不正圆形，呈淡青至青灰色，胞浆宽阔，核较大，形态不规则，与血片中的单核细胞差不多。

健康犬猫血液中淋巴细胞占60%～70%。

（2）临床诊断价值 中性粒细胞增加，见于化脓性脑炎、脑出血，表示疾病在进行；淋巴细胞增加，见于非化脓性脑炎及一些慢性疾病，一般表示疾病趋向好转；内皮细胞增加，见于脑膜受刺激及脑充血。

（温华梅）

第八章　特殊临床检查及其应用

宠物的特殊临床检查，是在特定的场所或使用特殊的器械与设备的条件下进行的检查方法。通常是在临床基本检查之后，在已取得的检查结果的启示下，为了进一步证实或排除某种疾病、现象。特殊临床检查，在宠物临床诊断中具有重要的临床诊断价值。在多数情况下，对明确临床诊断起着重要作用。

第一节　宠物内窥镜检查及应用

内窥镜又称内腔镜，简称内镜或窥镜。是一种先进的医学光学仪器。借助于内窥镜可以直视体内许多组织器官系统的形态，可以在损伤性很小的情况下完成一些传统手术，还可方便地从活体组织器官上获取少量的组织进行疾病的诊断。

内窥镜出现至今近20年的历史中，其结构发生过4次大的改进，经历了硬管式内窥镜、半曲式内窥镜，光导纤维内窥镜（图8－1）到现代的电子内窥镜（图8－2）。随着科技的进步，内窥镜检查的影像质量发生了一次次质的飞跃。当今，从内窥镜获得的彩色照片或彩色电视图像已不再是组织器官的普通影像，而是如同在显微镜下观察到的微观影像，微小病变清晰可辨。

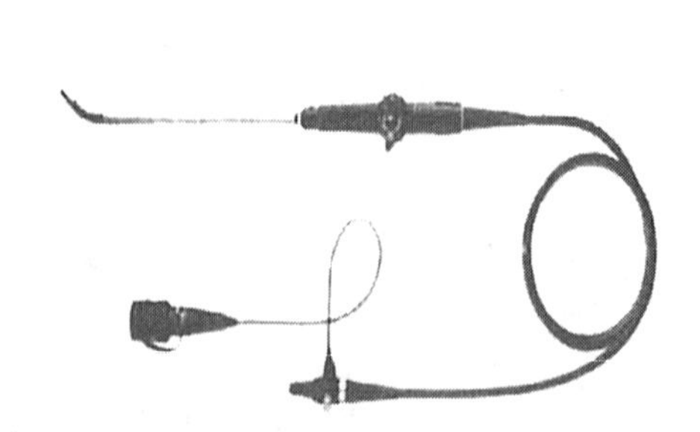

图8－1　纤维内窥镜—纤维胃镜

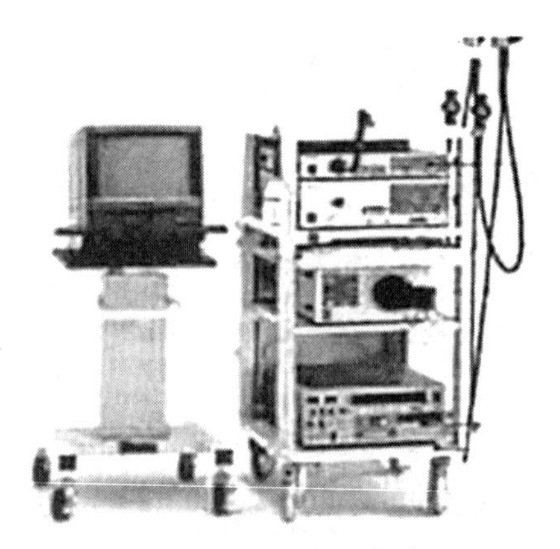

图8－2　电子内窥镜仪器及监视器

内窥镜自1970年引入宠物医学领域后，其应用已经十分广泛。随着宠物医疗水平的提高，内窥镜在小宠物临床上的应用逐渐增多，不仅在疾病的临床检查、诊断方面发挥了重要作用，而且发展到对许多疾病能够进行有效治疗。目前，国内外用于宠物临床的内窥镜主要是软性纤维内窥镜，包括胸腔镜、喉镜、胆道镜、膀胱镜、腹腔镜、食管镜、胃镜、结肠镜及关节镜等，其中，以消化道内镜和腹腔镜在宠物疾病检查及治疗中应用最多。

一、食管、胃肠道内窥镜检查

对宠物消化道进行检查或实施手术，须禁食12～24h，检查前30min对咽喉部行表面麻醉，皮下注射阿托品类解痉剂以抑制胃肠蠕动，并肌肉注射适宜的麻醉剂进行全身麻醉。宠物左侧卧保定，若进行直肠或结肠检查，除禁食外，还须在检查前1～2h用温水灌肠，排空肠与结肠的积粪。

（一）食管镜检查

1. 检查方法

经口插入食管镜，进入咽腔后，沿咽峡后壁正中到达食管入口，观察管腔走向，调节插入方向，边送气边插入，同时进行观察。颈部食管正常是塌陷的，黏膜光滑、湿润，呈粉红色，有纵行皱襞（图8-3）。胸段食管随呼吸运动而扩张和塌陷，食管与胃的结合部通常关闭。

2. 病理变化

急性食管炎时，黏膜肿胀，呈深红色天鹅绒状。慢性食管炎时，黏膜弥漫性潮红、水肿，附有淡白色渗出物，亦可见糜烂、溃疡或肉芽肿（图8-4）。若食管壁长有息肉，可见黏膜向腔内呈局限性隆起，注气后不消失。同时注意观察食管是否狭窄，有无静脉瘤、静脉曲张等病变。

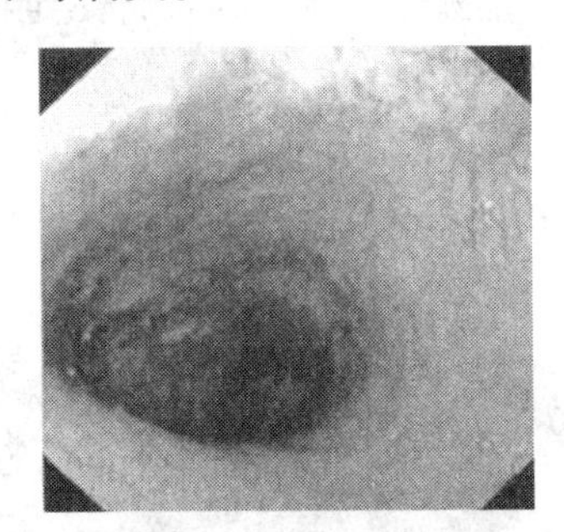

图8-3　正常犬的食道

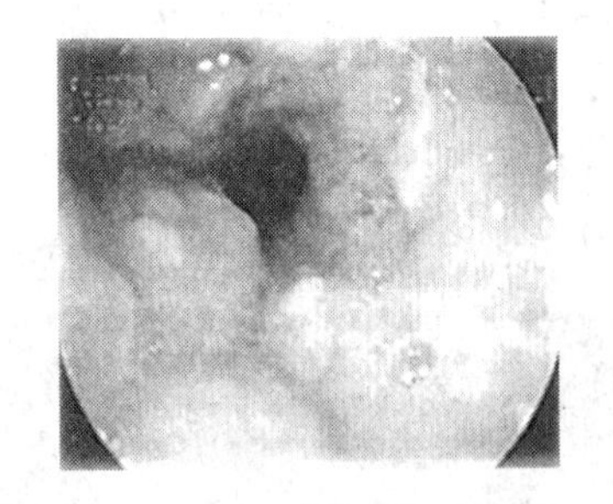

图8-4　大丹犬慢性食管炎

（二）胃镜检查

1. 检查方法

常规插镜，缓慢进镜，镜头过贲门后停止插入，对胃腔进行大体观察。正常胃黏膜湿润、光滑，暗红色，皱襞呈索状隆起。上下移动镜头，可观察到胃体部大部分，依据大弯部的切迹可将体部与窦部区分开，将镜头上弯并沿胃大弯推进，便可进入窦部（图 8－5）。检查贲门部时，将镜头反曲为 J 字形进行观察（图 8－6）。

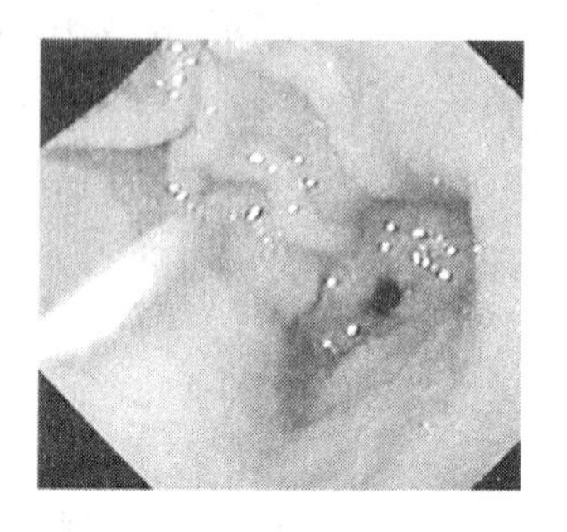

图 8－5　正常胃窦

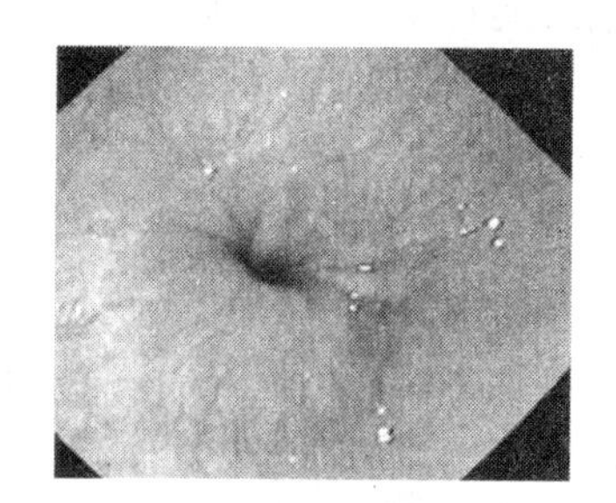

图 8－6　正常贲门

2. 病理变化

常见的病理变化有胃内异物、胃炎、胃内息肉、胃溃疡及胃出血等（图 8－7，图 8－8）。

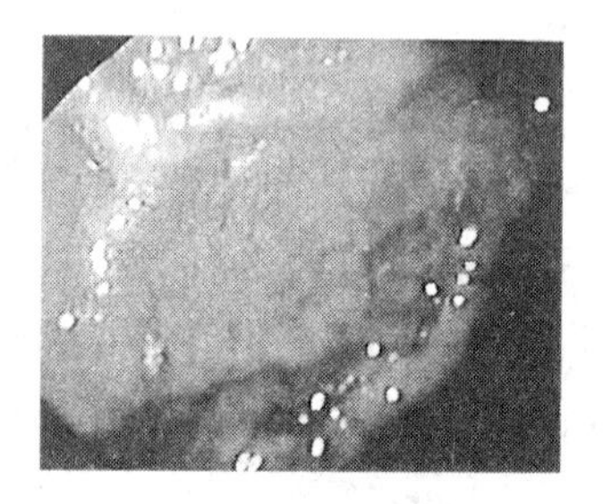

图 8－7　犬慢性胃炎

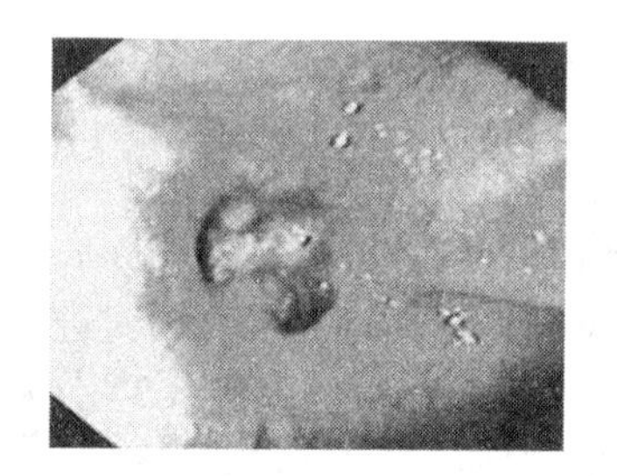

图 8－8　波斯猫慢性幽门溃疡

（三）结肠镜检查

1. 检查方法

经肛门插入结肠镜，边插边送入空气，当镜头通过直肠时，顺着肠管自然走向深入，将镜头略向上方弯曲，便可进入降结肠内。

2. 病理变化

常见的病理变化有结肠炎、结肠息肉、慢性溃疡性结肠炎、肿瘤及寄生虫等（图 8－9、图 8－10）。

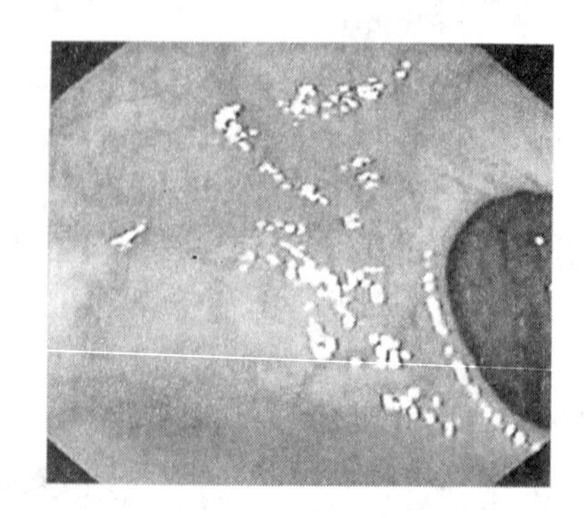

图 8－9　正常盲肠

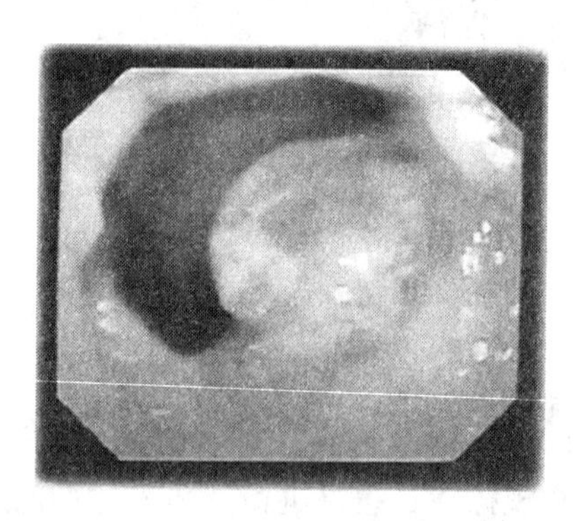

图 8－10　德国牧羊犬直肠癌

二、腹窥镜检查

应用腹腔镜实施检查，具有对术部创伤小、对脏器功能干扰轻，对患病宠物痛苦少及术后恢复快的突出优点。

（一）腹腔镜的用途及使用要点

宠物临床应用腹腔镜的历史较短，腹腔镜的利用率还很低（图 8－11）。一般在犬、猫的下列疾病的诊断中使用：发生腹壁透创不知是否伤及腹内脏器时；腹部闭合性损伤出现严重全身症状时，腹腔穿刺抽出血性液体或肠内容物，需要确定哪个脏器损伤时；腹腔脏器轻微出血或空腔器官小范围破裂需要处理时；曾接受腹部手术，尚未彻底康复或腹部手术后的肠粘连需要松解时。

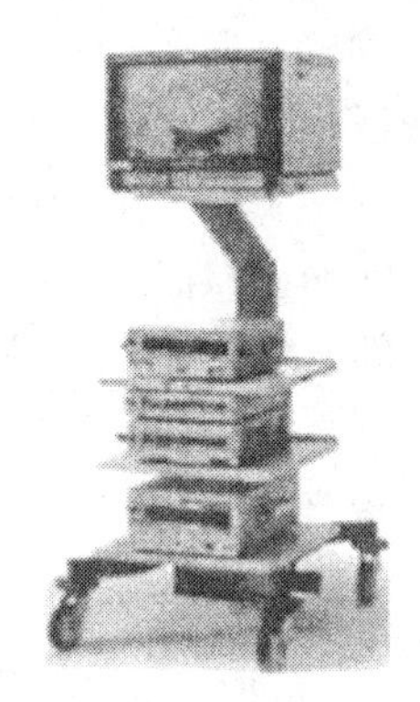

图 8－11 腹腔镜车监视器

术部选择依检查目的而定，先在术部旁刺入封闭针，造成适度气腹，再在术部做一小的皮肤切口，将套管针插入腹腔，拔出针芯，插入腹腔镜，观察腹腔脏器的位置、大小、颜色、表面性状以及有无粘连。

（二）应用内窥镜的并发症

应用消化道内镜对消化道探查及治疗是安全有效的，损伤率很低。临床并发症多发生于消化道异物取出术，通常与取出较大而锐利的异物时造成消化道黏膜损伤、出血、感染或穿孔等有关。轻度黏膜损伤、出血，给予抑酸剂与胃黏膜保护剂，数日内可以治愈。出血较多者，可借助于内镜进行局部注射 1∶10 000 肾上腺素或喷洒 1∶10 000 去甲肾上腺素、生理盐水适当稀释的凝血酶等，同时采取禁食，补液，抑制胃酸分泌等措施。如发生穿孔，则应立即施行手术治疗。

三、膀胱镜检查

膀胱镜检查一般适用于雌性宠物。将母犬站立保定，排出直肠内的宿粪和膀胱内积尿，于硬膜外腔麻醉。检查时先插入导尿管并向膀胱内打气，而后取出导尿管，插入硬质窥镜。正常时膀胱黏膜富有光泽、湿润，血管隆凸，呈深红色，输尿管口不断有尿滴形成。发生慢性膀胱炎时，黏膜增厚，如山峡或类似肿瘤样增生。

四、喉、支气管镜检查

（一）喉镜检查

应用咽喉镜时，犬猫横卧保定（温驯的可站立保定），牢固固定头部。先将器械在水中稍加温，并涂以润滑剂，然后经鼻道插至咽喉部，并用拇指紧紧将其固定于鼻翼上。打开电源开关，使前端照明装置将检查部照亮，即可借反射镜作用而通过镜管窥视咽喉内情况。如黏膜变化、异物、披裂软骨陷没等。

（二）支气管镜检查

支气管镜检查适用于临床上具有气管或支气管阻塞症状的犬、猫。检查前30min进行全身麻醉。取2%利多卡因1ml鼻内或咽部喷雾。取腹卧姿势，头部尽量向前上方伸展，经鼻或经口腔插入内窥镜（经口腔插入时需装置开口器）。

根据个体大小选择不同型号的可屈式光导纤维支气管镜，镜体以直径3～10mm、长25～60cm为宜。插入时，先缓慢地将镜端插入喉腔，并对声带及其附近的组织进行观察，然后送入气管内。此时，边插入边对气管黏膜进行观察。对中、大型犬，镜端可达肺边缘的支气管。对病变部位可用细胞刷或活检钳采取病料，进行组织学检查，还可吸取支气管分泌物或冲洗物进行细胞学检查和微生物学检查。

第二节　宠物的心电图检查及应用

心电图检查是一项重要的特殊检查方法。它对心律失常、心肌梗塞、心脏肥大以及电解质紊乱等临床诊断具有重要的临床诊断价值。

心脏机械性收缩之前，心肌首先发生电激动，产生心脏动作电流。机体中含有大量的体液和电解质，具有一定的导电性能，因而是一个容积导体。根据容积导电的原理，可以从体表上间接地测出心肌的电位变化。

利用心电图机（又称心电描记器）把机体表面的心电变化，描记于心电图纸上所得到的曲线图称为心电图。心电图的描记方法称为心动电流描记法。

研究正常及病理情况下的心电图变化及其临床应用的学科称为心电图学。

一、心电描记的导联和操作方法

（一）心电描记的导联

心电导联是指心电图机的正、负极导线与宠物体表相连接而构成描记心动电流图的电路。按照容积导电的原理在宠物体表就可任意选出无数个导联来。但是为了对不同个体的心电图进行比较，或对同一个体的患病前后以及病程中进行比较，就必须做出统一的规定。

根据电极与心脏电位变化的关系来分类，导联大致可分为单极导联（即形成电路的负极或称无干电极，几乎不受心脏电位的影响）及双极导联（两电极均受心电的影响）两类。如果按电极与心脏的关系来分类，可分为直接导联（探查电极与心肌直接接触）、半直接导联（电极靠近心脏，如胸导联）及间接导联（电极远离心脏，如肢体导联）三类。

（二）心电描记的操作方法

目前，在介绍心电描记的导联时，一般只说明电极在宠物体表的放置部位，至于如何与心电图机的正负极连接，都不用说明。因为国内外生产的心电图机都附有统一规定的带颜色的导线。

红色（R）连接右前肢；黄色（L）连接左前肢；蓝或绿色（LF）连接左后肢；黑色（RF）连接右后肢；白色（C）连接胸导联。

二、正常心电图及其各组成部分名称

（一）心电图各波段的组成

心脏特殊传导系统由窦房结、结间束（分为前、中、后结间束）、房间束（起自前结间束，称 Bachmann 束）、房室结、希氏束（His bundle）、束支（分为左、右束支，左束支又分为前分支和后分支）以及蒲肯野纤维（Purkinje fiber）构成（图 8-12）。

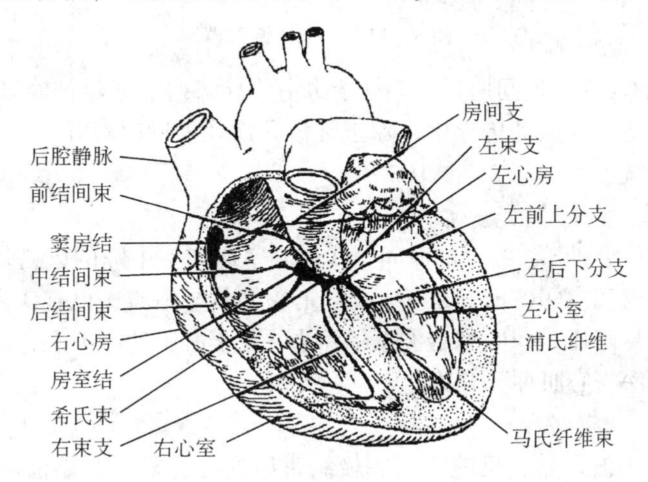

图 8-12　心脏特殊传导系统示意图

正常心电活动始于窦房结，在兴奋心房的同时经结间束传导至房室结（激动传导在此处延迟 0.05～0.07s），然后循希氏束——左、右束支——蒲肯野纤维顺序传导，最后兴奋心室。这种先后有序的电激动的传播，引起一系列电位改变，形成了心电图上的相应的波段。

（二）心电图各波段的名称

在临床上心电学对这些波段规定了统一名称（图 8-13）。

1. P 波

代表左、右心房的激动。具有临床诊断价值的主要病变有：P 波增大，表现为 P 波增宽、时限延长，见于交感神经兴奋、心房肥大和房室瓣口狭窄；P 波增高、尖锐，见于窦性心动过速；P 波呈锯齿状，见于心房颤动；P 波分裂或重复，表示左、右心房不同时收缩，或激动沿心房壁传导时间延长，如心房局部病变；P 波阴性（P 波倒置），表示有异位兴奋灶存在。

2. P-R(Q) 间期

自 P 波开始到 R(Q) 波开始时间，代表激动通过房室结及房室束的时间。

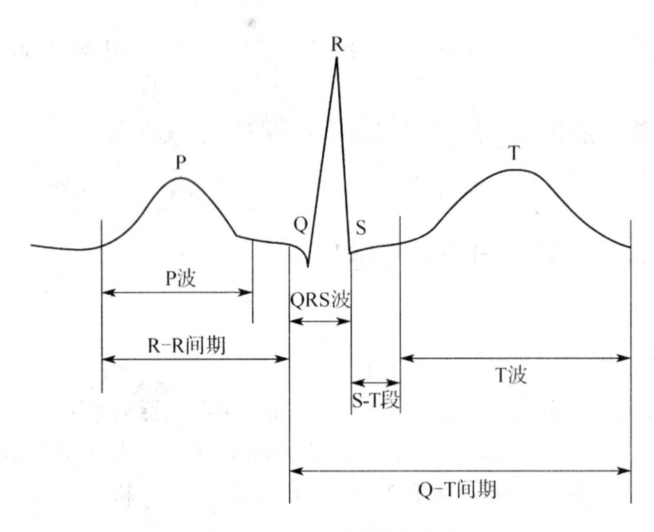

图 8－13　心电图波形群

常见病理变化有：P－R 间期延长，见于房室传导障碍，迷走神经紧张度增高；P－R 间期缩短，表明在房室间激动传导中，除正常传导途径外同时存在一个附加的传导径路，并快于正常传导系统。

3. QRS 综合波

自 R（Q）波开始到 S 波终了的时间，代表心室肌和室中隔的兴奋传导过程，其宽度表示心室兴奋传导时间。QRS 时间延长，见于心室内传导障碍，也有认为见于心肌广泛性损伤并有房室束传导障碍；QRS 综合波振幅缩小，见于心脏功能不全，心肌损伤，心包积液；Q 波增大或加深与心肌梗死有关。

4. S－T 段

自 S 波终了至 T 波开始，反映心室除极结束后到心室复极开始前的一段时间。S－T 段上升见于心肌梗死，下降见于冠状血管供血不足、心肌炎、贫血。

5. T 波

代表心室复极化时的电位变化，很不规律。T 波形态的变化常是病理性的，与心肌代谢有密切关系，如高钾血症时 T 波不仅高、尖而且升支与降支对称，急性心肌缺血时呈现深尖的倒置 T 波。

6. P－P(R－R) 间期

相当于一个心动周期所占时间。P－P 间期缩短，见于窦性心动过速；P－P 间期延长，见于窦性心动徐缓；P－P 间期不整，见于窦性心律失常。

（1）P 波　代表心房肌除极过程的电位变化，也称心房除极波。

（2）QRS 波群　代表心室肌除极过程的电位变化，也称心室除极波。这一波群，是由几个部分组成的，每个部分的命名通常采用下列规定（图 8－14）。

Q 波：第一个负向波，它前面无正向波。

R 波：第一个正向波，它前面可有可无负向波。

S 波：R 波后的负向波。

T 波：S′波后的正向波。

S′波：R′波后又出现的负向波。

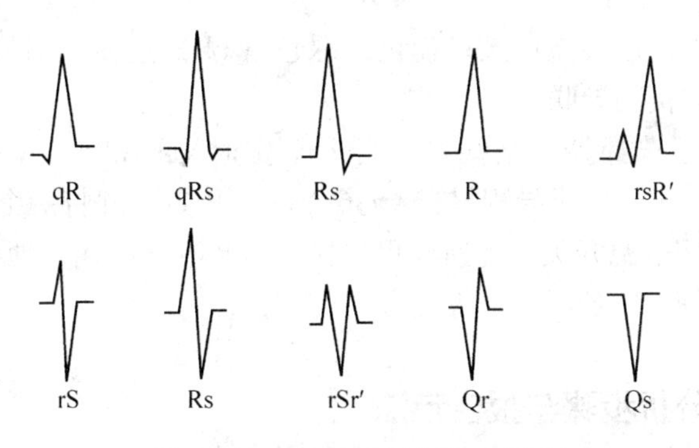

图 8－14 QRS 波群命名示意图

QS 波：波群仅有的负向波。

R 波粗钝（切迹）：R 波上出现负向的小波或错折，但未达到等电线。

QRS 波群有多种不同的形态，通常以英文大、小写的字母，分别表示大小波形。不超过波群中最大波的一半者称为小波，用 q、r、s 表示。

（3）T 波 反映心室肌复极过程的电位变化，也称心室复极波。

正常心室除极始于室间隔中部，自左向右方向除极；随后左、右心室游离壁从心内膜朝心外膜方向除极；左心室基底部与右心室肺动脉圆锥部是心室最后除极部位。心室肌这种规律的除极顺序，对于理解不同电极部位 QRS 波形态的形成颇为重要（图 8－15）。

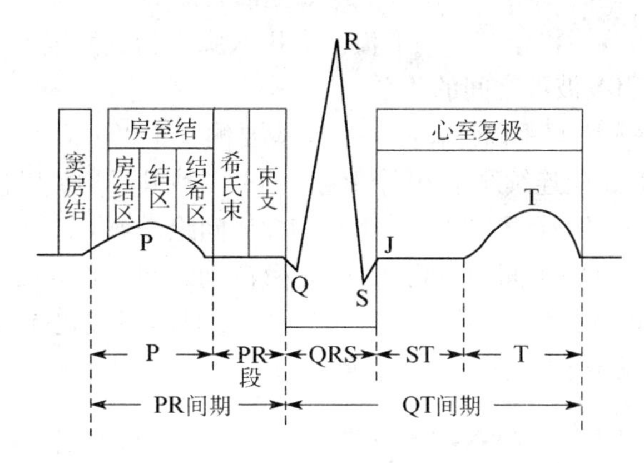

图 8－15 心脏除极、复极与心电图各波段关系

三、心电图记录纸

市场上有经过制作的商品心电图记录纸。

四、测量方法

①被检宠物要绝缘，置放电极部位剪毛并以酒精棉球充分擦拭脱脂，极牢固地夹持。连接电源、地线，打开电源开关，校正标准电压。

②连接肢导线，并将肢导线的总插头连在心电图机上。肢导线按规定连接：红色（R）

连接右前肢；黄色（L）连接左前肢；蓝色或绿色（LF）连接左后肢；黑色（RF）连接右后肢；白色（C）连接胸导联。

③按下或转动导程选择器，基线稳定，无干扰时即可描记。一般按 $L_{Ⅰ}$、$L_{Ⅱ}$、$L_{Ⅲ}$、aVR、aVE、aVF、$V_{Ⅰ}$、$V_{Ⅱ}$ 每个导程描记4～6个心动周期，并打一个标准电压。

④描记完毕，关闭电源开关，旋回导程选择器，卸下肢导线及地线，并在心电图纸上注明宠物号及描记时间。

五、心电图的分析步骤与报告方法

（一）心电图的分析步骤

分析心电图时如能遵循一定的步骤，依次阅读分析，形成常规，就不会顾此失彼，发生遗漏。为便于观察微细的波形变化并准确地测定各波的时间、电压和间期等，应准备一个双脚规和一个放大镜。通常可采取下列步骤依次测量观察。

①将各导联心电图剪好，按Ⅰ、Ⅱ、Ⅲ、aVR、aVL、aVF、$V_{Ⅰ}$、$V_{Ⅱ}$ 的顺序贴好，注意各导联的P波要上下对齐。检查心电图导联的标志是否准确，导联有无错误，定标电压是否准确，有无干扰波。

②找出P波，确定心律，尤其要注意aVR和aVF导联。窦性心律时，aVR为阴性P波，aVF为阳性P波。同时观察有无额外节律如期前收缩等。仔细观察QRS或T波中有无微小隆起或凹陷，以发现隐没于其中的P波。利用双脚规精确测定P－P间距以确定P波的位置，以及P波与QRS波群之间的关系。

③测量P－P或R－R间距以计算心率，一般要测5个以上间距求平均数（s），如有心房纤颤等心律紊乱时，应连续测量10个P－P间距，取其平均值以计算心室搏动率，计算公式为：每分钟心率＝60（s）/平均P－P或R－R间距（s）。

④测量P－R间期、Q－T间期、V_1 及 V_6 室壁激动时间、心电轴等。

⑤观察各导联中P、QRS波的形态、时间及电压，注意各波之间的关系和比例。

⑥注意S－T段有无移位，移位的程度及形态。T波的形态及电压。

（二）心电图报告方法

心电图报告是对所描记的心电图的分析意见和结论。一般可按上述的分析内容或心电图报告单的项目逐项填写。在心电图诊断栏内要写明心律类别、心电图是否正常等。在进行心电图诊断时，必须结合临床检查和血液检查等结果综合分析。

心电图是否正常，可分为如下3种情况。

1. 正常心电图

心电图的波形、间期等在正常范围内。

2. 大致正常心电图

如个别导联中，有S－T段轻微下降，或个别的期前收缩等，而无其他明显改变的，可定为大致正常心电图（图8－16）。

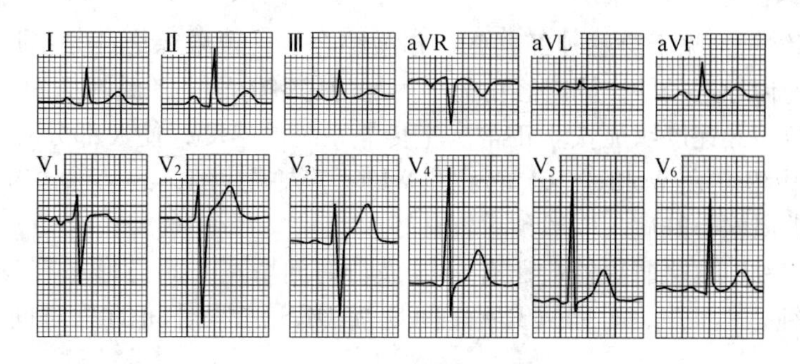

图8－16　正常心电图

3. 不正常心电图

如多数导联的心电图发生改变，能综合判定为某种心电图诊断，或形成某种特异心律的，都属于不正常心电图（图8－17）。

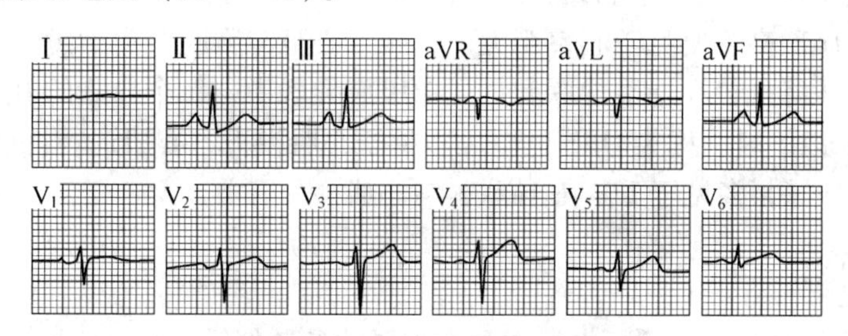

图8－17　慢性心脏病心电图

六、某些疾病时心电图变化

（一）P波

1. P波电压增高

P波电压增高见于交感神经兴奋、心房肥大和房室瓣口狭窄等。

P波增高但时间延长，波形呈高尖型，是右心房肥大的特征，多见于肺源性心脏病，故称为“肺型P波”。

P波增高且时间延长时，波形有明显的切迹并呈双峰型，是左心房肥大的特征，多见于二尖瓣狭窄，故称“二尖瓣P波”。

2. P波消失

表示心脏节律上的失常。心房颤动时P波消失，代之以许多颤动的小波（f波）。

3. P波倒置

在P波本身应为阳性波的aVF导联中变为阴性波，表示有异位兴奋灶存在，如激动来自左心房或房室结附近，因激动在心房中的传导方向自上而下，故形成阴性波。P波低平可属正常，但电压过低则属异常。

（二）P－R间期

P－R间期延长，见于房室传导障碍、迷走神经紧张度增高。

P－R 间期缩短，见于交感神经紧张、预激综合征。预激综合征是指房室间激动的传导，除经正常的传导途径外，同时经由另一附加的房室传导径，此附加的传导径路，由于绕过房室结，故传导速度明显快于正常房室传导系统的速度，使大部分心室肌预先受激。预激综合征是 1930 年由 Wolff，Parkinson 和 White 三人描述的，故又称“W－P－W”综合征。多见于非器质性心脏病，一般预后较良好。

心电图除 P－R 间期缩短外，还有 QRS 波群时间增宽，而且形态有改变，其开始部分多呈明显粗钝，但 P－J 时间（P－R 间期加 QRS 波群时间的总时间）正常，仍在 0.26s 以内。

（三）QRS 波群

QRS 间期增宽，波形模糊、分裂，见于心肌泛发性损伤并有房室束传导障碍。也有人认为 QRS 间期延长是心室内传导障碍的结果。

QRS 波群电压增高主要见于心室肥大、扩张、心脏与胸腔距离缩短。

QRS 波群电压降低，在标准导联和加压单极肢导联中，每个导联的 R 及 S 波电压绝对值之和均在 5mm 以下时，称为 QRS 低电压。见于心肌损害、心肌退行性变和心包积液时。

Q 波增大或加深，多见于 LI、Ⅱ导联，与心肌梗死有关。

（四）S－T 段

S－T 段的移位在心电图诊断中，常具有重要的参考价值。

在 S－T 段偏移的同时，多伴有 T 波改变，二者都说明心肌的异常变化。ST 段上移，见于心肌梗死。ST 段下移，见于冠状动脉供血不足、心肌炎和严重贫血。

（五）T 波

T 波是心室复极波。它与传导组织没有密切关系，但与心肌代谢有密切关系。

一切可以影响心肌代谢的因素，都可能在不同程度上影响 T 波。T 波的正常形态是由基线慢慢上升达顶点，随即迅速下降，故上下两枝不对称。

T 波形态变化常是病理性的，如高血钾症时，T 波不仅高尖且升枝与降枝对称，急性心肌缺血常呈现深尖的倒置 T 波。T 波减低或显著增高多属异常变化，尤其是在同时伴有 ST 段偏移时更具有临床诊断价值。

（六）Q－T 间期

Q－T 间期延长，可见于心肌损害、低血钾、低血钙时。Q－T 间期缩短，见于洋地黄作用、高血钾、高血钙时。

第三节　宠物的脑电图检查及应用

一、脑电图的基本概念

脑电图是指应用电子放大技术，将置于头部两电极间脑细胞群电位差予以放大后的记录，以研究脑部功能的一种检查技术。

脑电图的基本成分如下。

（一）周期和频率

自 1 个脑波的起始到结束所经过的时间称周期，通常以 ms 表示。同一周期的脑波在单位时间内所出现的次数称频率，以次/s 表示之。按频率分为。

δ（Delta）波 0.5～3 次/s。

θ（Thelta）波 4～7 次/s。

α（Alpha）波 8～13 次/s。

β（Belta）波 14～25 次/s。

λ（Gamma）波 25 次/s 以上。

δ 波和 θ 波——慢波，α 波——基本节律，β 波和 γ 波——快波。

（二）波幅

代表电位活动的大小，通常用 μV（微伏）表示之。波幅在 25μV 以下者称低波幅，25～75μV 称中波幅，75～150μV 称高波幅，150μV 以上称极高波幅。

（三）位相

以基线为标准，波顶向上的称为负相（阴性）波。波顶向下的称为正相（阳性）波。不同导联所记录的同一频率的脑波，在同一瞬间脑波出现的先后、极性（波顶的方向）和周期的长短完全一致时，称同位相（同步）。

若两个导联的脑波出现有时间的差异时，称非同位相。若两个导联的脑波有 1 800 位相差时称位相倒置。

（四）波形

系由波的周期、波幅和位相等诸因素所决定的。正常脑电图的波形为正弦形或类正弦形，亦有半弧状形和锯齿形者。

（五）调节与调幅

调节是指脑波频率的稳定性。一般在同一次相同条件下所记录的同一频带脑波，在同一导联先后不相差 1 次（10%）以上，不同导联先后不相差 2 次（20%）以上称调节佳，反之称调节不良。若完全失去规律性，称失节律。

调幅系指波幅变化的规律性。正常时波幅应由低渐高，然后由高渐低地有规律的呈梭状变化。若波幅变化毫无规律或持续不变，称调幅差。

二、脑电图的导联和操作方法

（一）术前准备

检查前患病宠物颅部要剪毛消毒；检查前应进食，避免因低血糖而影响检查结果；检查前对不驯服的宠物给予安定药（如氯丙嗪）或睡眠药，使其安静；妥善保定在手术台上；将眼睛蒙住，防止光线刺激。

（二）检查室

检查室设置在较安静的地方，要有避光设备，防止噪声和光的刺激。同时尽可能远离电疗室和放射线室，以及其他使用大电流的地方以免引起基线不稳或50周/s交电流干扰。如机器抗干扰性能不良时，则检查室要加设金属屏蔽网。必须有良好的专用地线接通脑电机。室内要经常保持干燥，以免机器漏电和腐蚀。

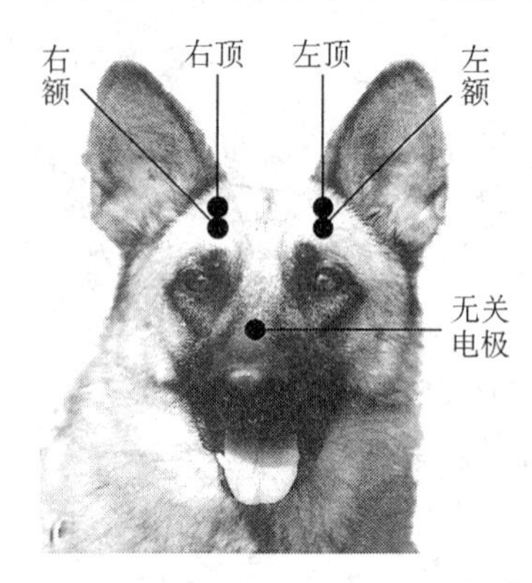

图8－18　犬电极放置方法

（三）电极

宠物使用针灸针或注射针插入式电极。电极位置因各种宠物不同而异，其原则为：电极排列与头颅大小及形状成比例；电极的标准位置适当地分布于头颅各主要部位；电极名称与脑部解剖分区相符（图8－18）。

（四）导联方法

记录每一条导联脑电图时，要有两个电极，其中一个电极与脑电图机的第一栅极（G1）连接，另一个电极与第二个栅极（G2）连接，在两个电极间记录下来的电位差就是脑电图。如果把电极放在头皮上称有关电极；放在与地线相连接的耳或鼻端称为无关电极（参考电极）。

1. 单极导联

即把头皮上的有关电极与无关电极相连在一起记录脑电图。通常是把有关电极与第一栅极连接，无关电极与第二栅极连接，以记录有关电极下面电位差。其优点是记录下来的电位差接近于0的绝对值，故波幅较恒定。

2. 双极导联

即把头皮上两个有关电极（分别与第一栅极和第二栅极相连接）相连在一起以记录两极间的相对电位差。优点是可以减少50周/s交流电干扰伪差。缺点是因其波幅受两极间距离影响不恒定。两个电极距离越远则波幅越高。

（五）记录方法

1. 每份记录的开始部分应有定标。导联、增益、时间和滤波应记录。

2. 单极导联记录中常规包括额、颞、顶、枕4个部位，双极导联记录中应有各部位前后和横行串联。

3. 诱发试验一般放在常规检查后，用单极导联记录，便于定位。

4. 整个记录一般不少于20min，但根据检查情况可增加或减少。

5. 对于各导联的记录，以描记过程中患病宠物情况均应明确地用符号注明。

（六）伪差的识别和排除

脑电图中的伪差是指从记录器中描记出来的脑电活动以外的干扰波。描记时应尽量避免，分析时要懂得识别，以免产生错误诊断。伪差来源有下列5种。

1. 电磁波辐射及静电感应

首先是来自没有屏蔽设备的仪器，如临近的透热电疗机、X线机，以及没有屏蔽设备的电线、电灯或电器用具等通过电磁波辐射，或电极导线移动，工作人员在患病宠物附近走动，患病宠物体表潮湿等引起静电感应到电极输入至描记的脑电图中显示出来，特别是脑电图机的地线接触不良时更容易出现。这种伪差在脑电图上常见的是50周/s的等幅正弦波或基线不稳，尤其是把纸速加快到6cm/s时比较容易识别。附近的仪器，如声光刺激器的开或关，可在脑电图中产生单个的棘波。

2. 电源

电源电压不稳可出现不规则慢活动或基线不稳。

3. 机器

机器本身的任何故障都可产生伪差，如有毛病的电子管或晶体管、损坏了的电容器、电阻变值、描记器故障、电路断线、短路、机器绝缘不佳、地线不良等。

4. 电极

电极放置太松、接触不稳或移动，电极导线有断裂或摆动。可以产生类棘波、类尖波或巨大方形波。

5. 肌体肌电

肌电伪差发生于接近电极的肌肉收缩，常见的肌电是头部肌肉紧张。咬牙、吞咽等在脑电图上产生单个的或一连串的棘波放电。

（1）心电　大多数来自无关电极或皮肤电阻过高的电极传入。有时是QRS，可能被认为棘波，由于和心搏动出现一致，故仍易区别。

（2）血管　如果电极刚好放置在头皮动脉上，由于动脉的微小搏动而产生与脉搏一致的慢活动。

（3）眼球运动　眨眼、眼睑震颤，可记录出慢活动。

（4）出汗　头部出汗，使电极间形成短路，出现1周/s以下的慢活动，表现为基线不稳。

（5）头部活动　可产生不规则的慢活动。

三、正常脑电图

（一）安静时的脑电图

正常脑电图的各项参数如下。

1. 频率

是脑发育和衰老过程的重要参数。脑电图频率的变化随着年龄的增加而不断增高，随着衰老而频率稍有减低趋势。

2. 波幅

是脑发育过程的一个重要参数。20μV 以下的波幅称低波幅，20～50μV 称中波幅，50μV 以上称高波幅。脑电图波幅随年龄的增加逐渐增高，而随着衰老逐渐减低。

3. 快活动

一般以 p 活动为代表。p 活动的变化随着年龄的增加而增多。

4. 慢活动

也是脑发育和衰老过程的一个重要参数。脑电图慢活动的变化随着年龄的增加而不断减少，大龄宠物则略有增加。

5. 基线

弥漫性持续出现波幅超过 20μV 的慢活动作为背景活动时，称“基线不稳”；波幅不足 20μV 时称“基线欠稳”。基线不稳随年龄的增加而减少。

6. 视反应

是脑发育过程的一个参数。视反应时节律抑制现象随年龄增加而增多，表现为节律从部分抑制逐渐向完全抑制过渡。

（二）睡眠时的脑电图

睡眠是生理性意识改变，睡眠时脑电图的改变很大，但有一定规律性，一般可把睡眠过程分为下列四期。

1. 入睡期

入睡开始节律波幅增高，区域扩大，然后节律减少，频率变慢，波幅减低，常为短程式成对出现。

2. 浅睡期

节律逐渐消失，出现低波幅 4～7 周/s 的 θ 活动和高波幅尖波。

3. 中睡期

慢活动增多，波幅增高而频率减低，自 1～6 周/s 不等。常出现 1～4 周/s 的 δ 节律。

4. 深睡期

δ 节律和 K 复合波减少至消失。1～2 周/s 高波幅波 δ 活动逐渐增加而占有优势。极度深睡时持续出现弥漫性 0.5～1 周/s 高幅波 δ 活动。

（三）影响脑电图的因素

1. 外界刺激

如声、光等。节律抑制而出现 p 活动。

2. 酸碱平衡

过度换气或酸碱性药物可出现高波幅慢活动。酸中毒时可出现频率及波幅增高，如癫痫样放电。

3. 缺氧

当氧含量低于 60% 时，可有出现节律变慢，随后出现慢活动，严重缺氧时可出现平坦活动。

4. 低血糖

当血糖下降时，频率及波幅增高。当血糖降低严重时，出现慢活动。所以，在描记脑电图前应让宠物进食，防止饥饿。

5. 药物对脑电图的影响

（1）催眠药　如巴比妥类、水合氯醛等镇静药一般治疗剂量出现很多的快活动。剂量加大患病宠物入睡或麻醉时出现慢活动，但仍重叠有很多的快活动。

（2）安定药　如氯丙嗪，一般治疗剂量就可出现大量慢活动，同时快活动消失。

（3）兴奋药　如咖啡因、肾上腺素等，一般剂量脑电图无改变，剂量加大时，频率增高。

四、脑电图的阅读分析

脑电图分析可分为视觉分析和仪器分析，一般常用的是视觉分析。阅读脑电图记录，进行一定分类（α、β、θ、δ 波）、计算（频率、波幅、频声与指数等）和比较。

一个脑波是综合许多神经元电位差的表现。接连两个同样的电波称为电活动，而按一定规律重复出现的电活动为节律，一般公认连续三个以上，形状一样的电波可以成为节律。

用 Davis 氏透明尺测量更为方便。即脑电图上有三个以上连续电波的波峰如落在尺上三个连续的线条上，即可称为每秒几周波的节律。如见有散在慢波则可以从该电波所占的时间换算为毫秒（按上述周期公式计算）。波幅计算是从波峰至波底两点之间距离直线的垂直高度。如果底线两点不在一个水平上，测量波幅的方法为通过波峰作一垂线与底线两点之间连线相交，测量交点至峰顶的距离，即为波幅的高度。波幅的表达应按原定标准电压测量（如 50μV 代表笔尖偏斜的广度为 5mm，5mm 即为 50μV）。一般每组电极应用 Davis 氏透明计算尺测量 10 次，从中得出平均波率。如几个波率的差别超过 1.5 周/s 的波称波率调节不佳，一般复形波不在测量之内。测量波幅，每组电极测量 20 个有代表性波幅，求出平均波幅。有时可测量最高波幅。

（一）脑电图阅读和分析

1. 首先要了解记录脑电图的患病宠物是否处于安静和闭眼状态，是否有影响的药物，如睡眠药、地西泮（安定）等。

2. 阅读脑电图时要注意定标中各种条件，如增益、时间、常数滤波、阻尼等。

3. 阅读每组记录时要知道是单极导联或双极导联，以及每个导联所代表的大脑区域（事先在每一组记录时必须注明）。

4. 把脑电图由前到后大致看一遍，主要注意有无异常，如两侧是否对称，有无局限性改变，各种病理波或伪差等。

5. 系统描述脑电图的特点并做出诊断。

（1）基本节律　选择安静时脑电图中的优势频率。

（2）快活动　超过 13 周/s 的活动。

（3）慢活动　不足 8 周/s 的活动。

（4）病理波　如棘波、尖波或病理复合波，以及暴发性抑制活动或平坦活动。描述各种频率时要说明它的波幅、波形、频宽、指数等。量度波幅一般以单极导联为标准，因为双极导联的波幅幅度是随着两个电极的距离而改变。

（5）诱发试验　包括视反射、闪光刺激、声音刺激等。

（二）结合临床资料提供正常或病理分析

（三）复查或前后检查比较

（四）签名、填写日期

第四节　宠物的超声波检查及应用

超声波检查是宠物医学影像学诊断的重要内容之一，具有无组织损伤、无放射性危害、能及时获得结论、可多次重复，操作简便等优点。目前，超声波检查技术已在多种动物的疾病诊断，妊娠检查、背膘测定等方面得到应用，并取得了可喜的进展。而在宠物临床上，超声波检查，尤其B型超声检查适宜用于犬、猫疾病诊断与妊娠诊断。

一、超声波的物理学特性

声波是物体的机械振动产生的，振动的次数（频率）超过20 000次/s称为超声波（简称超声）。超声波在机体内传播的物理特性是超声影像诊断的基础，其中主要有：

（一）超声的定向

超声的定向又称方向性或束性。当探头的声源晶片振动发生超声时，声波在介质中以直线的方向传播，声能随频率的提高而集中，当频率达到兆赫的程度时，便形成了一股声束，犹如手电筒的圆柱形光束，以一定的方向传播。临床诊断方面利用这一特性做器官的定向探查，以发现体内脏器或组织的位置和形态上的变化。

（二）超声的反射性

超声在介质中传播，若遇到声阻抗不同的界面时就出现反射。入射超声的一部分声能引起回声反射，所余的声能继续传播。如介质中有多个不同的声阻界面，则可顺序产生多次的回声反射。超声界面的大小要大于超声的半波长，才能产生反射。若界面小于半波长，则无反射而产生绕射。超声入射到直径小于半波长的大量微小粒子（如红细胞等）中则可引起散射。

超声能检出的物体界面最短的直径叫做超声的分辨力，超声的分辨力与其频率成正比，超声理论上的最大分辨力为其1/2波长。频率愈高，分辨力愈高，所观察到的组织结构愈细致。

超声的波长与频率和声速的关系如下式：

R（波长）=C（声速）/f（频率）

波长的单位为mm；声速单位为m/s（s代表“秒”）；频率单位为Hz（每秒振动次数）

超声垂直入射界面时，反射的回声可被接收返回探头而在示波屏显示。入射超声与界面成角而不垂直时，入射角与反射角相等，探头接收不到反射的回声。若介质间阻抗相差不大而声速差别大时，除成角反射外，还可引起折射。

（三）超声的吸收和衰减性

超声在介质中传播时，会产生吸收和衰减。由于与介质中的摩擦产生黏滞性和热传播而吸收，又由于声速本身的扩散、反射、散射、折射与传播距离的增加而衰减。

吸收和衰减除与介质的不同有关外，亦与超声的频率有关。但频率又与超声的穿透力有关，频率愈高，衰减愈大，穿透力愈弱。故若要求穿透较深的组织或易于衰减的组织；就要用0.8～2.5MHz较低频的超声，若要求穿透不深的组织但要分辨细小结构，则要用5～10MHz较高频的超声。在超声传播的介质中，当有声阻抗差别大于0.1%的界面存在时，就会产生反射。超声诊断主要是利用这种界面反射的物理特性。

二、组织与器官的声学特征

（一）不同组织结构的反射规律

超声在动物体内传播时，具有反射、折射、绕射、干涉、速度、声压、吸收等物理特性。由于动物体的各种器官组织（液性、实质性、含气性）对超声的吸收（衰减）、声阻抗、反射界面的状态以及血流速度和脉管搏动振幅的不同，因而超声在其中传播时就会产生不同的反射规律。分析、研究反射规律的变化特点，是超声影像诊断的重要理论基础。

1. 实质性组织中

如肝脏、脾脏、肾脏等，由于其内部存在多个声学界面，故示波屏上出现多个高低不等的反射波或实质性暗区。

2. 液性组织中

如血液、胆汁、尿液、胸、腹腔积液、羊水等，由于它们为均质介质，声阻抗率差别很小，故超声经过时不呈现反射，在示波屏上显示出“平段”或液性暗区。

3. 含气性组织中

如肺脏、胃、肠等，由于空气和机体组织的声阻抗相差近4 000倍，超声几乎不能穿过，故在示波屏上，出现强烈的饱和回波（递次衰减）或逐次衰减变化光团。

（二）脏器运动的变化规律

心脏、动脉、横膈、胎心等运动器官。一方面由于它们与超声发射源的距离不断地变化，其反射信号则出现有规律的位移，因而可在A、B、M型仪器的示波屏上显示；另一方面又由于其反射信号在频率上出现频移，又可用多普勒诊断仪监听或显示。

（三）脏器功能的变化规律

利用动物体内各种脏器生理功能的变化规律及对比探测的方法，判定其功能状态。如采食前、后测定胆囊的大小，以估计胆囊的收缩功能；排尿前、后测定膀胱内的尿量，以判定有无尿液的潴留等。

（四）吸收衰减规律

动物体内各种生理和病理的实质性组织，对超声的吸收系数不同。肿大的病变会增加声路的长度，充血、纤维化的病变增加了反射界面，从而使超声能量分散和吸收，由此出现了病变组织与正常组织间对超声吸收程度的差异。利用这一规律可判断病变组织的性质和范围。

组织对超声的吸收衰减一般是癌性组织>脂肪组织>正常组织。因此，在正常灵敏度时，病变的组织可出现波的衰减，癌性组织可表现为“衰减平段”在B型仪表现为衰减暗区。

超声诊断，就是依据上述反射规律的改变原理，用来检查各种脏器和组织中有无占位病变、器质性的或某些功能性的病理过程。

三、不同组织结构反射波形的特征

各种类型脉冲超声诊断仪，主要是依据反射波型的特征判断被探查组织器官的病理状态。按反射吸收衰减的原理，一般把反射波型分为4种。

（一）液性平段（暗区）型

液体是体内最均匀的介质，超声在其中通过时，由于无声阻抗率的差别，其反射系数为0，因而无反射波。在A型仪示波屏上表示为平段，B型仪显示为暗区。如正常的尿液、羊水；病理状态下的心包积液，胸、腹腔积液，各种良性囊肿内黏液性或浆液性液体。

体内尚有一些均质性较差的液体，如血液、浓缩的胆汁等，由于其中含有固体成分，混悬状态或黏滞性较大时，在反射波型的平段或暗区内可出现少数的微小波或光点。

液性平段或暗区有较强的声学特点，与其他回波截然不同。因此，其检出率和准确性高，是其他物理检查方法无法比拟的。依据检查时液性平段或暗区出现的深度及探头的角度，可作为定位穿刺抽液的指示。

（二）均质的实质性平段（暗区）型

均质的实质性平段（暗区）型又称少反射波型。反射波型表现为平段或暗区。如正常生理状态下的肝脏、肾脏、颅脑、脾脏及病理状态下的胸腔肥厚、黑肉瘤等。

均质的实质平段或暗区与液性平段或暗区的区别，是当仪器的灵敏度（增益）加大时，实质性的平段可出现少数回波，如用最大灵敏度时，就会有多数回波出现；而液性平段则仍无回波出现，只是平段范围有所缩小。从超声物理声阻抗率的原理不难理解，由于正常肝脏的基本结构是肝小叶、胆小管、肝动静脉、门脉等分支，在正常灵敏度时，其声阻抗率值差别很小，故表现为平段，随着灵敏度加大，平段内回波就会相应地增多。

（三）非均质实质性少或多反射（光点）型

非均质实质性少或多反射（光点）型又称多反射型，如正常的乳腺、眼球、厚层肌组织等；病理状态下的各实质器官炎症或占位性病变（囊性例外）。由于其内部存在着声抗率的差别，形成多个声学界面。因此，随着非均质的程度不同，反射波或多或少。

（四）全反射（光点）型

全反射（光点）型又称强反射型。如正常生理下的肺脏，由于肺泡内充满空气，胸壁软组织及泡膜的空气间声阻抗率差别很大，因此，在正常灵敏度下就可表现为全反射波（光），反射能量很大，在肺表面与探头之间来回反射，形成多次反射。其特征是反射波的波幅（A型）逐次衰减，故又称递减波，在B型仪器上表现为逐次递减多层明亮光带。

四、超声波检查的类型

（一）超声波检查的类型

超声检查的类型较多，目前最常用的是按显示回声的方式进行分类。主要有A、B、M、D和C型5种，动物临床仅常用前4种。

1. A型探查法

即幅度调制型。此法以波幅的高低，代表界面反射讯号的强弱，可探知界面距离。测量脏器径线及鉴别病变的物理特性，可用于对组织结构的定位。该型检查法由于其结果粗略，目前在医学上已被淘汰，但国内兽医检查仍多处于A型阶段。

2. B型探查法

即辉度调制型。此法是以不同的辉度光点表示界面讯号的强弱，反射强则亮，反射弱则暗，称灰阶成像。因此，采用多声束连续扫描，故可显示脏器的二维图像。当扫描速度超过24帧/s时，则能显示脏器的活动状态，称为实时像。根据探头和扫描方式的不同，又可分为线形扫描、扇形扫描及凸弧扫描等。高灰阶的实时B超扫描仪，可清晰显示脏器的外形与毗邻关系，以及软组织的内部回声、内部结构、血管与其他管道的分布情况等。因此，本法是目前临床使用最为广泛的超声诊断法。

3. M型探查法

此法是在单声束B型扫描中加入慢扫描锯齿波，使反射光点自左向右移动显示。纵坐标为扫描空间位置线，代表被探测结构所在位置的深度变化；横坐标为光点慢扫描时间。探查时以连续方式进行扫描，从光点移动可观察被测物在不同时相的深度和移动情况，所显示出的扫描线称为时间的运动曲线。此法主要用于探查心脏，临床称其为M型超声心动图描记术。本法与B型扫描心脏实时成像结合，诊断效果更佳。

4. D 型探查法

是利用超声波的多普勒效应，以多种方式显示多普勒频移，从而对疾病做出诊断。本法多与 B 型探查法结合，在 B 型图像上进行多普勒彩样。临床多用于检查心脏及血管的血液动力学状态，尤其是先天性心脏病和瓣膜病的分流及反流情况，有较大诊断价值。

目前，医学上也广泛用于其他脏器病变诊断与鉴别诊断，有较好的应用前景。多普勒彩色血液显像系在多普勒三维显像的基础上，以实时彩色编码显示血液的方法，即在显示屏上以不同的彩色显示不同的血液方向和速度，从而增强对血液的直观感。

（二）B 型超声诊断仪的构造

B 型超声诊断仪一般由探头、主机、信号显示，编辑及记录系统几部分组成。随着电子技术的发展，现代超声诊断仪基本采用了数字化技术，具有自控、预置、测量，图像编辑和自动识别等多种功能。

1. 探头

是用来发射和接收超声，进行电声信号转换的部件，与超声诊断仪的灵敏度、分辨力等密切相关。目前广泛使用脉冲式多晶探头，通过电子脉冲激发多个压电晶片发射超声，包括电子线阵探头和电子相控阵扇扫探头 2 种（图 8－19），前者发射的声束为矩形（图 8－20），后者发射的声束为扇形（图 8－21）。因每个探头发射频率基本固定，临床还须根据探查目标深度进行选择，一般探查浅表部位选用高频探头，探查较深部位选用低频探头。如用于小型犬或猫的探头可为 7.5MHz 或 10.0MHz，用于中型犬的探头可为 5.0MHz，用于大型犬的探头可为 3.0MHz 或以下。

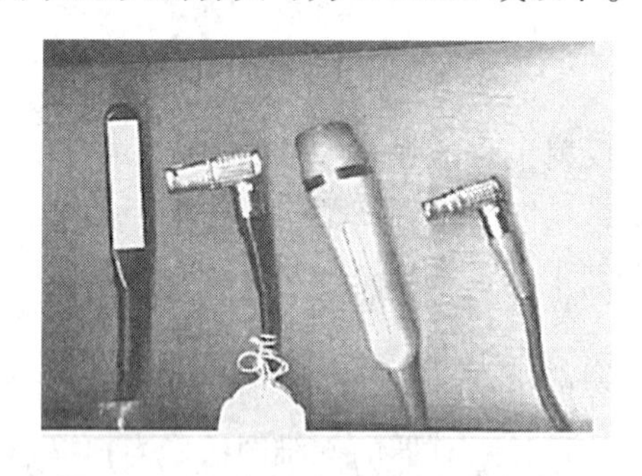

图 8－19　B 超仪线阵探头与扇扫探头

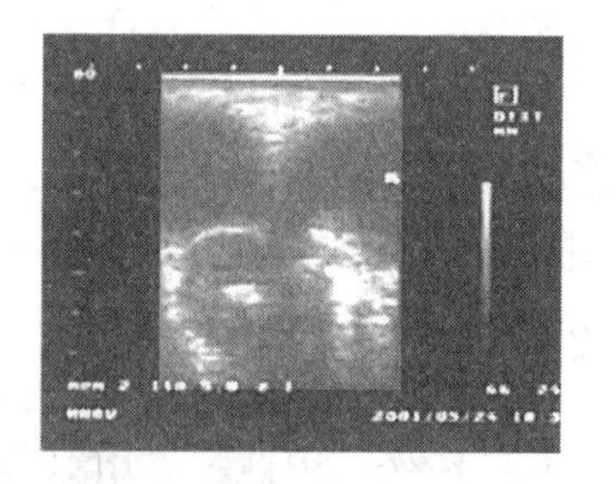

图 8－20　线阵探头扫描声像图

2. 主机

主要为电路系统，由主控电路、高频发射电路、高频信号放大电路、视频信号放大器和扫描发生器等组成。在主机面板上，有可供选择的技术参数旋钮，如输出强度、增益，延时、深度，冻结等。

3. 显示与记录系统

超声回声信号通过显示器显示出图像，也可由记录器记录并以存储，打印、录像或拍照等方式保存，还可根据需要对图像进行测量和编辑。目前国外生产的宠物医疗专用 B 超诊断仪有：加拿大产 AMI－900（图 8－22）、法国产 AGRISCAN（图 8－23）。

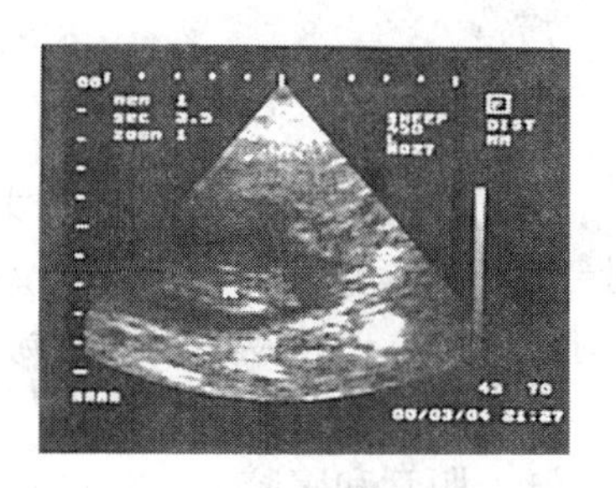

图 8－21　扇扫探头扫描声像图

图 8－22　加拿大 AMI－900 B 超仪

五、正常内脏器官的超声波图

（一）常用超声诊断切面

每一探头都有其超声发射面（图 8－24、图 8－25），探查时以发射面紧贴皮肤，在探查滑行扫查或探头位置不变而改变探头方向作扇形扫查，亦可作横切面（图 8－26）、纵切面（图 8－27）或矢状切面（图 8－28）扫查，从而构建出脏器的扫查的立体图像。

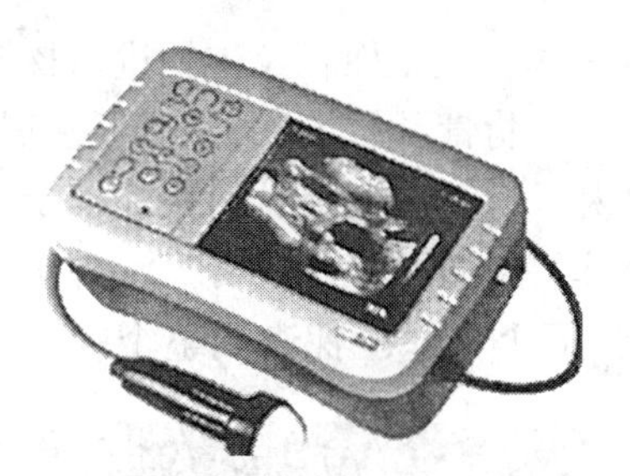

图 8－23　法国 AGRISCAN B 超仪

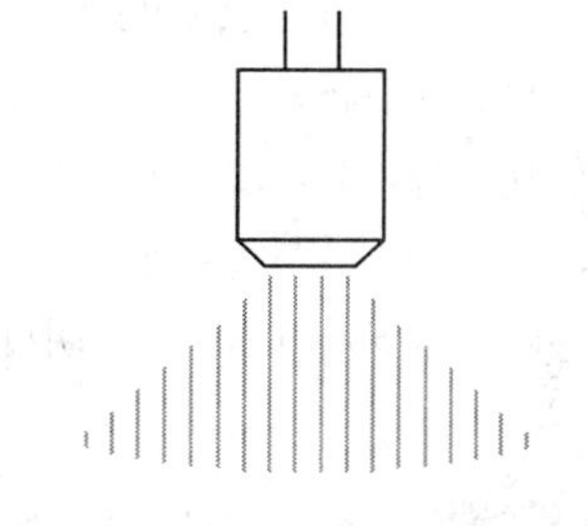

图 8－24　扇扫探头超声发射面图

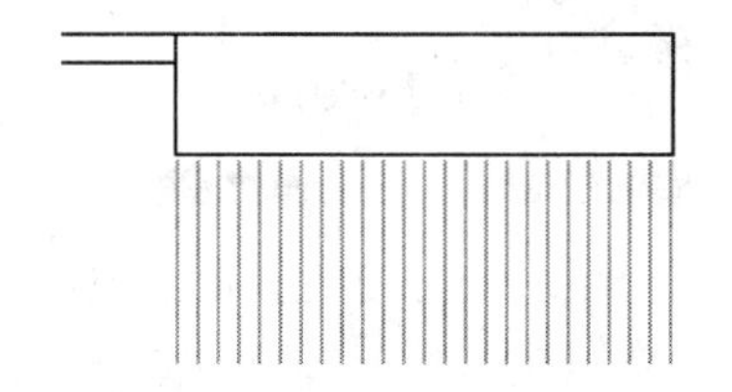

图 8－25　线阵探头超声发射面图

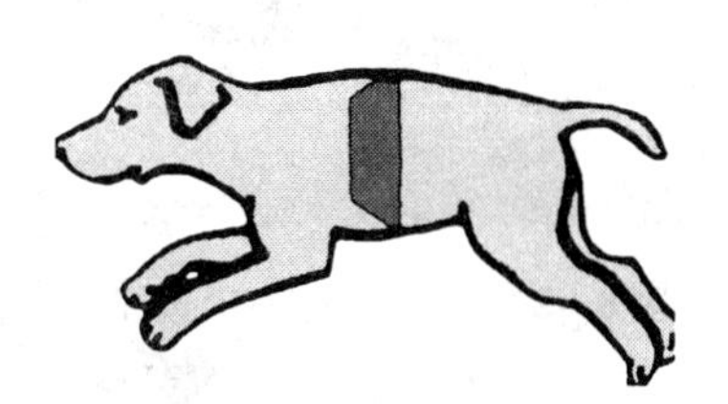

图 8－26　横切面扫查

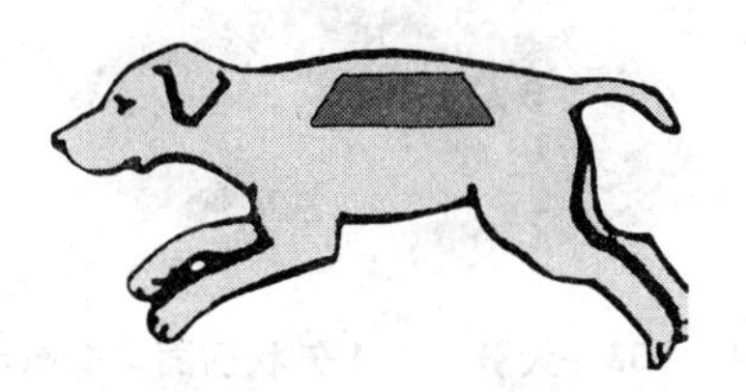

图 8－27　纵切面扫查

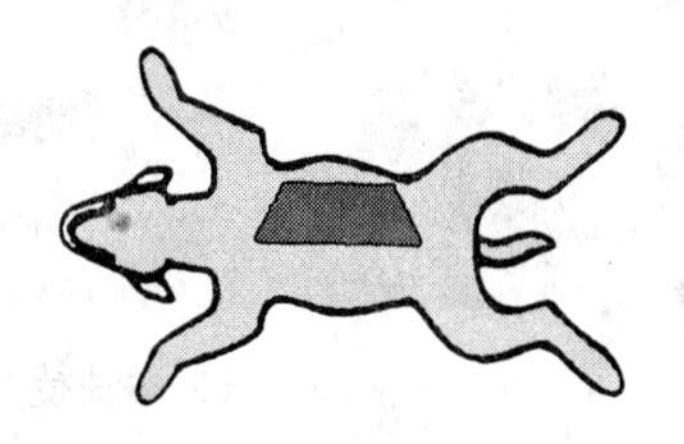

图 8－28　矢状切面扫查

（二）各脏器探查及声像图

1. 肝脏与胆道系统

肝脏是一个均质性很强的实质器官，可用 B 型超声诊断仪探测其大小，厚度及内部病变。胆囊是含液器官，在声像图中呈液性暗区，B 超对其部位，形状及大小等的判定有较高的准确性。

进行超声探查时，除注意识别肝叶和胆囊之外，门脉、胆管和腹腔大血管也是探查并定位的重要指标，还应确定相邻器官的位置关系和回声特点。犬肝脏前后扁平，前表面隆凸，形态与膈的凹面相适应，后表面凹凸不平，形成几个压迹。肝脏分为 6 叶，即左外侧叶（呈卵圆形），左内侧叶（呈梭形）、右内侧叶、右外侧叶（呈卵圆形）、方叶和尾叶。尾叶覆于右肾前端，形成一个深窝（肾压迹）。肝左外侧叶覆盖于胃体之上，形成大而深的胃压迹，容纳胃底和胃体。胆囊位于右内侧叶脏面，隐藏于右内侧叶，方叶和左内侧叶之间。犬肝胆超声探查主要在以下 3 个部位。

仰卧保定下，于剑突后方探查（图 8－29）；俯卧在下方有开口的树脂玻璃台上，于剑突后方探查（图 8－30）；仰卧或侧卧保定下，于右侧第 11 或 12 肋间作横切面探查（图 8－31）。犬肝脏参考声像图，如图 8－32 至图 8－36 所示。

2. 脾脏

脾脏的均质程度较高，可用 B 型超声诊断仪对脾脏体表投影面积及体积进行探测。犬脾脏长而狭窄，下端稍宽，上端尖而稍弯，位于左侧最后肋骨及右侧肷部。犬脾脏超声探查部位可在左侧第 11～12 肋间（图 8－37），由于胃内积气而在腹部纵切面和横切面难于显示脾头时可用此位置探查。也可在前下腹壁探查脾脏的纵切面，位置可显示脾头。脾体和脾尾，将探头旋转 90°即为横切面。在纵、横两个切面上可系统探查到整个脾脏。用透

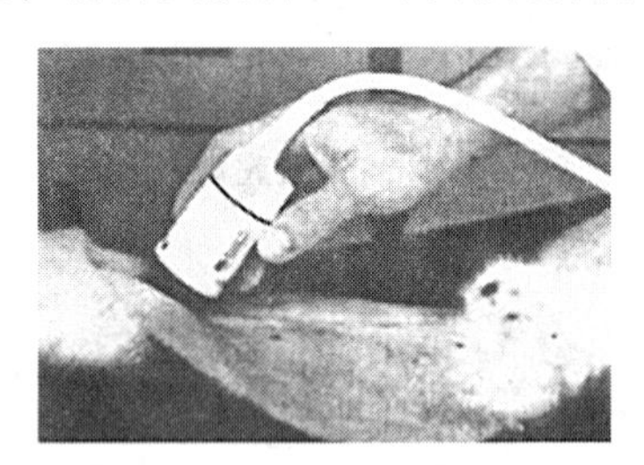

图 8－29　犬肝胆超声探查部位

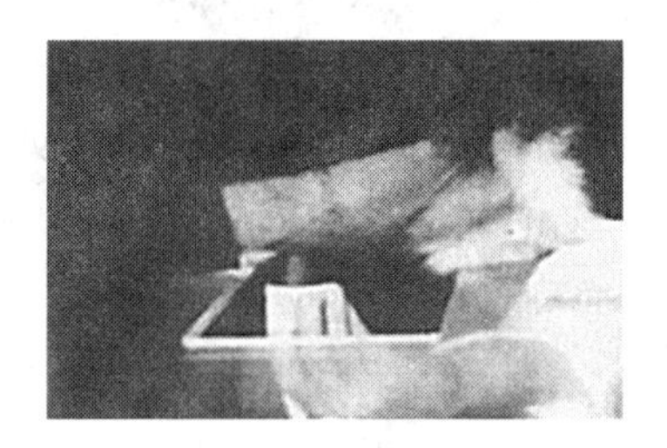

图 8－30　犬肝胆超声探查部位

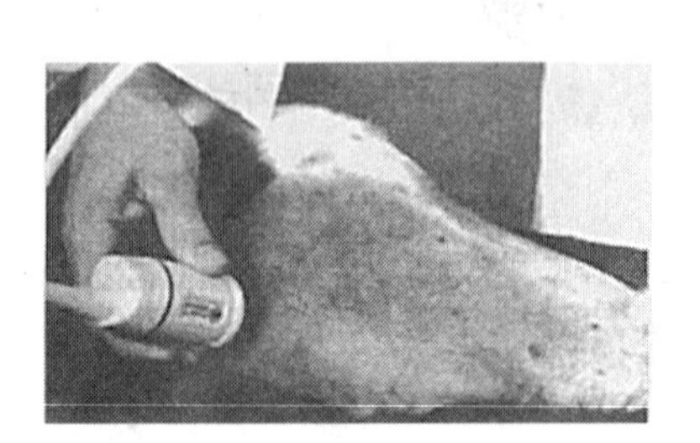

图 8－31　犬肝胆超声探查部位

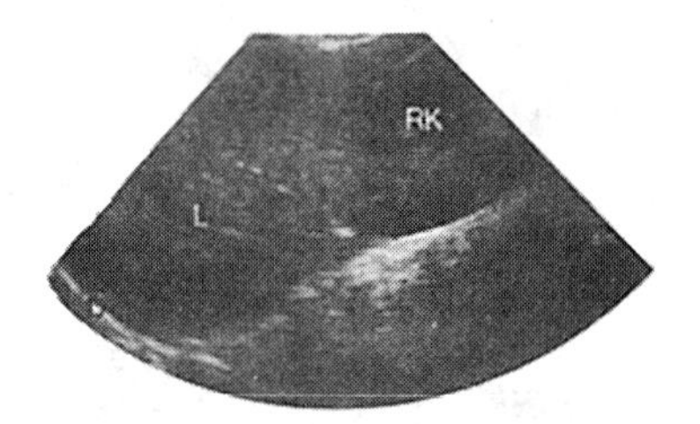

图 8－32　犬肝胆第 1 矢状切面声像图示

右肝叶（L），右肾（RK）及膈肌（D），肝实质回声与肾皮质回声相当或稍强

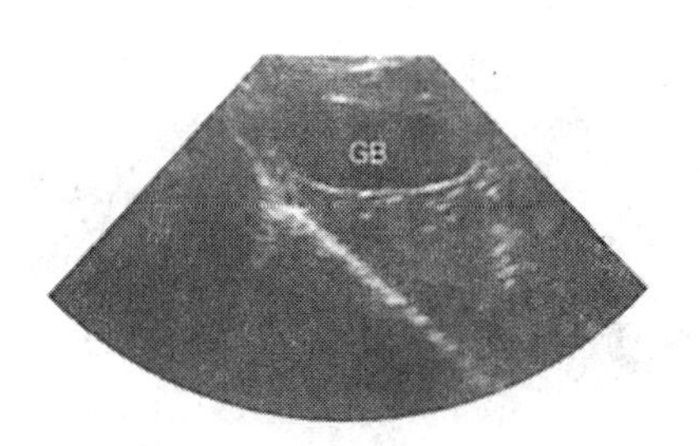

图 8-33　犬肝胆第 2 矢状切面声像图

胆囊（GB）液性暗区，其壁薄而光滑

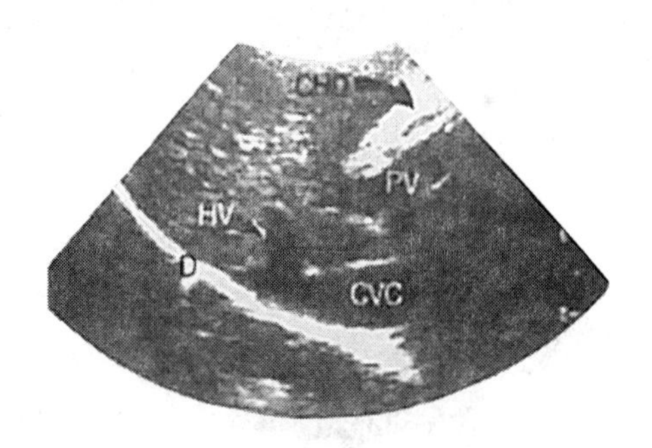

图 8-34　犬肝胆第 3 矢状切面声像图

在膈肌（D）附近可见后腔静脉（CVC）和肝静脉（PV），门静脉（PV）附近有时可显示胆总管

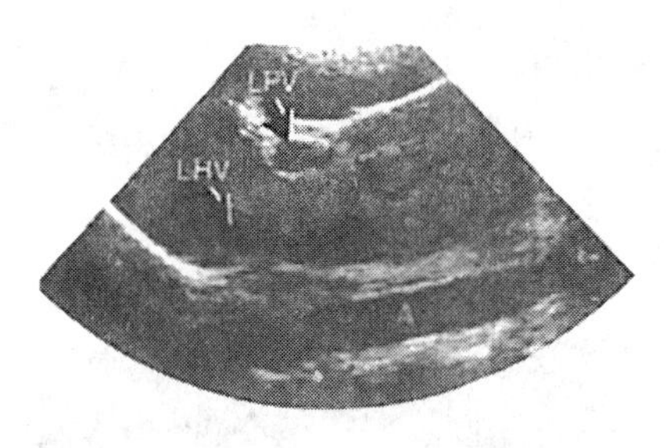

图 8-35　犬肝胆第 4 矢状切面声像图

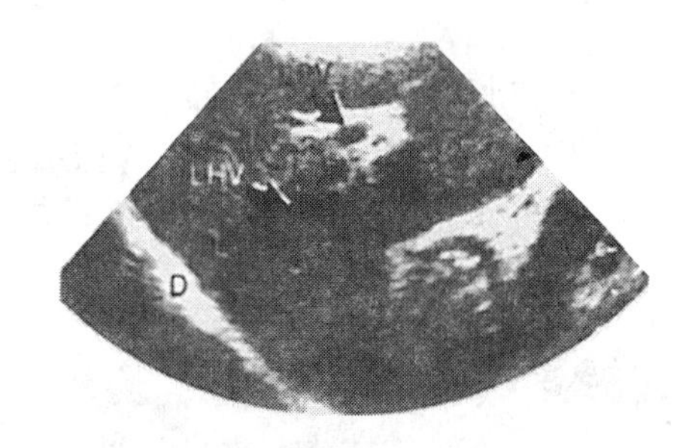

图 8-36　犬肝胆第 5 矢状切面声像图

主动脉（A）及左肝静脉（LHV）和门静脉左支（LPV）膈肌（D）上方肝左叶（L）内可显示 LHV 和 LPV

声垫块探查有利于脾脏近腹壁部分的显示（图 8-38）。犬脾脏参考声像图见图 8-39 至图 8-42。

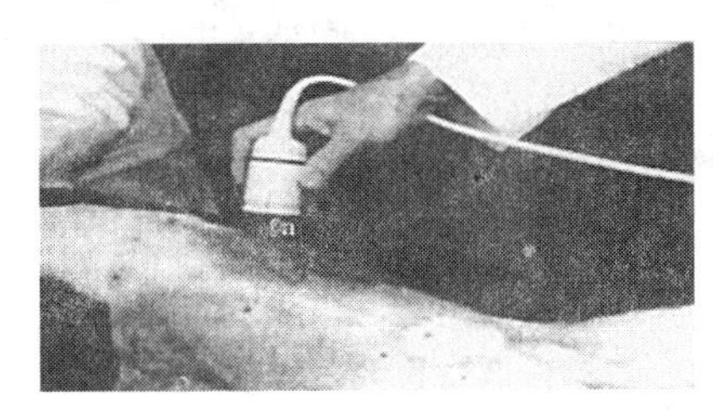

图 8-37　犬脾脏超声探查部位

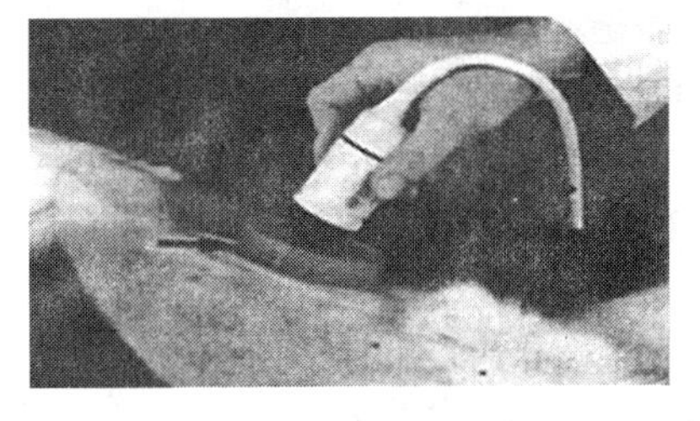

图 8-38　犬脾脏超声探查部位

左侧 11～12 肋间探查脾前下腹壁探查脾脏纵切面，有脾头、脾体和脾尾

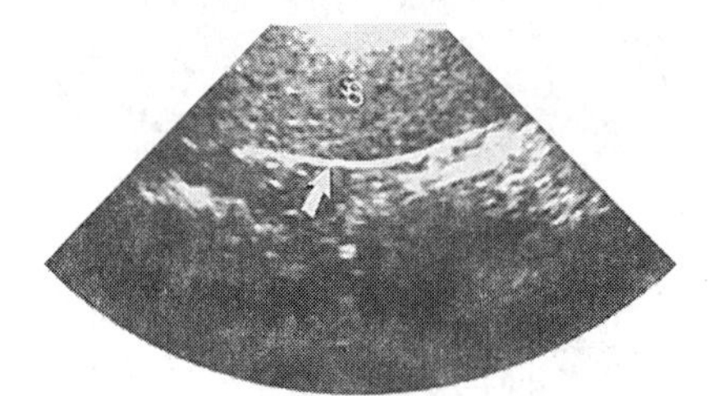

图 8-39　犬脾脏声像图

脾实质（S）呈中等至高回声细密均质，包膜平滑清晰可见

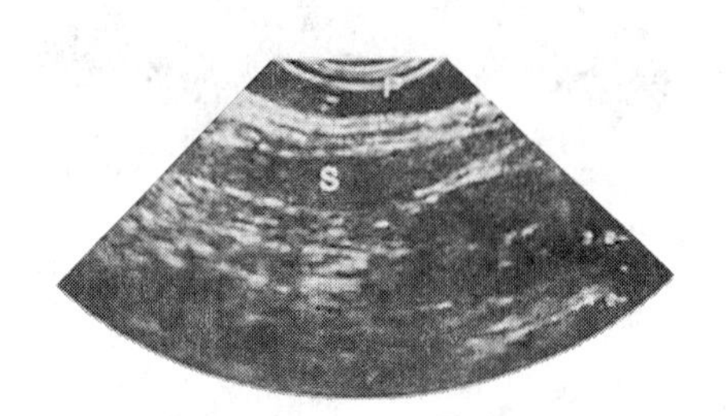

图 8-40　犬脾脏声像图

拉大脾与探头的距离，近侧脾（S）显示清楚

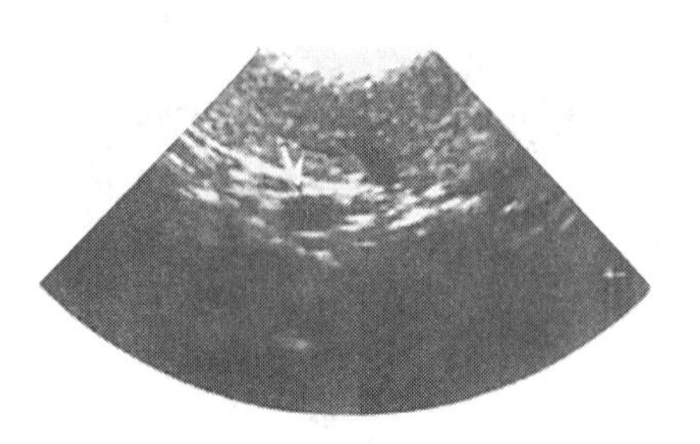

图 8－41　犬脾脏声像图

脾静脉（箭头）脾门附近显示清晰

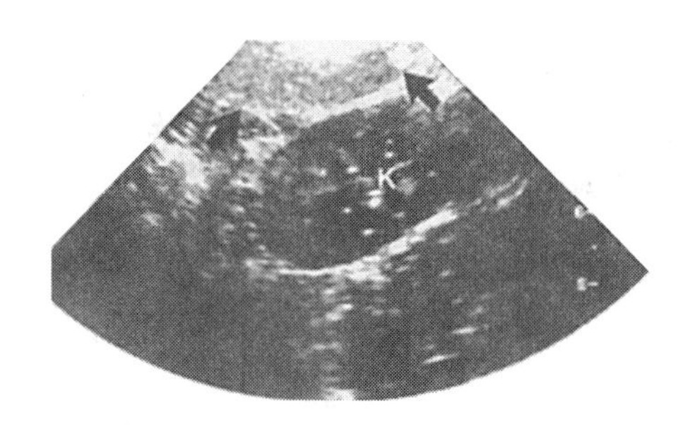

图 8－42　犬脾脏与右肾纵切面声像图

脾实质回声（箭头）比肾皮质回声强

3. 胰腺

胰腺是腹腔中难探查的器官，要熟练掌握宠物的胰腺的解剖位置关系。通常犬仰卧，试用 5.0MHz 或 7.5MHz 线阵或门阵探头于左腹壁探查（图 8－43）。

有时也可使犬右侧卧或俯卧，利用下方开口的聚酯玻璃台于左侧第 11、12 肋间探查（图 8－44）。

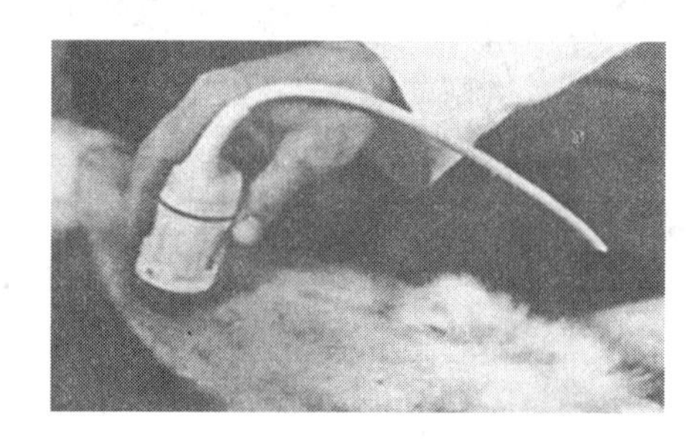

图 8－43　犬胰腺超声探查部位

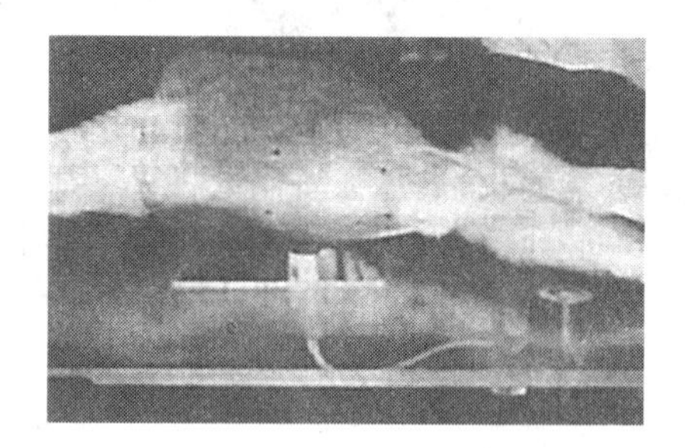

图 8－44　犬胰腺超声探查部位

胰腺声像图较难判断，往往被周围脂肪或积气肠管所掩盖。可根据周围器官和脉管定位，并作横切面与纵切面比较，必要时向腹腔注入适量生理盐水以增强透声效果（图 8－45、图 8－46）。

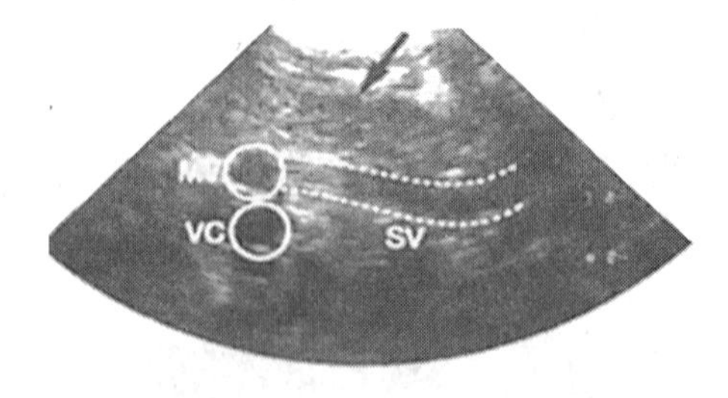

图 8－45　犬胰腺横切面声像图

箭头所指胰腺，脾静脉（PV）在其背侧 VC 为后腔静脉

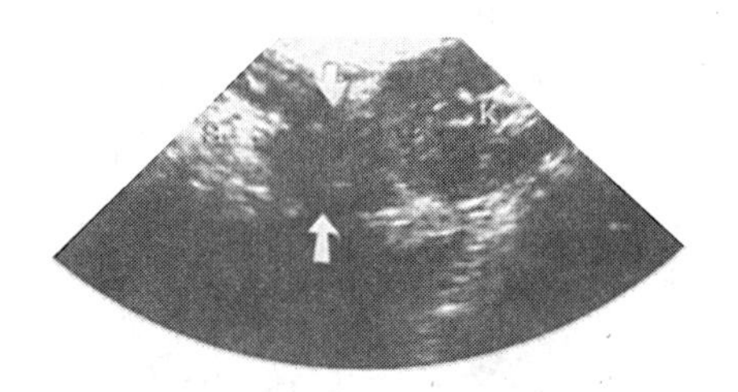

图 8－46　犬胰腺纵切面声像图

箭头所指胰左翼，位于胃（s）的后背侧并向左扩展到左肾（K）头端

4. 肾脏

肾脏有一定的大小，厚度和较平滑的界面，且距体壁较近，有利于超声探查。犬肾呈

蚕豆形，表面光滑，大部被脂肪包围。右肾位置较固定，位于前3个腰椎体下方，前部位于肝尾叶形成的压迹内，腹侧面接降十二指肠、胰腺右叶等。左肾偏后，位置变化大，与第2～4腰椎相对，腹侧面与降结肠和小肠襻为邻，前端接胃和胰脏的左端，其探查方法与肝脏类似。犬肾脏参考声像图见图8－47至图8－48。

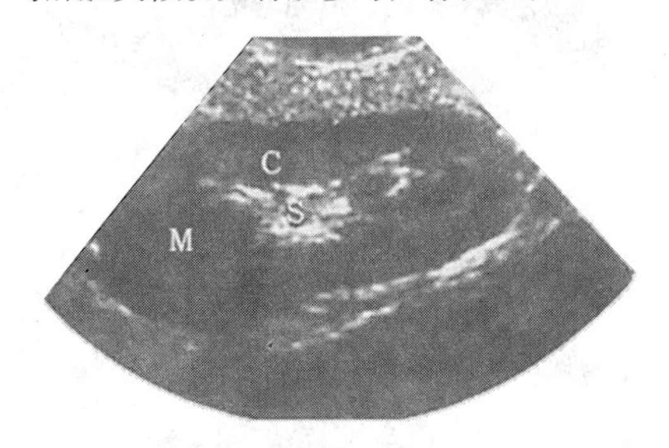

图8－47　犬肾脏正中纵切面声像图

显示出肾皮质（C），肾髓质（M）和肾盂（S）

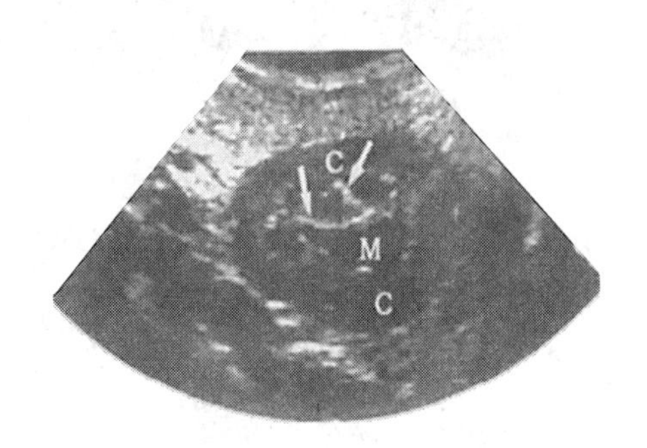

图8－48　犬肾脏正中靠前或靠后横切面声像图

可见皮质（C）内憩室和脉管（箭头所指）将髓质（M）分成几部分

5. 膀胱与尿道

膀胱的大小，形状和位置随尿液多少而异。一般采取体表探查法犬站立或仰卧，于耻骨前缘作纵切面和横切面扫描（图8－49）。若要显示膀胱下壁结构，可在探头与腹壁间垫以透声垫块（图8－50）。对公犬远段尿道探查，常在会阴部或怀疑有结石的阴茎部垫以透声垫块扫描。当膀胱充满尿液时，声像图为无回声暗区，周围由膀胱壁强回声带所环绕，轮廓完整，光洁平滑，边界清晰。近段尿道在膀胱尾端可部分显现，公犬前列腺可作为定位指标之一。远段尿道常显示不清，若作尿道插管或注入生理盐水扩充尿道后可清晰显示。犬膀胱参考声像图见图8－51至图8－52。

6. 前列腺

前列腺的大小和位置随年龄和性兴奋状况而异，性成熟后位于骨盆前口后方，于膀胱尾环绕近段尿道。探查方法与膀胱类似，可经直肠或耻骨前缘向后扫查，膀胱积尿有助于前列腺影像显现。前列腺横切面呈双叶形，纵切面呈卵圆形，包膜周边回声清晰光滑，实质呈中等强度的均质回声，间杂小回声光点。膀胱尾和前段尿道充尿时，在前列腺横切面背侧两叶间可清晰显示尿道断面。犬前列腺参考声像图见图8－53和图8－54。

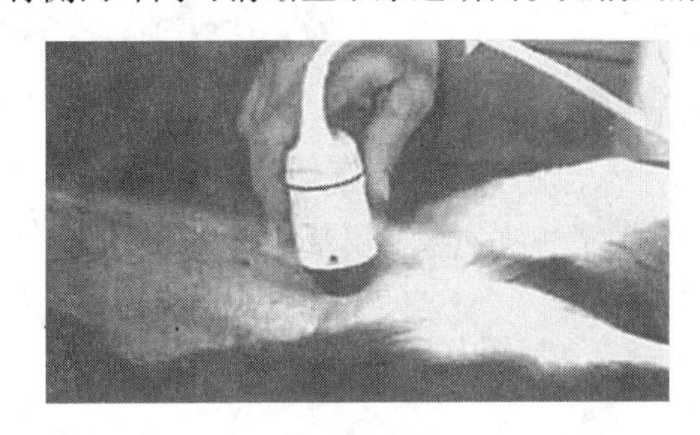

图8－49　犬膀胱超声探查部位

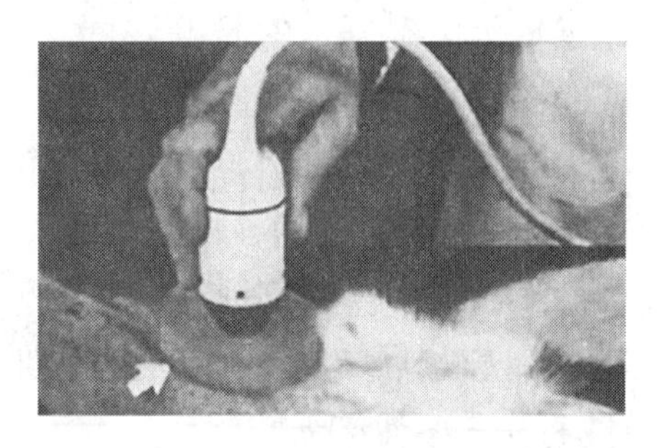

图8－50　在探头与腹壁间垫透声垫块后探查膀胱

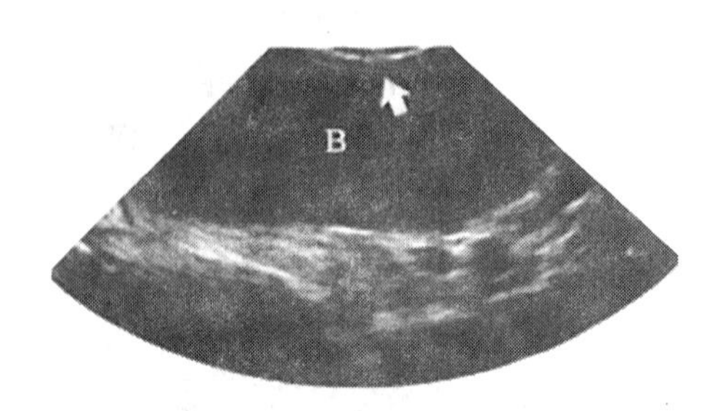

图 8－51　犬膀胱纵切面声像图

膀胱（B）呈无回声液性暗区，但腹侧膀胱壁（箭头所示）离探头太近而显示不清

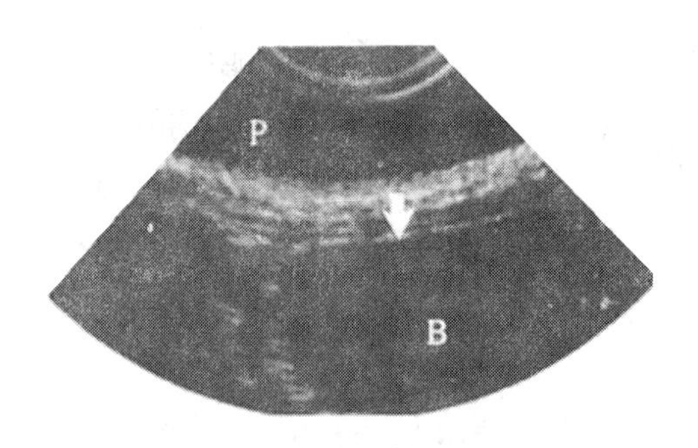

图 8－52　犬膀胱纵切面声像图

清晰显示腹侧膀胱壁（箭头所示），对膀胱炎诊断有意义

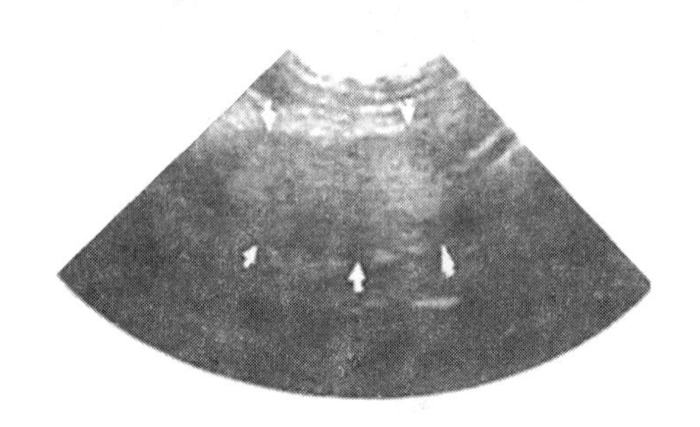

图 8－53　公犬前列腺横切面声像图

前列腺呈双叶状（前头所指），其实质回声中度均质，边缘清晰光滑

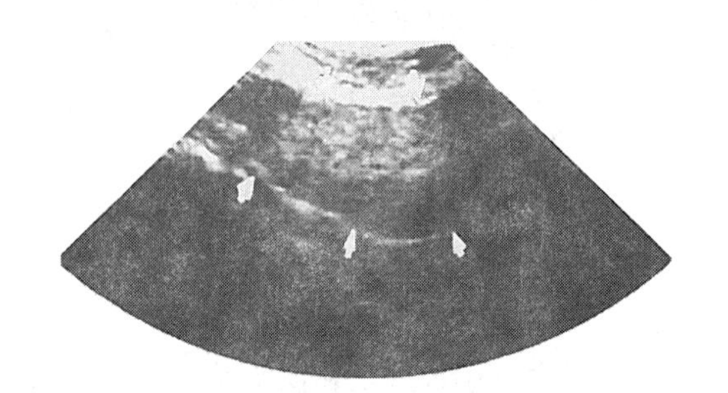

图 8－54　公犬前列腺纵切面声像图

呈均质卵圆形（箭头所指），其实质回声中度均质，边缘清晰光滑

7. 肾上腺

肾上腺为镰刀状薄块结构，左右各一，位于左右肾脏头端靠近腹中线部位，与后腔静脉及主动脉邻近。

探查时犬仰卧、左或右侧卧，多采用 5.0MHz 或 7.5MHz 高频率探头，于前腹侧壁作横切面，纵切面和斜切面扫描，并作对比观察也可于第 11、12 肋间作矢状切面扫描，以避开肠管积气，并可在同一切面上同时显示肾脏和肾上腺。

肾上腺由于其小而薄，声像图上难于辨认，应以肾头和入脉管作为定位标志，并作多切面对比观察。

（三）犬、猫妊娠的 B 超诊断

B 型超声仪能同时发射多束超声，在一个面上扫查显示子宫和胎体的断层切面图，不仅可以用于诊断妊娠，而且可以监测整个生殖器官的生理和病理状态。如卵泡发育、发情周期子宫的变化、胎儿的发育和生长、产后子宫恢复等生理活动，以及卵巢囊肿、持久黄体、子宫积液或蓄脓，子宫肿瘤等病理变化。

目前，宠物临床需要准确监测或早期诊断的问题，而应用 B 型超声仪则能较好地解决。

1. 妊娠声像图的回声形态

在子宫无回声暗区（胎水）内出现的光点或光团，为妊娠早期的胎体反射，称为胚斑。在胎体反射中见到的脉动样闪烁光点，为胎心搏动。子宫壁向内突出的光点或光团为早期的胎盘或胎盘突，在暗区内出现的细线状弱回声称为光环，为胎膜反射，并可随胎水出现波状浮动。胎儿四肢或骨骼呈现强回声光点或光团，胎儿颅腔和眼眶随着骨骼形成和钙化，而呈现由弱到强的回声光环。

2. 探查方法

探查时母犬、母猫保持安静，自然站立或躺卧保定，应用3.5MHz或5.0MHz探头，选后肋部，乳房边缘或腹下部脐后3～5cm处为探查部位。除长毛犬外，一般无须剪毛，只将被毛分开、多涂一些耦合剂即可。

犬妊娠23d以前一般不能探到妊娠子宫影像。首次检出妊娠子宫、胎儿、胎动、体腔和胎心的日期分别在妊娠第24、30、40d和48d（图8－55）。而猫配种21d后，通常可以探查出胎儿（图8－56）。

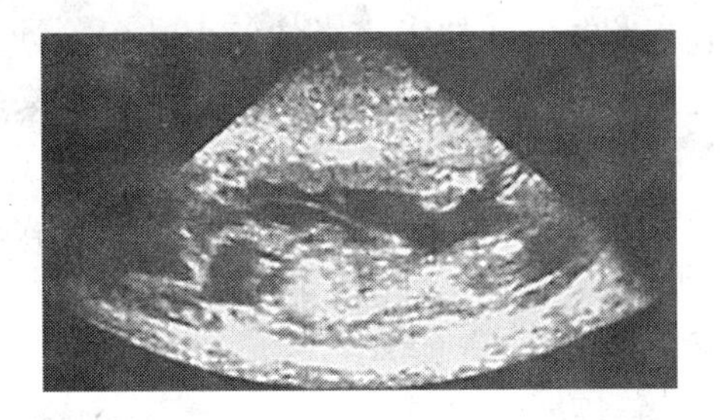

图8－55　犬38日龄胚胎纵切面声像图

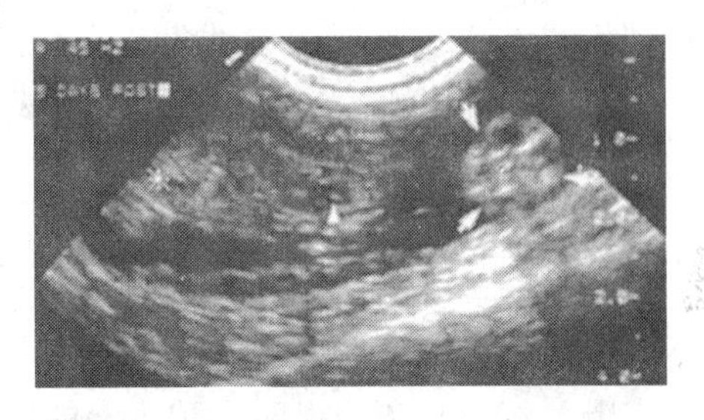

图8－56　猫妊娠子宫纵切面声像图

白箭头所指为早期钙化而带中度声影的胎头反射▲为被肺环绕的低回声胎心，后腹腔内小的膀胱暗区，肺和肝回声强度相近

临床常根据胎囊、胎儿体长或体腔等电子测量尺寸，对胎龄（CA）做出大致估算。

犬的胎龄计算公式因妊娠天数而不同，如妊娠40d之前，可根据最大胎囊直径（GSD）或头顶至臀后长度（CRL）按以下公式估算：

$$GA=(6\times GSD)+20 \text{ 或 } GA=(3\times CRL)+27 \text{（图8－57）}$$

妊娠40d之后，根据胎头最大横径（HD）或肝脏水平位置的最大体腔直径（BD）按以下公式估算：

$$GA=(15\times HD)+20,\ GA=(7\times BD)+29$$

$$\text{或 } GA=(6\times HD)+(3\times BD)+30 \text{（图8－58）}$$

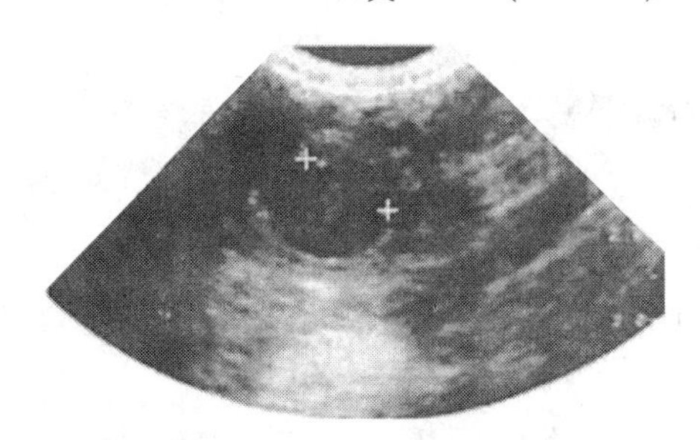

图8－57　犬妊娠早期胎囊声像图

电子尺测量胎囊最大直径（GSD）为1.1cm（加号间距离），预测胎龄为27d或产前28d

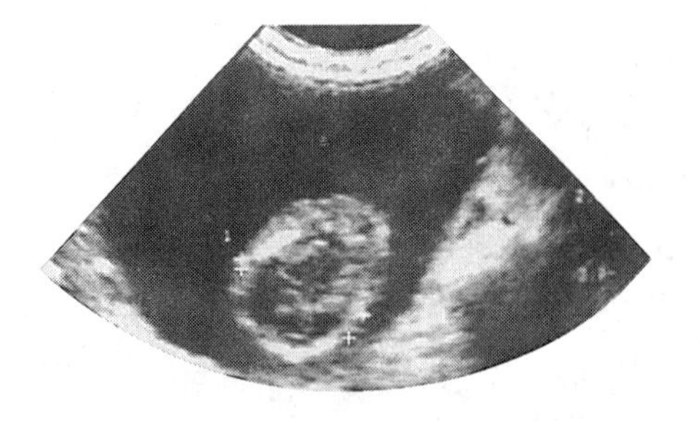

图8－58　犬妊娠期胎头声像图

电子尺测量胎头最大横径（HD）为1.64cm（加号间距离），预测胎龄为45d或产前20d

猫的胎龄计算公式为：

$$GA=(25\times HD)+3 \text{ 或 } GA=(11\times BD)+21$$

公式中长度单位是 cm，胎龄计算时间为 d。

第五节　宠物的 X 线检查及应用

X 线检查是当前人类医学广泛应用的传统影像学诊断技术，同样在宠物疾病临床诊断中也发挥着重要作用。自 1895 年伦琴发现 X 射线以后，仅一年的时间 X 射线就被应用于医学并开始研究其设备。目前所用的 X 射线设备已达到相当高的水平。

现代的 X 射线机把 X 射线发生器、断层技术、光电倍增技术、影像储存装置、计算机、扫描技术等巧妙结合起来，使 X 射线技术在医学中的应用越来越广泛，作用也越来越重要。

X 射线机的使用是多方面的，包括普通诊断用 X 射线机、各科专用 X 射线机及介入放射学 X 射线机等。因此，现在已经有各种型号和规格的 X 射线机供不同场合、不同对象和不同检查时使用。

应用 X 线摄片和透视两大技术，能够对人体或宠物的呼吸系统、消化系统、循环系统、泌尿生殖系统、运动系统以及中枢神经系统的解剖形态和功能状态进行观察，已成为现代医学和宠物医学中不可缺少的重要组成部分。

一、X 线的产生

X 线是在真空条件下，由高速运行的成束自由电子流撞击钨或钼制成的阳极靶面时所产生。电子流撞击阳极靶面而受阻时 99.8% 的动能转变为热，仅 0.2% 转变为电磁波辐射，这种辐射就是 X 线。因此，它的产生必须具备三个条件：即自由活动的电子群、电子群以高速度运行和电子群运行过程中被突然阻止。这三个条件的发生，又必须具备两项基本设备，即 X 线管和高电压装置。X 线管的阴极电子受阳极高电压的吸引而高速运动，撞击到阳极产生的 X 线具有穿透作用、荧光作用和感光作用，宠物体不同组织的密度差异对 X 线呈不同程度的吸收作用，从而形成反映机体状况的黑白明暗、层次不同的 X 线影像。

二、X 线的特性

X 线本身是一种电磁波，波长极短并且以光的速度直线传播，其波长范围为 0.000 6～50nm。诊断用 X 线的波长为 0.008～0.031nm（相当于 40～150kV 所产生的 X 线）。X 线除具有可见光的基本特性外，主要有以下几种特性。

（一）穿透作用

X 线波长很短，光子的能量很大，对物质具有很强的穿透能力，能透过可见光不能透过的物质。由于 X 线具有这种能穿透宠物体的特殊性能，故可用来进行诊断。但穿透的程度与被穿透物质的原子质量及厚度有关，原子质量高或厚度大的物质则穿透弱，反之则穿透强。穿透程度又与X线的能量有关，X线的能量越高，即波长愈短，穿透力愈强，反之则弱。能量高低由管电压（kV）决定，管电压越高则波长越短，能量越高。在实际工作中，以千伏的高低表示穿透力的强弱。

（二）荧光作用

X线是肉眼所不能看见的，当它照射在某些荧光物质上，如氰化铂钡、硫化锌、镉和钨酸钙等时，则可发出微弱光线，即荧光。这种荧光是X线用于临床透视检查的基础。

（三）摄影作用

摄影作用也即感光作用，X线与可见光一样，具有光化学效应，可使摄影胶片的感光乳剂中的溴化银感光，经化学显影定影后，变成黑色金属银的X线影像。由于这种作用，X线又可用作摄影检查。

（四）电离作用

物质受X线照射时，都会产生电离作用，分解为正负离子。如气体被照射后，离解的正负离子，可用正负电极吸引，形成电离电流，通过测量电离电流量，就可计算出X线的量，这是X线测量的基础。X线的电离作用，又是引起生物学作用的开端。

（五）生物学作用

X线照射到机体而被吸收时，以其电离作用为起点，引起活的组织细胞和体液发生一系列理化性质改变，而使组织细胞受到一定程度的抑制、损害以至生理机能破坏。所受损害的程度与X线量成正比，微量照射，可不产生明显影响，但达到一定剂量，将可引起明显改变，过量照射可导致不能恢复的损害。不同的组织细胞，对X线的敏感性也有不同，有些肿瘤组织特别是低分化者，对X线最为敏感，X线治疗就是以其生物学作用为根据的。同时因其有害作用，又必须注意对X线的防护。

X线影像是X线束穿透路径不同密度与厚度的组织结构所产生的影像相互叠加的重叠图像。这一重叠图像既可使体内某些组织结构显示良好，但也使一些组织结构的投影减弱抵消，甚至难以或不能显示。

X线束从X线管呈锥状射向机体后，其图像有所放大，即X线球管离机体越近或机体距胶片距离越远，放大作用越强，其产生的伴影使图像清晰度下降。因X线呈锥形投射，处于中心射线部位的X线影像虽有放大，但仍保持原形，而处于边缘射线部位的X线影像，由于倾斜投射，既有放大，又有失真、歪曲。

三、X线机的基本构造与操作

（一）X线机的基本构造

X线机是X线诊断的基本设备，都由X线管、变压器和控制器3个基本部分组成。另外还有附属的机械和辅助装置。

X线管由发射电子的阴极、承受电子撞击而产生X线的阳极、固定阴极和阳极并维持管内真空管壁组成。变压器是一种利用电磁感应原理进行能量交换的电机，一台X线机必有一到两个X线管灯丝变压器和一个高压变压器组成，一般还有自耦变压器，有些还有整流管灯丝变压器。控制器是开动X线机并调节X线质量的装置，包括各种按钮、开关、仪器和仪表等。现代的X线机将传统X线机与断层技术，将光电倍增技术、影像储存装置，电子计算机和扫描技术等结合起来，已经达到了相当高的水平。

（二）X线机的操作

各种类型的X线机都有一定的性能规格与构造特点，使用之前必须先了解清楚，切勿超性能使用，不同型号机器形式虽有差别，但操作程序大致相同。X线机的种类较多，结构及性能各异，但都有各自的使用说明和操作规程，使用者必须严格遵守。一般应按下列规程操作。

1. 操纵机器以前，应先看控制台面上各种仪表、调节器、开关等是否处于零位。

2. 合上电源闸，按下机器电源按钮，调电源电压于标准位，机器预热。特别要注意在冬季室温较低时，如不经预热，突然大容量曝光，易损坏X线管。

3. 根据工作需要，进行技术选择，如焦点及台次交换、摄影方式、透视或摄影的条件选择。在选择摄影条件时，应注意毫安、千伏和时间的选择顺序，即首先选毫安值，然后选千伏值，切不可颠倒。

4. 曝光时操纵脚闸或手开关的动作要迅速，用力要均衡适当。严格禁止超容量使用，并尽量避免不必要的曝光。摄影曝光过程中，不得调节任何调节旋钮。曝光过程中应注意观察控制台面上的各种指示仪表的动作情况，倾听各电器部件的工作声音，以便及时发现故障。

5. 机器使用完毕，各调节器置最低位，关闭机器电源，最后断开电源闸。

（三）X线机的分类

通常按X线管的管电流量，将诊断用X线机分为小型、中型和大型3类。100mA以下者为小型X线机；100～400mA者为中型X线机；500mA以上者为大型X线机。1 000mA以上者为超大型X线机。

按X线机的机动性，又分为携带式、移动式和固定式3类。携带式X线机多为10mA、75kV的小型X线机，如国产F10型X线机（图8－59）；移动式X线机多为30～50mA，90kV的X线机，如国产F30型X线机（图8－60）和F50型X线机；固定式X线机多为100～500mA、100～150kV，如国产78－1型X线机、E5761GD－P4A型X线机。此外，也有30～50mA、15～95kV的小型固定式X线机。

上述各类型X线机，尤其移动式和小型固定式X线机，因价格较低，适合于宠物医疗行业使用。

最近国内部分宠物医院引进日本米卡莎X线机制造公司生产的高频便携式全自动兽用X线机，该机配置了犬、猫16个部位不同的X线曝光数据的选择键，极大地简化了X线机的操作程序，确保了摄片的质量。

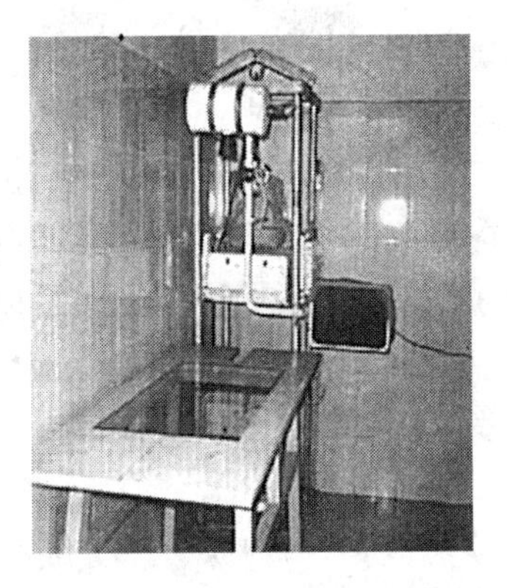

图 8-59 F10 型便携式 X 线机

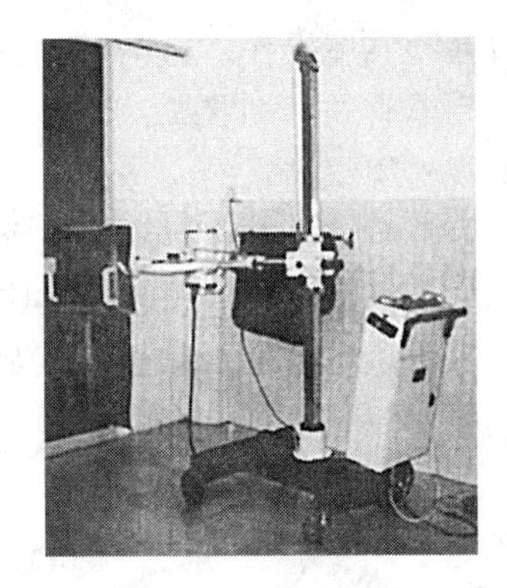

图 8-60 F30 型移动式 X 线机

四、X 线检查技术及诊断方法

X 线检查就是利用 X 线的荧光屏和胶片显现宠物体不同组织的影像，以观察宠物体内部器官的解剖形态，生理功能与病理变化，宠物体组织器官的密度大致分为骨骼，软组织与体液、脂肪组织和气体四类。

骨骼密度最高，X 线不易穿透，所以，X 线照片感光最弱而呈现透明的白色，荧光屏因荧光最暗而呈现黑色阴影。软组织和体液密度中等，包括皮肤、肌肉、结缔组织、软骨、腺体和各种实质性器官，以及血液、淋巴液、脑脊液和尿液等。由于 X 线较易穿透软组织，所以，X 线照片感光较多而呈现深灰色，在荧光屏上呈现灰暗色。脂肪的密度略低于软组织和体液，但又高于气体，在 X 线照片上脂肪呈灰黑色，在荧光屏上则较亮。呼吸器官、副鼻窦和胃肠道内都含有气体，X 线最容易透过，因此，在 X 线照片上呈现最黑的阴影，而在荧光屏上显示特别明亮（图 8-61）。

除骨骼外含气组织器官与周围组织存在天然对比外，宠物体内的大多数软组织和实质器官彼此密度差异不大，缺乏天然对比，所以，其 X 线影像不易分辨。如果将高密度或低密度造影剂灌注器官的内腔或其周围，通过造成人工对比以显示器官内腔或外形轮廓，即可扩大诊断范围和提高诊断效果。图 8-62 为 X 线造影照片（消化道硫酸钡造影）。

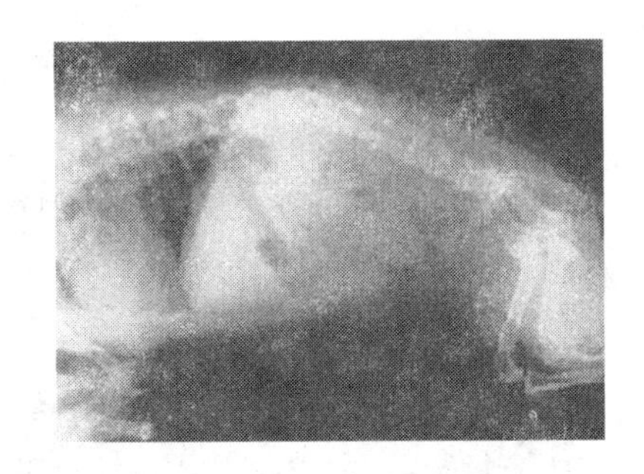

图 8-61 常规 X 线照片

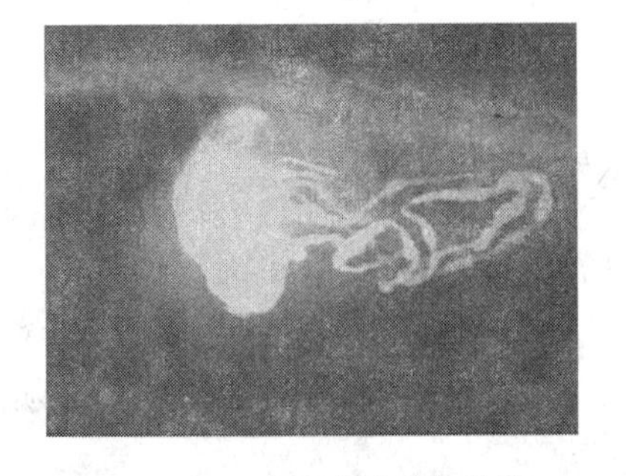

图 8-62 消化道硫酸钡造影

常规 X 线诊断技术分 X 线透视和 X 线摄影两种。X 线透视由于荧光屏亮度较低，通常须在暗室内进行，检查者操作前也须有视力暗适应过程。

目前，少数大、中型宠物医院已经采用影像增强电视系统，不仅影像亮度明显提高，而且可以在明室下操作。在X线透视中，可根据检查需要改变宠物体位或方向进行观察，能够观察到器官的运动状态，还具有简便、经济等优点。但透视的影像对比度和清晰度较差，不便观察组织器官的动态和细微变化，无法留下客观记录以便会诊。所以，透视检查目前已大为减少，基本都以摄影检查作为常规X线检查的主要方法。X线摄影具有影像清晰、对比度与清晰度较好、能使对比差异较小或微小的结构显像、保留客观记录以便于对照和会诊等优点。由于X线照片仅显示一个平面，一般需在互相垂直的两个方位（侧位，背腹位或腹背位）摄影，有助于形成宠物体内组织器官的立体概念。

五、X线的透视检查方法

透视是利用X射线的荧光作用，在荧光屏上显示出被照物体的影像，从而进行观察的一种方法。一般透视必须在暗室内进行，透视前必须对视力进行暗适应。如采用影像增强电视系统，则影像亮度明显增强，效果较好，并可在明室内进行透视。

（一）应用范围

主要用于胸部及腹部的侦察性检查，也用于骨折、脱位的辅助复位，以及异物定位和摘除手术。对骨关节疾病，一般不采用透视检查。

（二）透视技术

1. 透视检查的条件

管电流通常用2～3mA；管电压在小宠物为50～70kV，大宠物为60～85kV；焦点至荧光屏的距离，小宠物50～75cm，大宠物75～100cm；曝光时间为3～5s，间歇2～3s，断续地进行，一般每次胸部透视约需1min。

2. 透视检查的程序

预先了解透视目的或临床初步意见，在被检宠物确实保定后，将荧光屏贴近被检部位，并与X射线中心相垂直，以免影像放大和失真。

先对被检部位做全面浏览观察，注意有无异常。当发现可疑病变时，则缩小光门做重点深入观察，并与对称部位比较。记录检查结果，必要时进一步做摄影检查。

（三）注意事项

进行X射线透视检查前，检查者应戴上红色护目镜10～15min，做眼睛暗适应；除去宠物体表被检部位的泥沙污物、敷料油膏和含碘、铋、汞等大原子序数药物；注意对X射线的防护，如穿戴铅橡皮围裙与手套，或使用防护椅；全面系统检查，避免遗漏。调节光门，使照射野小于荧光屏的范围；熟练掌握技术，在正确诊断的前提下，缩短透视时间，不做无必要的曝光观察；患病宠物必须做适当保定，以确保人员、宠物和设备的安全。

六、X线摄影检查方法

（一）装卸X线胶片

预先取好与X线胶片尺寸一致的暗盒置于工作台上，松开固定弹簧。在配有安全红灯的暗室环境下打开暗盒，从已启封的X线胶片盒内取出一张胶片，将胶片放入暗盒内，然后紧闭暗盒送往拍照（图8－63）。接着将拍照过的暗盒送回暗室，在暗室中将暗盒开启，轻拍暗盒使X线胶片脱离增感屏，以手指捏住胶片一角轻轻提出（图8－64）。切忌用手指在暗盒内挖取胶片或用手指触及胶片中心部分，以免胶片或增感屏受到污损。将胶片取出后送自动冲片机冲洗，或将胶片夹在洗片架上人工冲洗。

图8－63　把新胶片放入暗盒内

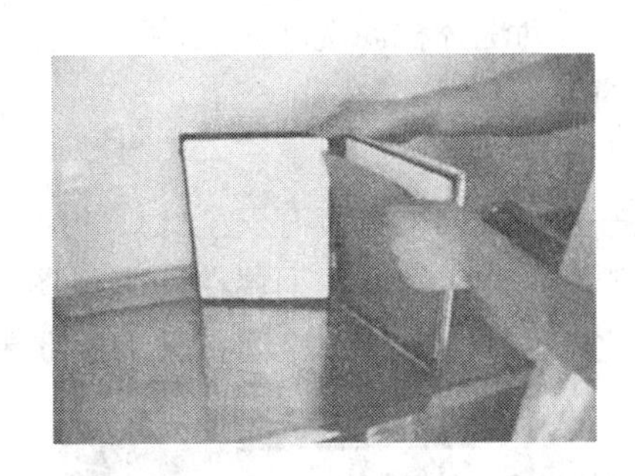

图8－64　把拍照过的胶片取出

（二）确定摄影条件

为使X线照片有良好的清晰度与对比度，必须选用适当的摄影条件，即管电压峰值千伏（kV）、管电流毫安（mA）、焦点胶片距和曝光时间。

kV表示X线的穿透力，摄影时根据被检部位的厚度选择，厚者用较高的kV，薄者用较低的kV。通常先获得对一定厚度部位的最佳摄影kV，然后以此为基准，按被检部位厚度变化调整。当厚度增减1cm时，管电压相应增减2kV。较厚密部位需用80kV以上时，厚径每增减1cm，要增减3kV。需用95kV以上时，厚径每增减1cm，要增减4kV。

当需用kV已无可调范围时，则运用kV与毫安秒（mA·s）转换规律，调整mA·s的值，即通过增大X线输出量使胶片获得良好的曝光。焦点胶片距（简称焦片距）是X线球管阳极焦点面至胶片的距离。焦片距过近，影像放大，使胶片清晰度下降：焦片距愈远，影像愈清晰，但X线强度减弱，必须延长曝光时间，结果可能因宠物在曝光中骚动使胶片模糊。所以，通常选择焦片距在75～100cm为宜。曝光时间是指管电流通过X线管的时间，以s表示。

常以mAs即mA与s的乘积计算X线的量，例如25(mA)×2(s)＝50(mAs)。也可变换为50(mA)×1(s)＝50(mAs)或100(mA)×0.5(s)＝50(mAs)。

mAs决定照片的感光度，感光度过高、过低分别造成照片过黑、过白。临床上应从X线机实际性能出发，在保持一定的mAs情况下，宜尽量选择短的曝光时间，以减少宠物骚动而致影像模糊不清。若拍摄心、肺、胃、肠等活动的器官，应选择相对静止部位、更短的曝光时间。

（三）X线机的操作

X线机是一种精密医用设备，应严格遵守其使用说明和操作规程，妥善维护，才能经久耐用。操作机器前，应检查控制台面上的各种仪表、调节器。开关是否处于零位。操作时打开电源开关，扭动电压调节旋钮使指针指向220V，让机预热2s时间。根据摄影部位厚度选择合适的摄影条件，即 kV，mA 和曝光时间 s。摆好宠物被摄位置后，再检查机器各个调节是否正确，然后按动曝光限时器。X 线机使用完毕后，将各调节器凋至最低位，关闭机器电源，断开线路电源。

（四）冲洗胶片

有自动洗片机冲洗和人工冲洗两种方法。使用自动冲片机冲洗，可在 2min 内获得已干燥的 X 线照片（图 8－65）。

人工冲洗需要经过显影——漂洗——定影——水洗——干燥几个步骤，其中显影——漂洗——定影均须在装有安全红灯的暗室环境下进行。为方便人工冲洗过程，一般将显影桶、漂洗桶和定影桶并列放在一起（图 8－66）。有的诊所面积小，采用不锈钢材料定做一体化洗片桶，既节约空间，又十分方便。

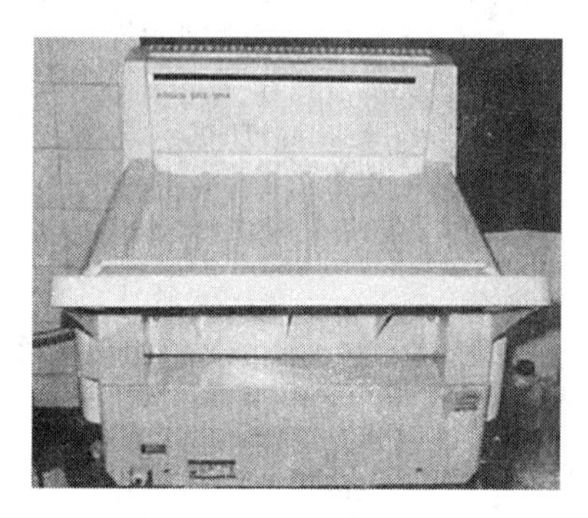

图 8－65　洗片机

图 8－66　人工冲洗

并列放置的显影桶、漂洗桶和定影桶

显影时间一般为 5～8min，最适显影温度为 18～20℃。如难以把握显影适度，可在显影 2～3min，登记后送交临床医生阅片诊断。临床工作中根据诊断疾病需要，一般多在胶片定影数分钟后取出先行阅片做出诊断，然后接着进行定影——水洗——干燥等过程。

七、X 线的特殊造影检查方法

（一）非选择性心脏造影

它是通过大的外周静脉注射大剂量含水的碘剂，同时进行连续多次曝光。它可对体循环系统和肺循环系统的主要血管和心脏房室进行评估和诊断。非选择性心脏造影术可用于检查房室的大小和形态；区别几种主要的猫原发性心肌症；区别心脏扩大和心包渗出或肿物；评估心脏瓣膜狭窄或关闭不全等；区分体循环和肺循环主要脉管系统的先天性和后天性异常；辨别心脏的充塞性疾病，例如，血栓和肿瘤等。

（二）胸膜腔、腹膜腔 X 线造影

它可使肺叶之间间隙更好地显影，定位肺脏病变；评估胸腔壁或腹腔壁的轮廓和完整性以及横膈膜肿物、破裂和先天性缺陷；也可提高腹膜脏面的分辨力。注意的是如果腔内有渗出物应先清楚渗出，否则将稀释造影剂。

（三）脊髓X线造影

它是在蛛网膜下腔注入造影剂使脊髓轮廓和蛛网膜下腔显影的一种方法。适用于临床暗示为脊髓或椎管疾病，在平片检查时呈阴性或模糊的结果，或在外科手术前对脊髓或椎管病变进行准确定位时的病例。

（四）硬脑膜外X线造影

即在硬膜外腔注入碘化造影剂的一种方法，适用于评估普通平片上显示不明显的第5腰椎（马尾综合病症）以后的压迫性损伤或肿物。

（五）食道X线造影

口服阳性造影剂，评估咽喉和食道的形态，同时评估口、咽、环咽和食道段的功能。适用于临床有咽和食道疾病的征象的病例，如窒息、恶心、吞咽困难、反胃以及进食后立即发生咳嗽或呕吐等现象；反复发生、无法解释的吸入性肺炎；喉或咽的外科手术前以及已知患有食道机动性疾病（巨食道）时评估吞咽功能；确定在普通平片上咽和食道内是否存在可疑异物和狭窄，或有否存留的气体、液体，血液，局部或区域性的扩张等；测定在颈部和胸部疾病（外伤，炎症，肿瘤）时食道紊乱程度；对食道近端和远端括约肌及食道裂口的评估等。

正常时造影剂稍微覆盖咽部，在咽喉管和梨状凹处无明显的造影剂蓄积，也无造影剂进入鼻咽部或通过喉部，食道轻微覆盖造影剂，在犬可看到6～12条平行排列的竖条纹，在猫食道X线照片上可见到食道远端有一个垂直的有条纹的“箭尾状”现象，在颈部远端和胸廓近端食道可见到少量造影剂蓄积，但在吞咽下一个食团时被迅速清除。在短颅品种中胸廓入口处的食道冗余属正常，造影剂不应在此蓄积，伸展颈部可消除食道冗余，它同真正的食道憩室有区别。

（六）上段胃肠道X线造影

即将液体阳性造影剂灌入胃内，通过连续X线照片观察其通过胃和小肠的过程。它适用于评估胃肠道黏膜特性、囊腔开放度和运动性的病例，如长期呕吐、腹泻或者体重减轻者，或者怀疑有溃疡或血凝块（黑粪症），或者怀疑梗阻或异物弹片检查中未见到；也适用于确定胃肠道的病变位置，如横膈膜破裂、体壁疝等；还可用于评估胃肠道上腹部内肿块的作用，如属转移还是运动性改变等。

正常时造影剂在胃部应表现为较平滑的伸展，这种情况在胃底部更多些，而幽门部较少见，小肠有一黏膜的结构，光滑或似伞状，小肠在肠系膜上随意地移动，并且不断地改变位置和直径。

（七）钡剂灌肠/结肠空气造影

是用阳性造影剂（钡灌肠剂）、阴性造影剂（结肠空气造影）或者双重造影来评价大肠腔及其黏膜。

这种方法适用于有大肠疾病的症状时，或证明腹腔团块，如肠套叠和肿瘤和检查穿孔或瘘管。正常时结肠光滑的，无小囊，升结肠、横结肠和降结肠及盲肠应该充满造影剂。犬的盲肠呈盘曲状，而猫的盲肠小而尖，和结肠连在一起。

（八）静脉尿路造影

通过向体表静脉注入水样的碘化造影剂，随后通过尿道排出体外。通过连续的 X 线片进行显示。

造影剂能增强肾的血管分布，肾实质和集合管及接下来的输尿管和膀胱的显影。静脉尿路造影可提供形态学的信息及对肾和输尿管功能的粗略估测。可评估肾、输尿管和膀胱的大小、形状和位置；检测肾盂异常现象，如肾盂积水、肿块或者结石；调查血尿、脓尿或大小便失禁的原因；决定腹腔内和腹膜后的肿块或腹部创伤对尿道功能的影响，以及手术前后对肾和输尿管功能的粗略评估等。

（九）膀胱尿道 X 线造影

出现排尿困难、频尿、血尿、脓尿和尿失禁症状，或周期性的下尿道感染、前列腺肥大和其他后腹部肿块，或膀胱形状、透明度或者位置异常等症状时，怀疑下泌尿道疾病，一般对其进行 X 线造影。

对于那些在 X 线平片中未见到膀胱或证明膀胱未闭合时常采用阳性造影；而评估膀胱壁厚度，提高内腔结构的可见性，如石块和肿块或在尿路造影期间，对异位尿道的评估时常采用膀胱充气造影；要获得黏膜的细微结构或提供最好的关于膀胱内腔和其囊壁损害的信息，如肿块和石块常采用双重膀胱造影；估测排尿困难、尿失禁和血尿症的原因，或监测结石、肿块、狭窄、破裂和异位的输尿管等，常进行逆行尿道造影。

正常犬膀胱呈梨形带有一个光滑的逐渐变细的膀胱三角。当膀胱充盈后占据大部分腹部，排空后则定位于骨盆内，有些品种如德国短毛猎犬有一个“骨盆膀胱”，它有时和尿失禁相关联。

膨胀时膀胱应该是光滑的，厚薄均匀，约 1mm。雌性尿道直径相对一致且壁光滑；雄性的尿道由前列腺、膜质和阴茎构成，正常的宽阔点是前列腺尿道、膜质尿道和近侧的阴茎尿道部分，正常的狭窄点仅仅是后端到前列腺部分，在坐骨弓处和阴茎骨内；猫的膀胱呈圆形或卵圆形，位于腹部，光滑，薄壁，厚约 0.5～1mm。

猫的尿道长，雌性尿道的直径均一，雄性尿道，从膀胱三角的末梢开始逐渐变细。

（十）关节造影

关节内注射阴性或阳性造影剂，以更好地展示关节面、关节囊和滑液囊的情况。通过造影可提高关节软骨缺陷的可视度，或者普通 X 线片不能见到的关节疾病的可视度，也能更好地定位骨碎片和异物在关节内或关节外的位置。

正常的关节面光滑、明显。关节囊的大小和轮廓依被检查的关节不同而变化。血凝块、软骨碎片、关节肿块、绒毛结节性的肿块或肿瘤可以导致造影剂填充性缺陷。因关节囊破裂、滑液疝（造影剂残留于疝囊内）或滑液瘘管（在传递性组织结构中可以看见造影剂，如腱鞘膜）可导致造影剂泄漏，超出关节囊的正常范围。

八、宠物的 X 线摄影示例

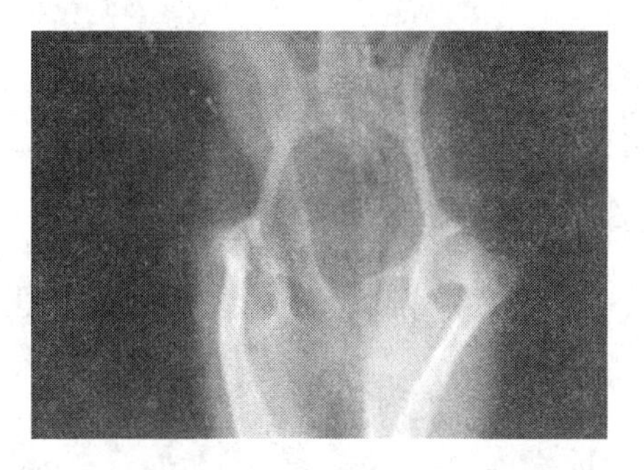

图 8－67　X 光仰卧照可见切除之右侧股骨头已完全生长完全，且附着于关节窝内，而左侧少许生长之股骨头亦附着于关节窝内

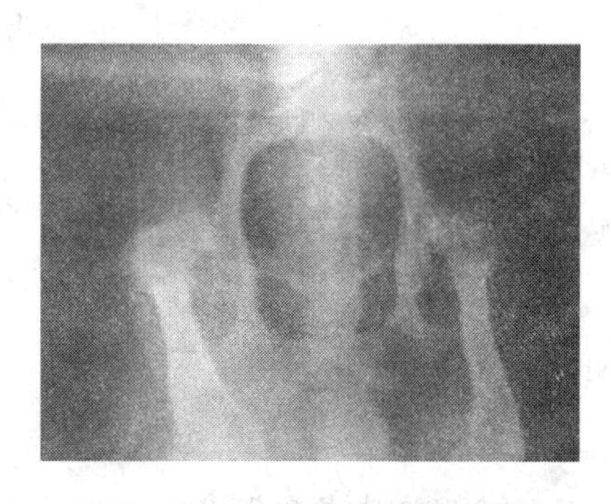

图 8－68　X 光仰卧照可见双侧股骨头已开始生长

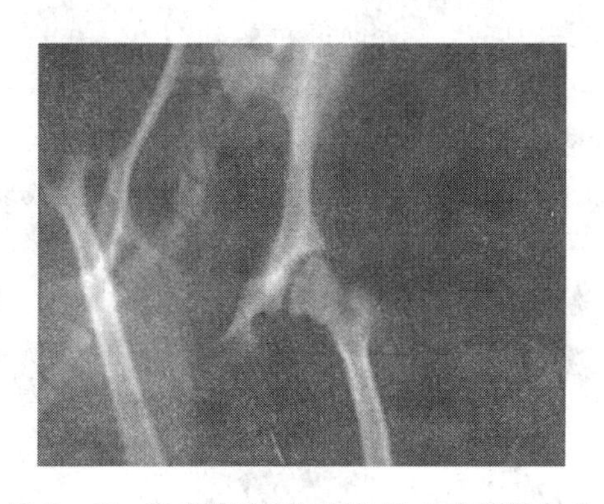

图 8－69　X 光仰卧照可见切除之右侧股骨头有明显软骨增生及钙化之现象，并向关节窝内生长，而左侧股骨头仅轻微软骨生长

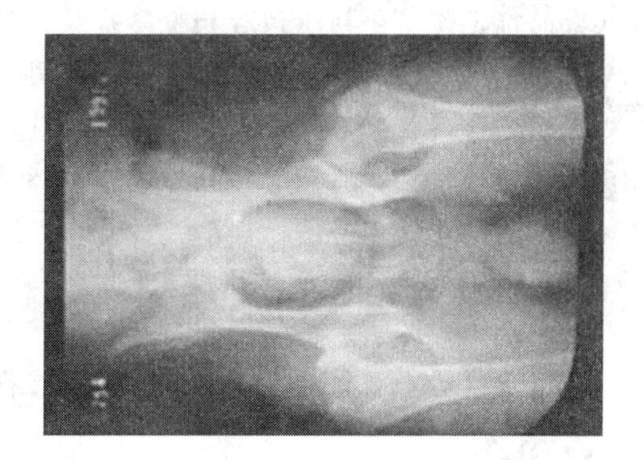

图 8－70　髋关节发育异常犬的 X 线检查左侧已完全脱臼，右侧不完全脱臼

（李金龙）

第九章　实验室检验技术

实验室检验技术是指采取患病宠物的血液、尿液、粪便或其他体液、分泌物及病理产物，在实验室特定的设备与条件下，测定其物理性状、分析其化学成分，或借助于显微镜而观察其有形成分的方法。实验室检验是临床诊断学的一个重要组成部分，对许多疾病的确定诊断，判断预后和观察疗效等具有重要的临床诊断价值和意义。

在认识疾病的过程中，有些疾病仅用一般临床检查方法就能做出诊断，而有些疾病则必须配合实验室检验才能确诊，这种特殊的检查方法有助于疾病的诊断、鉴别、治疗以及预后的估计。然而检验的结果亦必然结合临床症状进行分析，切不可单纯依靠检验结果就下结论。

实验室检验工作是一项细致的科学工作，要求所得检验结果有高度的准确性。因此，在工作中必须严格的遵守操作规程，并熟练掌握各种检验的操作方法、注意事项和判断标准，力求所得的结果准确，只有这样才能为诊断疾病提供可靠、客观的根据。

第一节　血液常规检验技术

血液在机体的新陈代谢过程中具有非常重要的作用，它保证机体生活机能的正常活动。任何对机体有害的刺激，必然会影响血液成分的变化，因此，血液的检查在疾病的诊断中是十分重要的。

血液检查按其方法和内容，可分为以下 3 个方面。

第一，用物理方法，测定其物理特性。如出血时间、红细胞沉降速率测定等。

第二，以化学方法分析其化学成分的含量。如血红蛋白的测定等。

第三，借助于显微镜，检查其形态及数量的变化。如红细胞计数、白细胞计数、采样白细胞分类计数、尿沉渣检查等。

一、血液样品的采取与抗凝

（一）血液样品的采取

根据检查目的或需要血液量的不同，血液样品可取自末梢血或静脉血。

1. 末梢采血

适用于需血量少而采血后立即进行稀释的项目。如制作血片、血红蛋白测定，各种血细胞计数等。大宠物可在耳尖部剪毛，并用酒精消毒，待干燥后，以 18 号针头刺入 1cm 左右，血液即可流出。擦去第 1 滴血（因其混有组织液），取第 2 滴血作检查。犬、猫等中小宠物可穿刺耳边缘的小静脉。

2. 静脉采血

凡需要血量较多或需要血浆，或在现场不便检查的项目，均应静脉采血，置于盛有抗凝剂的瓶中，混匀后以备检查。

（1）犬和猫的采血　常在后肢外侧小隐静脉和前肢臂皮下静脉即前臂头静脉采血。后肢外侧小隐静脉在后肢胫部下 1/3 的外侧浅表的皮下，由前侧方向后行走。抽血前，将宠物固定，局部剪毛，碘酒皮肤消毒。采血者左手拇指握紧剪毛区近心端或用乳胶管适度扎紧，使静脉充盈，右手用接有 6 号或 7 号针头的注射器迅速穿刺入静脉，左手放松将针头固定，以适当速度抽血。

采集前臂皮下静脉（即前臂头静脉）血的操作方法基本相同。

（2）禽的采血　可利用翼下静脉或心脏穿刺。翼下静脉采血时，可用小针头刺入静脉，任其自由流入装有抗凝剂的小瓶内，不可用注射器抽取，因其容易引起静脉塌陷和出现气泡。心脏穿刺时，将禽右侧卧保定，左胸部向上，用 10ml 注射器，接上 5cm 长的 20 号针头，在胸骨脊前端与脊部下凹处联线的中点，垂直或稍向前内方刺入 2～3cm，可采得心血。

（二）抗凝剂

静脉采取的血液，可注入小试管或青霉素小瓶中，除需分离血清者外，事先应加入抗凝剂，以防血样凝固。

几种常用的抗凝剂的配方、用量及应用注意事项如表 9－1。

表 9－1　常用抗凝剂及选用注意事项

抗凝剂	配　方	1ml 血样所需量	选用注意事项
草酸盐	草酸铵 1.2g、草酸钾 0.8g、加蒸馏水到 100ml	0.10ml	不能用作血小板计数和非蛋白氮、尿素、血氨等含氮物质的检测
柠檬酸钠	柠檬酸三钠 3.8g、加蒸馏水到 100ml	0.15ml	作血沉测定和凝结试验用
ACD 溶液	柠檬酸三钠 2.2g、柠檬酸 0.80g、已糖 2.45g	0.15ml	用作血小板计数、血库的血液保存和同位素研究
EDTA	EDTA 钾盐 1g、0.07% 盐溶液 100ml	0.10ml	能保持血细胞形态和特征适宜血液有形成分的检查
肝　素	肝素钠 0.5g、加蒸馏水到 100ml	0.1～0.2ml（用溶液湿润注射器壁即可）	最适用于血液电解质测定，常用血液 pH 值及血液气体分压测定和红细胞脆性试验，不适用于血相检查，抗凝时间只有 10h、12h
氟化钠		2.5mg	抑制血糖分解，为血糖测定的保存剂
脱纤作用	玻璃珠（直径为 3～4mm）	25ml 血放入 20 颗	制备血清

二、血液常规检查

所谓常规检查，是指最常用，最有意义而又必须掌握的检验项目。血液常规检查包括红细胞沉降速度测定、血红蛋白测定、红细胞计数、白细胞计数、白细胞分类计数等5项。凡是住院患病宠物或病情比较复杂的患病宠物，均应进行血液常规检查，以便为临床诊断、观察疗效和判定预后等提供依据。

（一）红细胞沉降速率测定

红细胞沉降速率（血沉）的测定是指血液加抗凝剂后，红细胞混悬于血浆内，将抗凝血装入一定内径的玻璃管中，在一定的时间内观察红细胞下沉的刻度数。

1. 原理

正常机体内的血液具有悬浮稳定性，不易沉降。血液离体后的红细胞沉降，主要是因为它比血浆重。而沉降速度的快慢，则与红细胞是否容易形成串钱状（叠连现象）有关。红细胞形成串钱状是一个复杂的物理化学和胶体化学过程，其原理至今仍未完全阐明。

一般认为，在正常情况下，血浆中红细胞的表面带阴电荷，它们互相排斥不易形成串钱状，因而沉降缓慢。当血浆中带阳电荷的物质，如球蛋白、纤维蛋白原和胆固醇等增高时，可使红细胞表面的电荷受到中和，因而容易彼此粘合重叠，形成串钱状而血沉加速；而白蛋白及纤维蛋白降解产物带阴电荷，故有抑制血沉的作用。

红细胞在血浆中下沉时，低层血浆向上逆流，对红细胞表面产生一种阻逆力。正常情况下，红细胞的下沉力与血浆的阻逆力保持一定的平衡状态，因此，血沉速度可保持在一定范围内。贫血时，由于红细胞数减少，即红细胞总面积减少了，因此，血浆的阻逆力相对减少，红细胞下沉力大于血浆阻逆力而加快血沉速度。

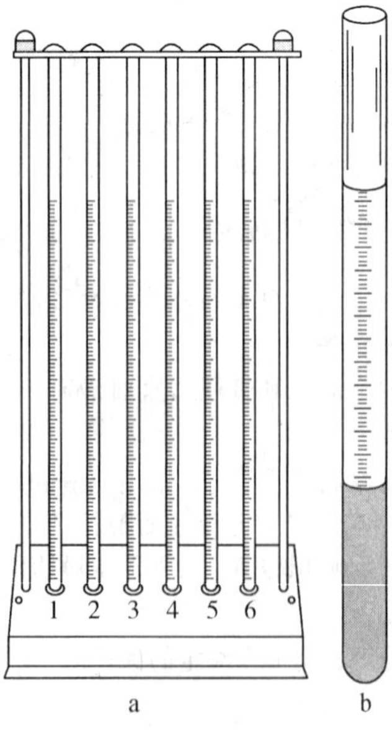

2. 测定方法

测定血沉的方法很多，临床中常用“六五型”血沉管法和魏氏法（图9－1）。

（1）“六五型”血沉管法　“六五型”血沉管内径为0.9cm，全长17～20cm，管壁自上而下标有0～100个刻度，容量为10ml，适用于大宠物血沉的测定。另一侧标有20～125刻度，供计算血红蛋白含量之用。测定时，先向血沉管中加入10%EDTA液4滴（或草酸钾粉末0.02～0.04g），由颈静脉采血至刻度0处，堵塞管口轻轻颠倒混合数次，使血液与抗凝剂充分混合。然后于室温中，垂直立于试管架上，经15min、30min、45min、60min各观察一次，分别记录红细胞柱高度的刻度数值。

（2）魏氏法　魏氏血沉管全长30cm，内径2.5mm，自管底向上刻有200刻度，每刻度距离为1mm，有刻度部分的容量约为1ml。测定时，先取3.8%柠檬酸钠水溶液1.0ml，加入10ml刻度试管中，然后，再自颈静脉采血4.0ml，混匀。

图9－1　血沉测定管

用魏氏血沉管吸取抗凝血至刻度 0 处，于室温条件下，垂直放于血沉架上，经 15min、30min、45min、60min，分别观察并记录红细胞柱的高度。

记录时，常用分数形式表示，即分母代表时间，分子代表沉降数值。

3. 正常值

健康宠物的血沉正常值如表 9－2。

表 9－2　健康宠物的血沉正常值（刻度数）

畜别	血沉值					资料来源
	15min	30min	45min	60min	测定方法	
禽	0.19	0.29	0.55	0.81	魏氏法	Dobsinska
犬	0.2	0.9	1.2	4.0	魏氏法	实验宠物学
猫	—	—	1.1	4.0	魏氏法	实验宠物学

4. 临床诊断价值

（1）血沉加快　可见于各种类型的贫血及重度溶血性疾病，当血孢子虫病时尤为明显，某些发热病、感染性疾病及广泛性炎症时（如结核、犬瘟热等），在风湿症时血沉也加快。

（2）血沉减慢　常见于严重脱水（大出汗、腹泻、呕吐、多尿）、某些腹痛（疝痛）病，破伤风等时，血沉极为缓慢。

5. 注意事项

测定血沉时，必须用新制备的抗凝血；采血及盛血容器均需清洁、干燥；采血过程宜迅速、血流应通畅；血液与抗凝剂应充分混合，以防凝血，振荡时应尽量防止产生气泡；用魏氏法测定时，事先应检查血沉管架是否好用，以防漏血；各种方法测得的血沉值不同，故在报告结果时应注明所采用的方法；血沉管应垂直放立，血沉管倾斜时，可使血沉加快；测定时，由于牛（奶牛和黄牛）、羊的红细胞不易形成串钱状，血沉极为缓慢，为尽快测出结果，常将血沉架作 60°～70°倾斜放置；测定室室温以 13～20℃左右为宜。

（二）血红蛋白测定

血红蛋白测定是用血红蛋白计测定每 100ml 血液内所含血红蛋白的克数或百分数。测定血红蛋白的方法很多，临床上常用的是沙利氏法，它具有用血量少，操作迅速、简便的优点。

1. 原理

红细胞遇酸溶解释放出血红蛋白，并酸化为褐色的酸性血红蛋白，将其稀释，与标准管比色，求得每 100ml 血液所含血红蛋白的克数或百分数。

2. 器材

国产血红蛋白计（图 9－2）规定以 100ml 血液中含血红蛋白 14.5g 为 100%，测定管的两侧均有刻度，从下向上，一侧有 2～24 的刻度，表示 100ml 血液中所含的血红蛋白克数；另一侧刻有 20～160 的刻度，表示 100ml 血液中血红蛋白浓度的百分率。其吸血管为一刻有 10～20mm^3 容积的玻璃管（沙利氏吸血管）。

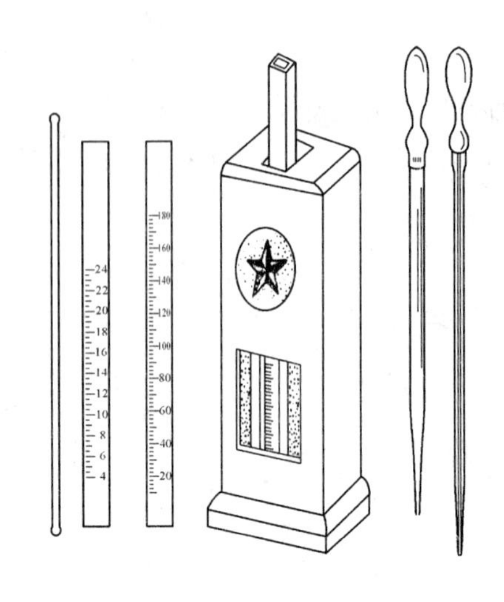

图9-2 血红蛋白计

3. 试剂

0.1mol 盐酸或1%盐酸溶液。

4. 方法

于测定管内加入0.1mol/L盐酸液至刻度2处。以吸血管吸取抗凝血，或由耳尖直接吸血至刻度20mm^{3}处，用脱脂棉擦净吸血管尖端附着的血液，迅速地将血液吹入测定管的盐酸液内，然后将吸血管在盐酸液内反复吸、吹洗数次，但要防止产生气泡，轻轻摇动测定管，或用玻璃棒搅拌，使血液与盐酸液混合，静置10min。

慢慢沿测定管壁滴加蒸馏水（或0.1mol盐酸），随加随用玻璃棒搅拌，直至液体的颜色与标准色柱一致时为止，然后读取测定管内液体凹面的刻度数，即为100ml血液中血红蛋白的克数或百分数。

5. 正常值

健康宠物的血红蛋白含量如表9-3：

表9-3 健康宠物的血红蛋白含量（g/dl）

动　物	正常值	资料来源
禽	9.80±1.20	卢宗藩
犬	11.0～18.0	实验动物学
猫	7.0～15.5	实验动物学

6. 临床诊断价值

（1）血红蛋白增多　在临床上多为相对性增多，常因机体脱水（腹泻、呕吐，大量出汗、多尿），有大量的渗出液和漏出液而使血液浓稠所致，也见于心脏衰弱等。

（2）血红蛋白减少　在临床上最为常见。可见于各种贫血，寄生虫病、营养不良，白血病、溶血性毒物中毒等。

7. 注意事项

吸血量应准确，血红蛋白吸管中的血柱不应混有气泡；供检血液及稀释用盐酸溶液均应沿着测定管壁加入，勿直接冲向管底而产生大量气泡；搅拌要均匀，防止血液发生凝块；稀释时蒸馏水应分次逐滴加入，勿使液体颜色淡于标准色柱而无法比色；混合完毕，应于10min后比色。因在室温下，1min后约有75%的血红蛋白可与盐酸作用而呈褐色，5min后有88%、10min有95%的血红蛋白才能转化为褐色的酸性血红蛋白。

8. 血色指数的计算

血色指数是被检血液中，每个红细胞内的平均血红蛋白含量与正常血液中每个红细胞内的平均血红蛋白含量之比。血红蛋白含量的减少只能反映贫血的程度，却不能标志贫血的特征与性质。因此，只有同时计算红细胞数，并依此求得血色指数时，才能较全面地区别贫血的关系。血色指数可按下式求得：

血色指数 = 被检宠物血红蛋白量/健康宠物血红蛋白量:
被检宠物红细胞数/健康宠物红细胞数

健康宠物的血色指数为1或接近1（0.8～1.2），其指数大于1为高色素性贫血，常见于某些溶血性贫血，恶性贫血等，其指数小于1为低色素性贫血，常见于营养不良性贫血和失血性贫血。

（三）红细胞计数

计算$1mm^3$血液内所含红细胞的数目为红细胞计数。临床上为诊断有无贫血及对贫血进行分类，常需作红细胞计数。其计数方法有显微镜计数法、光电比浊法、电子计数仪计数法等。目前广泛应用的为显微镜计数法。

1. 原理

一定量的血液经一定量的等渗稀释液稀释后，充填入特制的计数池内，置显微镜下计算，然后换算出$1mm^3$血液内的红细胞数。

2. 器材及稀释液

改良式血细胞计数板 临床上最常用的是改良纽巴氏计数板，它是由一块特制的厚玻璃板构成，玻板中间有横沟将其分为3个狭窄的平台，两边的平台较中间的平台高0.1mm。中央平台又有一纵沟相隔，其上各刻有一计数室。每个计数室划为9个大方格，每一大方格面积为$1mm^2$，深度为0.1mm，四角每一大方格划分为16个中方格，为计数白细胞之用。

中央一大方格用双线划分为25个中方格，每个中方格又划分为16个小方格，共计400个小方格，为计数红细胞之用（图9-3、图9-4、图9-5、图9-6）。

图9-3 血细胞记数板正面图

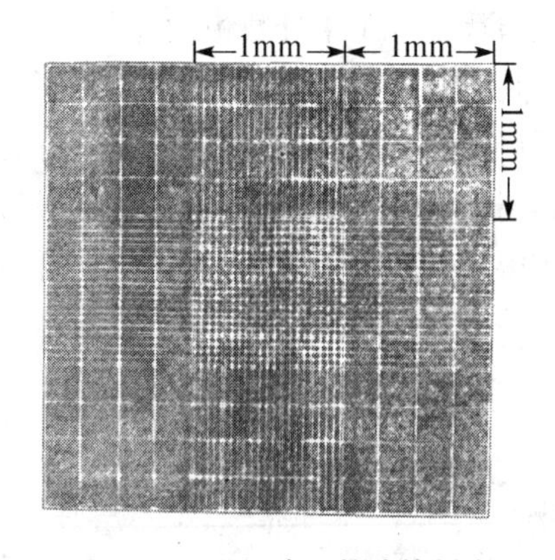

图9-4 血细胞记数池的刻线

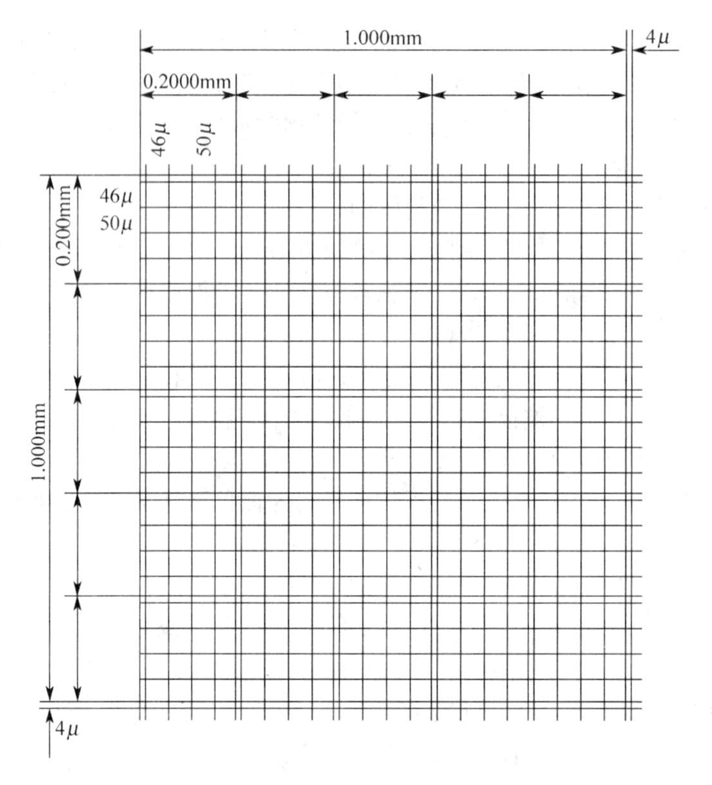

图 9－5 血细胞计数池中间大方格的刻线

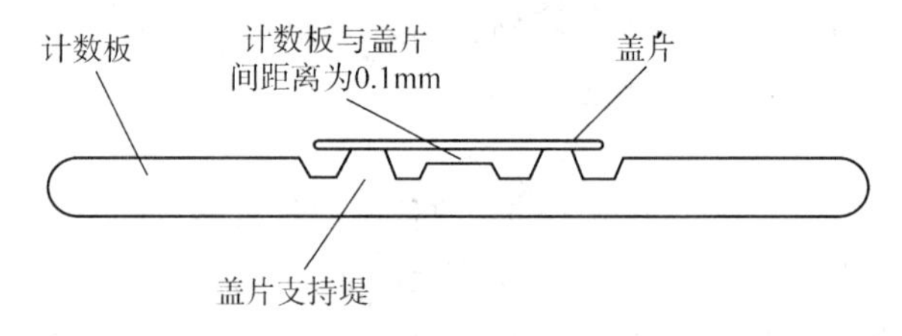

图 9－6 血细胞记数池的侧面图

红细胞吸管 供稀释计数红细胞的血液用，在壶腹部前端有 0.5 和 1 刻度，壶腹内装有红玻璃珠，壶腹后端有 101 刻度、末端接橡皮管。

血盖片 专用于计数板的盖玻片呈长方形、厚度为 0.4mm。

沙利氏吸血管、5ml 吸管、中试管。

稀释液常用的有两种：0.85%氯化钠溶液和红细胞稀释液（赫姆氏液）。

赫姆氏液的配制 氯化钠（使溶液成为等渗液）1.0g，氯化高汞（固定红细胞，并有防腐作用）0.5g，结晶硫酸钠（增加溶液的比重，使红细胞不成串钱状）5g，蒸馏水加至 200ml。混合溶解后滤过，加石炭酸品红溶液 1～2 滴，备用。

3. 计数方法

用一吸管或细玻棒蘸取红细胞悬液一滴，以 45°角接触盖片边缘，血液悬液即被充填入盖片下的计数池内。充液量要适宜，不可过少，也不可过多，以致流入沟内，更不可产生气泡。否则应擦净计数板与盖片，重新充液；将计数板平放在显微镜载物台上，用低倍镜找出红细胞计数区域，静置 2min 以上，待红细胞下沉后，用高倍物镜计数中央大方格内四角的 4 个和中央的 1 个，共计 5 个中格内的全部红细胞数。即计数 $1/5mm^2$（80 个小方格）面积内的红细胞数。

计算时要注意压在左边双线上的红细胞应计数在内，压在右边双线上的红细胞则不计数在内。同样，压在上线的计入，压在下线的不计入，此即所谓“数左不数右，数上不数下”的计数法则（如图 9－7）。将 5 个中方格内所计得的红细胞数的总和乘以 10 000，即为 $1mm^3$ 血液内的红细胞数。

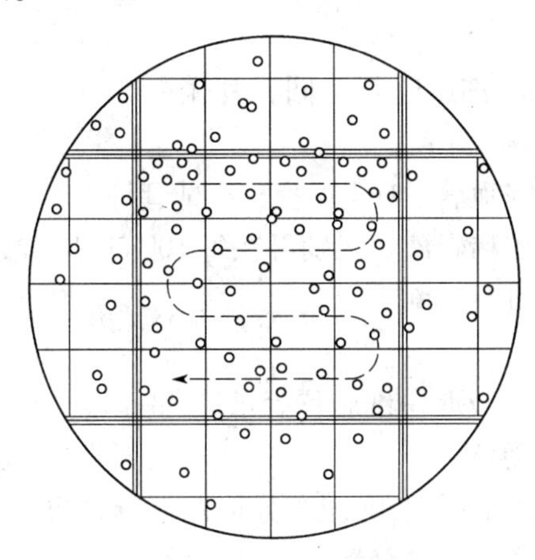

图 9－7　血液计数方法

设计数总和为 R，则其计算原理可以从下式看出：

$$R \times 5\ (\text{变为}\ 1mm^2) \times 10\ (\text{变为}\ 1mm^3) \times 200\ (\text{稀释倍数}) = R \times 10\,000$$

红细胞吸管稀释法　用红细胞吸管吸取全血至刻度 0.5 处，用棉花擦去管尖外部的血液，再吸取稀释液至刻度 101 处，食、拇两指堵住吸管上下两端，摇荡数次，混匀后先弃去数滴，再按上述方法充入计数室内，计数和计算。

健康宠物红细胞正常值如表 9－4：

表 9－4　健康宠物红细胞正常值（万个/mm^3）

宠物种类	平均值	范　围	资料来源
禽	307	242～373	西北农学院
犬	680	550～850	实验宠物学
猫	800	650～950	实验宠物学

4. 临床诊断价值

（1）红细胞数增多　真正的红细胞增多比较少见。一般多为机体脱水造成血液浓缩使红细胞相对地增多。见于各种脱水性疾病，如急性胃肠炎、日射病与热射病、肠阻塞、肠变位、渗出性腹膜炎，某些传染病及热性病等。

（2）红细胞数减少　见于红细胞受各种因素的影响而被破坏或生成不足的疾病。如各种类型的贫血、白血病、血孢子虫病、急性钩端螺旋体病，某些中毒、败血症、溶血病及恶性肿瘤等。

（四）白细胞计数

计算 $1mm^3$ 血液内白细胞的数目称为白细胞计数。健康宠物血液中的白细胞数比较稳定，而在炎症、感染、组织损伤和白血病等情况下，常引起白细胞数的变化。

本项检验与白细胞分类计数的检验相配合，对临床诊断有很大的临床诊断价值。其计数方法有显微镜计数法和电子计数仪计数法两种，目前宠物临床检验仍以前者为主。

1. 原理

将血液用稀醋酸液稀释，使红细胞溶解而白细胞形态更加清晰之后进行计数，然后求得 $1mm^3$ 血液内的白细胞数。

2. 器材及稀释液

白细胞稀释管　结构与红细胞吸管相同，其壶内装有白玻璃珠，壶腹后刻有 101 的刻度。

血细胞计数板、沙利氏吸血管、1ml 吸管、小试管等。

冰醋酸溶液　为与红细胞稀释液相区别可在每 100ml 冰醋酸溶液（1%～3%）中加入 1% 美蓝溶液或 1% 结晶紫液 1～2 滴。

3. 计数方法

试管稀释法　用 1ml 吸管吸取白细胞稀释液 0.38ml（也可吸 0.4ml）置于小试管中。用沙利氏吸血管吸取被检血液至 $20mm^3$ 处，擦去管外粘附的血液，吹入小试管中，反复吸吹数次，以洗净管内所粘附的白细胞，充分振荡混合，再用毛细吸管吸取被稀释的血液，充入已盖好盖玻片的计数室内，静置 1～2min 后，低倍镜检。

白细胞吸管稀释法　用白细胞吸管吸血至刻度 0.5 处，再吸白细胞稀释液至刻度 101 处。用拇、食指捏住吸血管的两端，振荡混合，然后弃去数滴，再按红细胞计数的方法充入计数室内。

将计数室四角的 4 个大方格内全部白细胞依次数完，注意“数左不数右，数上不数下”。然后将白细胞数，乘以 50 即为每 $1mm^3$ 血液内的白细胞总数。如四大格内的白细胞总数为“W”，其计算原理如下式：

$$W/4\text{（四个大方格）}\times 10\text{（变为 }1mm^3\text{）}\times 20\text{（稀释倍数）}= W\times 50$$

各种健康宠物白细胞数正常值如表 9－5：

表 9－5　健康宠物白细胞数正常值（个/mm^3）

宠物种类	平均值	范　围	资料来源
禽	32 500	17 500～43 200	西北农学院
犬	11 500	6 000～17 000	实验宠物学
猫	16 000	9 000～24 000	实验宠物学

4. 临床诊断价值

（1）白细胞增多　一般表示机体抵抗感染的反应性增强。见于急性传染病、炎症性疾病、化脓感染、某些中毒及注射异体蛋白，急性出血、白血病等。

（2）白细胞减少　是机体抵抗力降低，造血器官的机能减退或被抑制的表现，见于某些病毒性疾病（如流行性感冒）、严重的感染、重度贫血、某些药物中毒（如长期大量使用磺胺类、氯霉素药物等）。

5. 注意事项

（1）器材原因　计数板、沙利氏吸血管等未经检定而不准确；器材不清洁、未干燥，如沙利氏吸管中有凝血块、有杂质或残留有水分等。

（2）稀释液的原因　加稀释液的数量或其浓度不准确；错误地使用不适宜的细胞稀释液；稀释液中有杂质。

（3）技术不良　采血时针刺皮肤过浅、血滴太小，不够使用，局部过度挤压使组织液混入较多，致血液被稀释；吸血量不准确；操作过慢，血液已形成不同程度的凝块，使计数减低；血液与稀释液混合不均匀，致血细胞在计数室内分布不均匀；计数室内充液过多或过少或有空泡。

（五）白细胞分类计数

将被检血涂片、染色、求出各种白细胞所占的百分率称为白细胞分类计数法。

外周血液中有5种白细胞，各有其生理机能，其中任何一种白细胞的数量发生变化，均可使白细胞数发生变化。

利用白细胞数和各类白细胞的百分率，即可计算出各类白细胞的绝对值。在病理情况下，白细胞不但会发生数量上的变化，而且还会发生质量方面的变化。白细胞分类计数能反映白细胞在质量方面的变化，结合白细胞计数，对于疾病的诊断、预后判断和疗效观察等方面都有重要的诊断价值。

1. 器材

载玻片，显微镜、染色架、染色缸、吸水纸及特种铅笔。

2. 染色液

瑞氏染液　瑞氏（Wright）染料1g、甲醇（分析纯）600ml。准确称取瑞氏染料1g于洁净研钵中，加少许甲醇研磨，将已溶有染料的上部甲醇，通过加有滤纸的漏斗倾入棕色瓶中，再加甲醇研磨，如此继续操作，直至全部染料溶解后，以甲醇冲洗研钵数次，全部滤入瓶中。滤纸上的残渣可用剩余的甲醇，将其冲洗入另一瓶中。加塞在室温中放置一周，放置期间每日振荡3次，最后将含残渣的染液滤过，两瓶染液混合一起，即可应用。

姬姆萨氏染液　姬姆萨氏（Giemsa）染粉0.5g、纯甘油33.0ml、纯甲醇33.0ml。先将染粉置于研钵中，加入少量甘油，充分研磨，然后加入其余的甘油，水浴加热（60℃）1～2h，经常用玻璃棒搅拌，使染色粉溶解，最后加入甲醇混合，装棕色瓶中保存1周后过滤即成原液。临用时取此原液1ml，加pH值6.8的缓冲液或新鲜蒸馏水9ml，即成应用液。

缓冲液（pH值6.8）　1%磷酸二氢钾30.0ml、1%磷酸氢二钠30.0ml、蒸馏水加至1 000.0ml。

所有染料对氢离子浓度均较敏感，染色时由于酸碱度的改变，蛋白质与染料所形成的化合物可重新离解，故染色时染液的pH值能够影响染色的结果。

染色时的适当酸碱度为pH值6.8。当染液偏于碱性时，可与缓冲液中酸基起中和作用，染液偏酸性时，可与缓冲液中碱基起中和作用，维持染色时的一定酸碱度，才能使染色结果满意。

3. 涂片

取无油脂的洁净载玻片数张，选择边缘光滑的载玻片作为推片（推片一端的两角应磨去，也可用血细胞计数板的盖片作为推片），用左手的拇指及中指夹持载片，右手持推片，先取被检血一小滴，放于载片的右端，将推片倾斜约 30°～40°，使其一端与载片接触并放于血滴之前，向后拉动推片，与血滴接触，待血液扩散形成一条线之后，以均等的速度轻轻向前推动推片，则血液均匀的被涂于载片上而形成一薄膜（图 9－8）。迅速自然风干，待染。

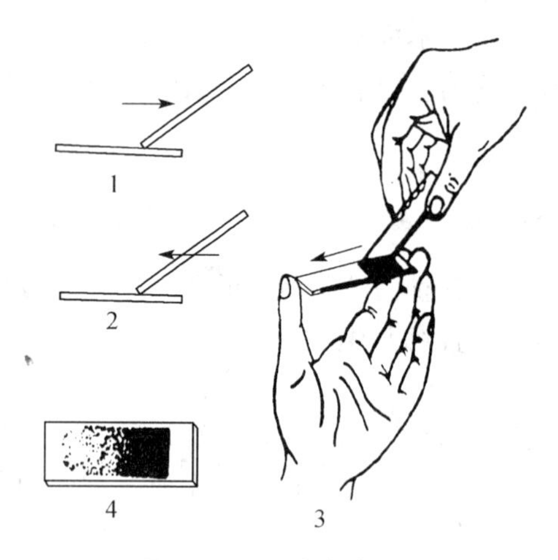

图 9－8　血液涂片方法

良好的血片，血液应分布均匀，厚度要适当（图 9－9）。对光观察时呈霓红色，血膜应位于玻片之中央，两端留有空隙，以便注明畜别、编号及日期。

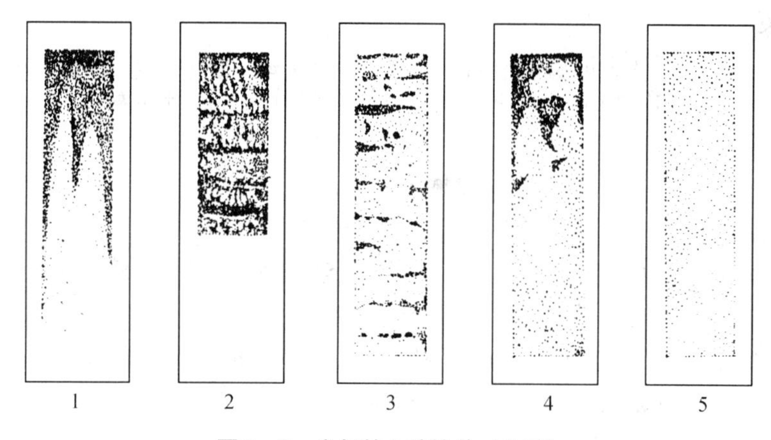

图 9－9　良好的血液涂片（5 号）

4. 固定

将干燥血片，置甲醇中 3～5min，取出后自然干燥，亦可用乙醚与酒精等量混合液（10min）或纯酒精（20min）、丙酮液（5min）固定。用瑞氏法染色时，勿需固定，因瑞氏染液中含有甲醇，在染色的同时，即起固定作用。

5. 染色

瑞氏染色法　用蜡笔将血膜两端划线（防止染色时染液流出血膜外），然后将血片平置于染色架上，先滴加瑞氏染液 3～5 滴，使其迅速盖满整个血膜。约 1min 后，滴加缓冲液 5～10 滴，轻摇玻片或吹气，使与染料充分混合，约 5～8min 后，用水冲去染料。冲洗时玻片仍须保持平放，使染料沉渣浮起，自然流掉，切勿先倾去染液再冲洗，以致染料残渣沉淀于血膜表面，不易除去而影响分类。将染好的血片直立晾干，用滤纸吸干，可供镜检。

姬姆萨氏染色法　将干燥后的血片放平，滴加甲醇，固定2～3min。甩去多余的甲醇，浸入盛有现配制的应用液的染色缸内，染20～45min（夏季，时间短些，冬季，时间长些）。取出用水冲洗，干燥后镜检。

瑞氏与姬氏复合染色法　单纯姬氏染色，因系由多色性美蓝的天青配制，在细胞核上确实增加了不少光彩，但细胞浆与中性颗粒着色较淡；而瑞氏染液住住偏酸性，对胞浆染色较好。若以瑞氏甲醇溶液作固定剂先染0.5min，再用姬氏应用液复染，染色时间可以适当缩短（约10min）。所染的血片比单纯的染色法好。

6. 染色时的注意事项

瑞氏染液保存时，切勿混入水滴，避免使用时影响着色；滴加染液勿过多或过少，防止染色不良；冲洗血片时应与染液一并冲洗，否则染料颗粒会沉淀于血膜上；染色时间的长短，随染料性质和室温的不同而改变，室温高时，染色时间应较短，室温低时，染色时间应适当长些，中性环境染出的血片效果最佳，因此，要特别注意缓冲液和冲洗血片用水的酸碱度。

染色过浅，可按原步骤复染，如染色太深，可重新滴加缓冲液脱色，或用甲醇脱色后，重新复染。

7. 分类计数方法

通常计数步骤为：①先用低倍镜全面观察血片上细胞分布的情况和染色的好坏。然后选择染色良好，细胞分布均匀的部分进行分类。一般地说，粒细胞和单核细胞及体积较大的细胞易集聚在涂片的边缘和尾部，而淋巴细胞易集聚在头部和中心部，而血膜体部的细胞分布比例比较适当，同时血膜厚薄也比较均匀。因此，通常选定涂片体部进行分类；②选好涂片部位后，用油镜逐个查数各类白细胞数。查数时可利用显微镜推进器，按前后或左右顺序移动血片，以免视野重复。移动视野方法很多，其目的都是为了尽量减少由于细胞分布不均所引起的误差。一般采用四区计数法、三区计数法或中央计数法（图9－10）；③白细胞分类计数的数目，应根据白细胞总数的多少而定。白细胞总数不到1万者，分类计数100个；1万～2万者，分类计数200个；2万～3万者，分类计数300个为宜；④记录时，有条件者可用“白细胞分类计数器”，也可事先设计一表格，用画“正”字的方式记录。最后，计算出各种白细胞的百分比。

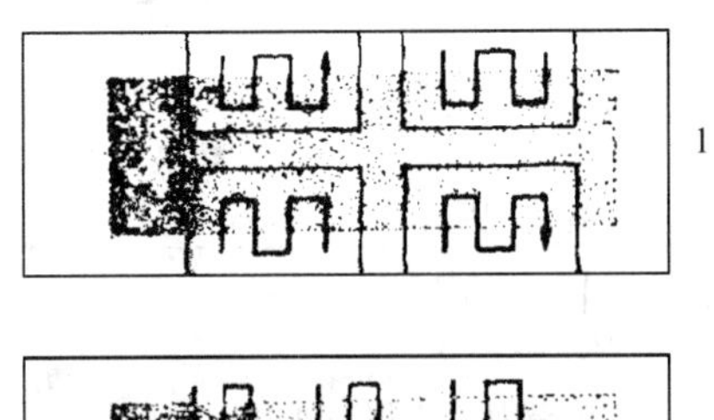

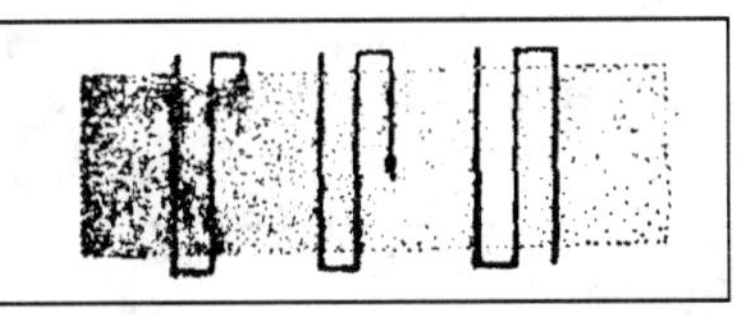

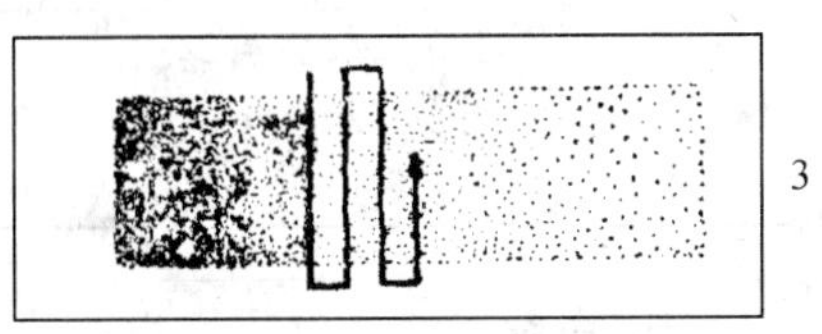

图9－10　白细胞分类计数

8. 各种白细胞的形态和染色特征

为准确进行分类计数，在识别各种白细胞时，应特别注意细胞的大小、形态，胞浆中染色颗粒的有无，染色及形态特征；核的染色、形态等特点。

根据胞浆中有无染色颗粒，而将白细胞区分为颗粒细胞和非颗粒细胞，前者又根据其胞浆中染色颗粒的着色特征，而分为嗜碱性、嗜酸性及嗜中性白细胞；后者则包括淋巴细胞及单核细胞。各种白细胞的形态特征如表9－6、表9－7。

表9－6　各种白细胞的形态特征（瑞氏染色法）

白细胞种类	细胞核					细胞浆			
	位置	形状	颜色	核染色质	细胞核膜	多少	颜色	透明带	颗粒
嗜中性幼年型	偏心性	椭圆	红紫色	细致	不清楚	中等	蓝粉红色	无	红或蓝、细致或粗糙
嗜中性杆状核	中心或偏心性	马蹄形或腊肠形	浅紫蓝色	细致	存在	多	粉红色	无	嗜中、嗜酸或嗜碱
嗜中性分叶核	中心或偏心性	2～3叶者居多	深紫蓝色	粗糙	存在	多	浅粉红色	无	粉红色或紫红色
嗜酸性白细胞	中心或偏心性	叶状核不太清楚	较淡紫蓝色	粗糙	存在	多	蓝粉红色	无	深红，分布均匀
嗜碱性白细胞	中心性	圆形或微凹入	较淡紫蓝色	粗糙	存在	多	浅粉红色	无	蓝黑色，分布不均匀，大多在细胞边缘
淋巴细胞	偏心性		深紫	大块或中等块或致密	浓密	少	天蓝深蓝或淡红色	如胞浆深染时存在	无或有少数嗜亚尼林的蓝色颗粒
单核细胞	偏心或中心性	豆形山字形或椭圆形	蓝色淡蓝紫色	细致网状边缘不齐	存在	很多	灰蓝或云蓝色	无	很多，非常细小，淡紫色

表9－7　禽血细胞染色的特征

细　胞	细胞形状	胞　浆	胞核形状	核染色质
异嗜性白细胞	略呈圆形	黄色至红褐色	2～5节段	淡紫色
淋巴细胞	略呈圆形	蓝色颗粒	圆形或豆形	紫红色
单核细胞	略呈圆形	淡蓝色颗粒	常偏于一侧	紫色
嗜酸性白细胞	略呈圆形	黄色至粉红色	核大	
嗜碱性白细胞	略呈圆形	深紫色颗粒	圆	
红细胞	略呈圆形	黄色至粉红色	大而圆	紫色
凝血细胞	椭圆形	灰蓝色	圆形，位于中央	紫色

9. 正常值

健康宠物白细胞分类正常值如表9－8：

表9－8　健康宠物白细胞分类正常值（%）

宠物种类	嗜碱性白细胞	嗜酸性白细胞	嗜中（异嗜）性白细胞			淋巴细胞	单核细胞	资料来源
			幼年型	杆状型	分叶型			
禽	1.0	4.2		3.8	28.0	57.0	6.0	西北农学院
犬	0.2	4.0	3.0	0.8	67.0	20.0	5.0	南方医学院
猫	0.1	5.4	0.0	0.0	59.5	31.0	4.0	血液研究所

10. 白细胞绝对值及核指数的计算

（1）白细胞绝对值　各种白细胞的百分比，只反映其相对比值，不能说明其绝对值。

例如，在白细胞总数增加的情况下，若中性白细胞百分比增加，淋巴细胞的百分比可相对减少，但这不等于淋巴细胞的绝对值减少。为了准确地分析各种白细胞的增减，应计算其绝对值，其方法如下：

某种白细胞绝对值 = 白细胞总数 × 该种白细胞的百分数

例如：白细胞总数为 8 000 个/mm^3，淋巴细胞占 50%，则：淋巴细胞绝对值 = 8 000 × 50% = 4 000 个/mm^3。

(2) 核指数 未完全成熟的嗜中性白细胞与完全成熟的嗜中性白细胞之比。根据核指数可以判断核的左移和右移，以及白细胞的再生性和变质性变化。核指数可用下式表示：

核指数 = (髓细胞 + 幼年型白细胞 + 杆状型白细胞)/分叶型中性白细胞

血液中年轻的或衰老的白细胞增加时，核指数即发生变化。核指数增大，表示未成熟的嗜中性白细胞比例增多称为核左移。反之，核指数减小，则表示成熟的嗜中性白细胞比例增多称为核右移。核指数一般为 0.1 左右。

11. 临床诊断价值

(1) 嗜中性白细胞的增减及核像变化 嗜中性白细胞增多，见于某些急性传染病（如炭疽、肺炎等）、某些化脓性疾病（化脓性胸膜炎、腹膜炎、肺脓肿等）、某些急性炎症（胃肠炎、肺炎、子宫炎、乳房炎等），某些慢性传染病（结核）、大手术后（1 周之内）、外伤、烫伤、酸中毒的前期等。嗜中性粒细胞减少，通常表示机体反应性降低，常见于疾病的垂危期及某些病毒性疾病，严重全身感染及再生障碍性贫血等。

在分析中性白细胞数量变化的同时，应注意其核像的变化。如白细胞总数增多的同时核左移，表示骨髓造血机能加强，机体处于积极防御阶段；白细胞总数减少时见有核左移，则标志着骨髓造血机能减退，机体的抗病力降低。分叶核的百分比增大或核的分叶增多（细胞核分为 4～5 叶甚至多叶者）称为核右移，可见于重度贫血或严重的化脓性疾病。

(2) 嗜酸性白细胞的增减变化 嗜酸性白细胞增多，见于某些内寄生虫病（如吸虫病、球虫病、旋毛虫病等）、某些过敏性疾病（荨麻疹、注射血清之后）、湿疹、疥癣等皮肤病。嗜酸性白细胞减少，见于毒血症、尿毒症、严重创伤、中毒、饥饿及过劳等。大手术后 5～8h 以后，嗜酸性白细胞常常消失，2～4d 后，又常常急剧增多，临床症状也见好转。

(3) 嗜碱性白细胞的增减变化 嗜碱性白细胞的颗粒中含有肝素和组织胺，当抗原与 IgE 在其表面产生复合物时，可使其释放颗粒。肝素可抗血凝和使血脂分散，组织胺则可以改变毛细血管通透性。嗜碱性白细胞增多，常与高脂血症同时发生。在伴有 IgE 长期刺激的疾病，如慢性恶丝虫病时，嗜碱性白细胞增多常与嗜酸性白细胞增多同时存在。

(4) 淋巴细胞的增减变化 淋巴细胞增多，见于某些慢性传染病（如结核、布氏杆菌病等）、急性传染病的恢复期，某些病毒性疾病（如流行性感冒等）及淋巴细胞性白血病等。淋巴细胞减少，多为相对性，常见于急性感染或炎性疾病的初期，以及淋巴组织受损害和严重营养不良等。

(5) 单核细胞的增减变化 单核细胞具有强大的吞噬能力，其数量的明显增多通常表示单核巨噬细胞系统机能活跃，常见于某些急性传染病、血孢子虫病，败血性疾病，单核细胞性白血病。单核细胞减少见于急性传染病的初期及各种疾病的垂危期。

白细胞分类计数对观察疾病的发展过程和判定预后也有重要的临床价值。

白细胞像出现下列情况时，表示预后不良：①白细胞总数与嗜中性白细胞的百分比显著升高者；②白细胞总数未能随着病情的发展而适时增加者，嗜中性幼年型及杆状型显著增多者；③嗜酸性白细胞完全消失者。

白细胞像出现下列情况者表示病情好转：①白细胞总数与嗜中性白细胞百分比随着病情的好转而逐渐下降者；②嗜中性幼年型与杆状型渐次减少而分叶型渐次相应恢复者；③单核细胞暂时增多者，嗜酸性白细胞重新出现或暂时增多者；④淋巴细胞的百分比渐次恢复者。

三、血液常规其他检查

（一）红细胞压积容量的测定

将抗凝血装入有100刻度的细玻管中，经离心后，使红细胞沉压于玻璃管下端，读取红细胞所占的百分率即为红细胞压积容量，简称为“比容”。

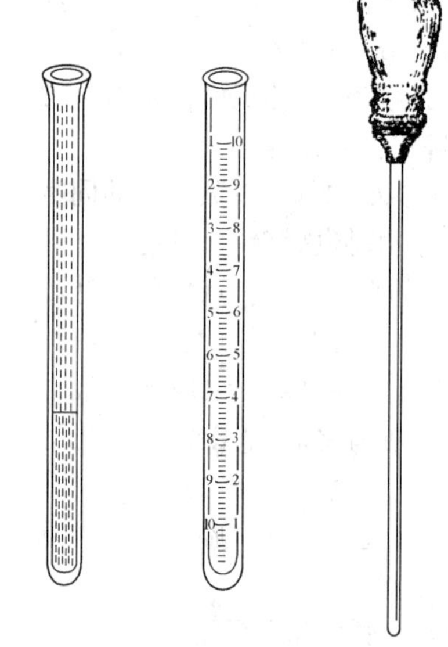

图9-11　红细胞压积测定

1. 器材

（1）温氏红细胞容量测定管　温氏（Wintrobe）管长11cm，内径2.5mm，管壁有100个刻度，左侧读数自上而下为0～10，供血沉测定用，右侧读数自下而上为0～100，供红细胞压积测定用（图9-11）。

（2）长毛细滴管　操作前必须试验其能否插至温氏管底部，合格者方能使用。亦可用长封闭针头代替。

（3）水平电动离心机　转速达3 000r/min。

2. 方法

用长毛细滴管吸满抗凝血，插入温氏管底部，然后轻捏胶皮乳头，自下而上挤入血液至刻度10处，切不可有气泡。以3 000r/min的速度离30～45min，此时血液分三层，上层为血浆，下层为红细胞，红细胞层之上有一薄层灰白色的白细胞层。

为提高准确性，一般应再离心沉淀5min后读结果，如与第一次读数相同，即可读取红细胞柱层的刻度数，此数为红细胞压积容量数，常以%表示。如无离心机可静置24h后，读取其值。

3. 正常值

正常健康宠物红细胞压积容量如表9-9。

表9-9　健康宠物红细胞压积容量（%）

宠物种类	压　积	资料来源
禽	23.0～55.0	家畜及实验宠物生化参数（卢宗藩主编）
犬	38.0～58.0	宠物世界网
猫	39.0～55.0	宠物世界网

4. 临床诊断价值

（1）红细胞压积容量增高　常见于各种原因所致的脱水时，如急性胃肠炎，继发性胃扩张，渗出性胸膜炎等。通过压积容量的测定可估计脱水的程度，如牛的压积达40%者为轻度脱水；压积达41%～50%者为中度脱水；压积达51%以上者为严重脱水。按照脱水的程度又可估计出输液量的多少。

（2）红细胞压积容量减少　见于各种原因引起的贫血。最常见的是营养不良性贫血、溶血性贫血。新生宠物的溶血性贫血，严重者比容可下降到2%左右。

5. 注意事项

所用的抗凝剂以 EDTA－Na_2 常用，因它对红细胞的大小无影响。充液时，注意防止在玻璃管中充入气泡。如有气泡，可将血液吸出，另行充液。

（二）血浆二氧化碳结合力测定

血浆二氧化碳结合力的测定方法很多，常用的有硫酸滴定法。

1. 原理

用已知当量浓度的硫酸滴定血浆中的碳酸氢盐（$NaHCO_3$）时，硫酸与碳酸氢盐作用，生成硫酸盐和碳酸。碳酸是一种弱酸，pH 值4.0～6.2，当 $NaHCO_3$ 完全与 H_2SO_4 作用后，所产生的碳酸可使被测血浆的酸碱度下降至 pH 值5.5，而致甲基红指示剂变色。所以，选定 pH 值5.5为滴定终点。血浆中 $NaHCO_3$ 的含量与滴定时所消耗的硫酸量成正比。

可根据硫酸的用量换算出血浆二氧化碳结合力。

2. 试剂

甲基红溶液　甲基红50mg，加入50%乙醇100ml即成，贮于棕色瓶中备用。

稀硫酸溶液　取10mmol/L硫酸溶液89.85ml，加入100ml容量瓶中，用0.85%氯化钠溶液稀释到100ml即成。

pH 值5.5缓冲溶液　取0.067mol/L磷酸二氢钾溶液96ml，加入0.067mol/L磷酸氢二钠4ml混合，调至pH值5.5即可。

0.85%氯化钠溶液

3. 方法

取两支小试管，按表9－10进行。

表9－10　血浆二氧化碳结合力的测定操作表

	对照管	测定管
pH 值5.5缓冲液（ml）	1.0	—
0.85%氯化钠溶液（ml）	—	0.5
甲基红溶液（滴）	2.0	2.0
血浆（ml）		0.1

充分混匀后，用1ml刻度管吸取上述稀硫酸溶液，滴定至测定管色泽与对照管相同，记录硫酸用量。

计算：滴定用去0.008 985mol/L硫酸量×0.004 492 5×100/0.1×22.26＝滴定用去的0.008 985mol/L硫酸量×100＝血浆二氧化碳结合力 ml%。

式中0.004 492 5为每毫升0.008 985mol/L硫酸所含的毫克摩尔数，22.26为二氧化碳1克分子摩尔的容积。

4. 临床诊断价值

宠物机体内的二氧化碳，以碳酸氢盐和碳酸的形式存在于血浆等体液中。血液主要通过碳酸氢盐和碳酸缓冲体系来维持pH值的相对恒定。血液中HCO_3^-与H_2CO_3的正常比值为20∶1，酸碱度为pH值7.35～7.45。HCO_3^-浓度增高或H_2CO_3浓度降低，血液中pH值就增高，发生碱中毒，相反，血液pH值降低，发生酸中毒。

血浆二氧化碳结合力的测定，就是测定与钠结合的碳酸氢根所含的二氧化碳容量。通过测定以了解机体内碱储备量，推断酸碱平衡的情况，从而为治疗提供依据。

血浆二氧化碳结合力降低，见于急性胃肠炎，特别是中毒性胃肠炎、严重的腹泻、肠臌胀、肠变位、肠便秘、瘤胃臌胀、瘤胃积食、牛的酮血病、肾炎、烧伤和创伤性休克等。

血浆二氧化碳结合力增高，偶见于大量注射碳酸氢钠液引起的碱中毒。

5. 注意事项

配制0.008 985mol硫酸所用的蒸馏水要煮沸后使用，溶解氯化钠后，应调整pH值6.8～7.0；血浆应新鲜，采取标本后最好立即测定，加入血浆时不得用嘴吹。

（三）出血时间和凝血时间的检查

1. 出血时间

出血时间（BT）是刺破皮肤毛细血管后，血液自然流出到自然停止所需时间。健康宠物的参考值为1～5min。

（1）出血时间延长　见于血小板明显减少；血小板数正常，其机能异常的血小板病（见遗传性血小板病，如血小板机能不全；血小板第Ⅲ因子缺乏，见于奥达猎犬、巴塞特猎犬和苏格兰犬）；获得性血小板病，如长期大量应用阿司匹林和尿毒症以及严重肝脏病、尿毒症、血管损伤、微血管脆性增加、遗传性假血友病［也称（冯）维勒布兰德氏病］。

（2）严重凝血因子缺乏　12个凝血因子包括Ⅰ血纤维蛋白原；Ⅱ凝血酶原；Ⅲ组织促凝血酶原激酶；Ⅳ钙离子；Ⅴ前加速因子（因子Ⅵ是因子Ⅴ的活化形式，不是单独因子）；Ⅶ稳当因子；Ⅷ抗血友病因子A；Ⅸ抗血友病因子B；Ⅹ因子；Ⅺ抗血友病因子C；Ⅻ接触因子；ⅩⅢ纤维蛋白稳定因子。

2. 凝血时间

凝血时间（CT）是检验全血中纤维蛋白凝块形成的时间。

健康宠物的参考值（毛细血管法）犬为3～13min；猫为3～8min；牛为13～11min；羊为6～11min。

凝血时间延长　维生素K1依赖性凝血因子Ⅱ、Ⅶ、Ⅸ、Ⅹ减少（必须减少正常的5%）；血液中纤维蛋白原减少（低于0.5g/L）；血小板减少，凝血时间稍微延长。多见于弥散性血管内凝血、双香豆素类及杀鼠药中毒；尿毒症、肝脏疾病、维生素K缺乏等。

3. 凝血酶原时间

凝血酶原时间（PT）是在血浆中加入组织凝血激酶和钙离子后，纤维蛋白凝块形成所需时间。健康宠物参考值为9～14s。

凝血酶原时间延长　凝血因子Ⅱ、Ⅴ、Ⅶ（毕哥犬）和Ⅸ缺乏，多见于严重肝病（犬传染性肝炎、泛发性肝纤维化）、胆管阻塞、维生素K缺乏或不吸收、食入含有双香豆素植物、弥散性血管内凝血、长期或大剂量应用阿司匹林。

4. 凝血酶时间

凝血酶时间（TT）是在新鲜血浆中加入凝血酶和钙离子后，纤维蛋白丝形成所需时间。健康宠物参考值为15～20s。

时间延长　低血纤维蛋白原（低于1.0g/L）或损伤了血纤维蛋白原机能；有抑制凝血酶诱导血凝的抑制物存在，如纤维蛋白降解产物（弥散性血管内凝血）和肝素。

第二节　尿液常规检验技术

尿液检验技术也叫尿液分析技术，内容包括尿液物理和化学检验，以及尿沉渣镜检。尿液检验可用于泌尿系统疾病诊断与疗效判断；其他系统疾病诊断，如糖尿病、急性胰腺炎（尿淀粉酶）、黄疸、溶血、重金属（铅、铋、镉等）中毒；以及用药监督，如用庆大霉素、磺胺药、抗肿瘤药等，可能引起肾脏的损伤。

一、尿液的采集和保存

（一）尿液的采集

正确地收集尿液和分析尿液，可以提供许多关于泌尿系统疾病的有价值诊断资料，有些资料还对诊断其他系统疾病有所帮助。

1. 采尿原则

尿液可通过排尿、压迫膀胱、导尿或膀胱穿刺采到。最好在早上采尿样，因为早上通常是一天中尿样浓度最高的时候。尿样在送往实验室时，要用干净的且没有化学污染的容器。采集到的尿样应尽快分析，如果不能在30min内进行时，应冷藏保存。冷藏的尿液在检验时，需要加热至室温。

2. 采尿方法

（1）自然排尿　应用自然排尿时，中段尿液是最好的，因为开始的尿流会机械性地把尿道口和阴道或阴茎和包皮中的污物冲洗出来。从笼子或地上采到的尿样较差，但如果考虑了污染因素，还是十分有效的。但是，污染物与细胞、蛋白或细菌有关时，必须用另一种采尿方法来证明尿样的异常。自然排尿是评价血尿时选择的采尿方法，因为其他的方法会在采尿时导致出血而增加红细胞的量。

除自然排尿外，还可以进行诱导宠物排尿，如轻抚小宠物膀胱部位的皮肤，让宠物嗅闻尿迹或氨水气味，均可诱使宠物排尿。

（2）压迫膀胱排尿　小宠物可通过体外压迫排尿。一般原则上不建议采用压迫膀胱采尿。如果泌尿系统存在外伤，压迫膀胱时会使尿液样品中的红细胞和蛋白质增加。如果宠物发生尿道阻塞，膀胱最近有大的外伤或做过膀胱切开术，不能用压迫膀胱来采尿。过大的压力会使膀胱破裂，而膀胱自身有病时则更容易破裂。强行压迫膀胱采尿会引起尿液从膀胱逆流回输尿管，增加其受感染的危险。在评价用该方法采得的尿液时，必须考虑尿道情况。

（3）导尿　尽量避免用导尿的方法采集常规的尿样。如果使用该方法采尿，应该尽可能在无菌的条件下进行。

雌性的尿道口也可直接看到，导尿可借助阴道开膣器、阴道反射镜、耳镜或人的肛镜进行操作。导尿的优点是可以避免阴道、阴茎包皮和会阴的大部分的污染物污染尿液，但不干净的尿道口也会污染尿液。在导尿时，把细菌带入膀胱可能造成健康宠物的下泌尿道发生感染。在那些原先存在尿道感染的病例中，医源性的细菌感染危险更大。送导尿管时用力过大可能导致患病的尿道或膀胱破裂。操作错误也会导致正常的尿道和膀胱破裂。导尿时，存在的伤口会使样品中的红细胞、蛋白质和上皮细胞增加。

（4）膀胱穿刺　膀胱穿刺可以避免尿道口、阴道、阴茎包皮和会阴污染物的污染。但近期进行过膀胱切开术和有严重的膀胱外伤，不能用该方法进行常规的尿样采集。膀胱穿刺可以使尿样中的非尿道污染物减少到最小。它主要的缺点是针孔造成的外伤，可能引起医源性的血尿和膀胱穿刺部位尿液进入腹腔。

（二）尿液的保存

尿液采取后应立即检查，如不能及时检查或送检时，可加入适量的防腐剂以防止尿液发酵和分解。但不可在做细菌学检查的尿液中加入防腐剂。

按尿量加入0.5%～1%的甲苯，按尿量的1/400加入硼酸，100ml尿液加入3～4滴甲醛溶液（不适做尿中蛋白质和糖的检查），100ml尿液加入0.1g麝香草酚（蛋白质检查易出现假阳性反应）。

二、尿液物理性质检验

尿液物理性质检验包括尿的尿色、透明度、尿量和比重等。

（一）尿量

一般无糖尿比重大于1.030，通常无多尿存在；如果尿比重小于1.030，就有可能存在生理性或病理性多尿，有时也可能存在有病理性尿减少。

1. 尿量增多

尿量增多又称多尿，一般把宠物排尿量超过50ml/（kg·bw·d）时为多尿，多尿有正常和非正常性多尿两种。

（1）非病理性暂时增多（正常多尿）　①增加水的消耗，包括灌服等强迫饮水和利尿；②非胃肠道给液体——输液和采食多氯化钠或盐类食物；③给利尿剂、皮质类固醇和促肾上腺皮质激素，或甲状腺激素；④寒冷、低血钾和应用咖啡因。

（2）病理性（可能是永久性）增多（非正常多尿）　①慢性进行性肾衰竭，肾失去浓缩尿能力；②急性肾衰竭，局部缺血或肾小管疾病期间的利尿期；③糖尿病和原发性肾性糖尿；④尿崩症（缺乏抗利尿激素）和肾性尿崩症；⑤肾皮质萎缩、严重肾淀粉变性、慢性肾盂肾炎、子宫蓄脓、贫血、肾上腺皮质功能亢进；⑥整个肝脏疾患，醛固酮不能代谢的原因；⑦大量浆液性渗出液的吸收；⑧高钙血症，钙通过皮质类固醇抑制了抗利尿素的分泌。

2. 尿量减少

尿量减少又称少尿，生理暂时性的尿少而比重高多见于：①减少水的饮用；②周围环境温度高；③过度喘息；④训练使交感神经兴奋，减少通过肾的血流；⑤各种原因的脱水。

病理性的少尿分为肾前性、肾性和肾后性以及假性少尿。

（1）肾前性的　见于各种发热性疾病、休克、严重脱水、创伤、心力衰竭、肾上腺皮质机能降低等。

（2）肾性的　见于急性肾病、肾衰竭（由于局部缺血和肾小管疾病，尿量少而比重低）、慢性原发性肾衰竭（尿少，比重低）、中毒（致急性肾小管、肾皮质和髓质坏死）、急性过敏性间质性肾炎等。

（3）肾后性的　见于尿路阻塞（结石、肿瘤等）、尿道损伤（阻碍了尿流）、膀胱破裂及膀胱性会阴疝。

（4）假性少尿　见于前列腺肥大。

（二）尿色

1. 正常

正常为淡黄色、黄色到琥珀色，其变化与尿中含的尿色素和尿胆素多少有关。

2. 病理性

（1）无色到淡黄色　尿稀、比重低和多尿，见于肾病末期、过量饮用水、尿崩症、肾上腺皮质功能亢进、糖尿症、子宫蓄脓。

（2）深黄色尿　尿少、浓而比重高，见于急性肾炎、饮水少、脱水和热性病的浓缩尿以及阿的平尿（在酸化尿中）、呋喃妥因尿、非那西丁尿、维生素 B_2 尿等。

（3）蓝色尿　见于新亚甲蓝尿、靛卡红和靛蓝色尿、尿蓝母尿、假单胞菌感染等。

（4）绿色尿（蓝色与黄色混合）　见于新亚甲蓝尿、碘二噻扎宁尿、靛蓝色尿、伊斯蓝尿、胆绿素尿、维生素 B_2 尿、麝香草酚尿。

（5）橘黄色尿　见于尿中过量尿胆素、胆红素、吡啶姆、荧光素钠。

（6）红色、粉红色、棕红色、橘红色尿　见于血尿、血红蛋白尿、肌红蛋白尿（棕色）、卟啉尿、刚果红尿、苯磺酞尿、新百浪多息尿、华法林尿（橘黄色）、大黄尿、四化碳尿、吩噻嗪尿、二苯基海因尿等。

（7）棕色尿　见于高铁血红蛋白尿、黑色素尿、呋喃妥因尿、非那西丁尿、萘尿、胺尿、铋尿、汞尿等。

（8）棕黄色或棕绿色尿　见于肝病时的胆色素尿。

（9）棕色到黑色尿（在明亮处看呈棕色或棕红色）　见于黑色素尿、高铁血红蛋白原尿、肌红蛋白尿、胆色素尿、麝香草酚尿、酚混合物尿（消化或分解的蛋白）、呋喃妥因尿、非那西丁尿、亚硝酸盐尿、含氯烃尿、尿黑酸尿。

（10）乳白色尿　见于乳糜尿、脓尿和磷酸盐结晶尿。

（三）透明度

影响尿透明度的有尿中晶体、红细胞、白细胞、上皮细胞、微生物、精液、污染物脂肪和黏液等。新鲜刚刚导出的正常宠物尿是清亮的。

云雾状尿不都是病理性的。许多尿样品存放的时间长了，就变成了云雾状，可用显微镜检查尿沉渣寻找原因。一般可见有上皮细胞的大量存在；有血液和血红蛋白，尿液呈红色到棕色或烟色，血红蛋白尿常呈红色到棕色，但仍透明；白细胞大量存在呈乳状、黏稠。有时尿混浊为脓尿；细菌或真菌大量存在呈现均匀云雾状混浊，但混浊不能澄清或过滤清；黏液和结晶。

酸性尿长期存放或较寒冷而产生，呈白色或粉红色云状。有无定形的磷酸盐时，在碱性尿中呈白云状。

（四）尿比重

检验尿比重可用尿比重计、折射仪或试条。

正常宠物尿比重参考值为犬 1.015～1.045；猫 1.035～1.060。

1. 尿比重减小

（1）暂时性非病理性尿比重减小　①饮用大量的水、利尿、输液。幼年宠物因肾脏尿浓缩能力差，尿比重低；②注射皮质类固醇和促肾上腺皮质激素；③发情以后或注射雌激素。

（2）病理性尿比重减小　肾病后期，肾脏实质损伤超过2/3，肾无力浓缩尿，一般尿的比重减少到 1.003～1.015。①尿比重固定在 1.010～1.012，和血浆透析液有相同的分子浓度，是由于肾完全丧失稀释或浓缩尿的功能的原因。浓缩实验能区别比重降低是由于增加了饮水量还是尿崩症；②见于急性肾炎（严重的或后期的）、严重肾淀粉样变性、肾皮质萎缩、慢性泛发性肾盂肾炎；③尿崩症，比重 1.002～1.006，这是由于从垂体后叶得不到抗利尿素的原因。实验证明，给 0.5～1.0ml 垂体后叶注射液，立即制止住了渴和多尿。限制饮水 12h，尿量减少，比重上升，但达不到尿比重的参考值范围。如果宠物有尿崩症，输给任格氏液后，将出现血浆高渗而尿低渗。给健康宠物输任格氏液后，血浆和尿都等渗；④肾性尿崩症，肾小管先天性再吸收能力差引起，抗利尿激素治疗无效；⑤子宫蓄脓（由于过量饮水）、肾上腺皮质功能亢进、水肿液的迅速吸收、泛发性肝病、心理性烦渴、血钙过多或血钾过低。

2. 尿比重增加

常常是尿量少，但糖尿病时尿量多，比重仍然高。

（1）暂时性生理性尿比重增加　见于早晨排的尿液、减少水的饮用、周围环境温度高、过量喘气。

（2）病理性尿比重增加　①任何原因的脱水，如腹泻、呕吐、出血、出汗和利尿等，以及休克；②由于心脏病的循环机能障碍性水肿；③烧伤渗出和热症、肾上腺皮质机能降低；④急性肾炎初期，但在后期或严重时，比重可能降低；⑤原发性肾性糖尿和糖尿病，尿葡萄糖每增加 1g/dl，比重增加 0.004；⑥任何疾病，尿中存在异常固体时（如蛋白质、葡萄糖、炎性渗出等），尿液中蛋白质每增加 1g/dl，比重增加 0.003。

三、尿液化学检验

（一）尿的酸碱度测定

尿液的酸碱度（pH）主要取决于宠物的食物的性质和运动的强度。

肉食性宠物由于食品中的硫和磷被氧化为硫酸和磷酸盐类，形成酸性盐类，因此，尿呈酸性；杂食宠物由于饲料内含有酸性及碱性磷酸盐类而呈两性反应。检查尿酸的酸碱度常用广泛 pH 值试纸法：将试纸浸入被检尿内后立即取出，根据试纸的颜色改变与标准色板比色，判定尿的 pH 值。肉食性宠物尿变为碱性，或杂食宠物的尿呈强碱性，见于剧烈呕吐、膀胱炎或膀胱尿道组织崩解。

一般犬、猫正常尿液的酸碱度为 pH 值 5.5～7.5，肾脏有能力调节尿 pH 值 4.5～8.5 之间。尿 pH 值变化与食物成分有关。

1. 酸性尿

酸性尿液一般见于：①肉食宠物的正常尿、吃奶的仔犬猫、饲喂过量的蛋白质、热症、饥饿（分解代谢体蛋白）、延长肌肉活动；②酸中毒（代谢性的和呼吸性的），见于严重腹泻、糖尿病（酮酸）、任何原因的原发性肾衰竭和尿毒症。严重呕吐有时可引起酸尿；③给以酸性盐类，如酸性磷酸钠、氯化铵、氯化钠和氯化钙以及口服蛋氨酸和胱氨酸，口服利尿药呋塞米（速尿）；④大肠杆菌感染出现的酸性尿。

2. 碱性尿

碱性尿液一般见于：①碱中毒（代谢性的或呼吸性的）、呕吐、膀胱炎、尿道感染（产生尿素酶）；②给以碱性药物治疗，如碳酸氢钠、柠檬酸钠和柠檬酸钾、乳酸钠、硝酸钾、乙酰唑胺和氯噻嗪（利尿药物）；③尿保存在室温时间过久，由于尿素分解成氨变成碱性；④变性杆菌和假单胞菌感染为碱性尿。

（二）尿蛋白质检测

健康宠物尿中仅有微量蛋白质，一般方法不能检出。检验尿中蛋白质时，被检尿必须澄清透明，对碱性尿和不透明尿，需经过滤过或离心沉淀，或加酸使之透明。

尿中检出蛋白质，要区分是肾外性蛋白尿还是肾内蛋白尿。

肾内性蛋白尿见于肾炎、肾病变，肾外性蛋白尿见于膀胱炎。同时结合临床症状和尿沉渣检查，判定患病部位。此外，发生某些急性热性传染病、急性中毒、慢性细菌性传染病和血孢子虫病，均可出现蛋白尿。

1. 尿蛋白质定性试验

（1）试纸法　蛋白质遇溴酚蓝后变色，并可根据颜色的深浅大致判定蛋白质含量。

操作方法　取试纸浸入被检尿中，立刻取出，约 30s 后与标准比色板比色，按表 9－11 判定结果。

注意事项　试纸的淡黄色部分不可用手触摸，干燥密封保存；被检尿应新鲜；胆红素尿、血尿及浓缩尿可影响测定结果；尿液超过 pH 值 8 时可呈假阳性，应加入稀醋酸校正 pH 值 5～7 后测定。

表 9-11　尿蛋白质定性试验判定结果表

颜　色	结果判定	蛋白质含量（mg/dl）	颜　色	结果判定	蛋白质含量（mg/dl）
淡黄色	—	<0.01	绿色	+ +	0.1～0.3
浅黄色	+（微量）	0.01～0.03	绿灰色	+ + +	0.3～0.8
黄绿色	+ +	0.03～0.1	蓝灰色	+ + + +	>0.8

（2）*煮沸加酸法*　蛋白质加热后凝固变性而呈白色混浊。加酸可使蛋白质接近其等电点，促进其凝固，并溶解磷酸盐或碳酸盐所形成的白色混浊，以免干扰结果的判定。

操作方法　取澄清尿液约半试管（如混浊则静置过滤或离心沉淀使之透明），将尿液的上部用酒精灯缓慢加热至沸。如煮沸部分的尿液变混浊而下部未煮沸的尿液不变，则待冷却后，原为碱性尿液加 10% 硝酸 1～2 滴，原为酸性或中性尿液加 10% 醋酸 1～2 滴。滴加后如混浊物不消失，证明尿中含有蛋白质；如混浊物消失，证明含磷酸盐类、碳酸盐类。

结果判定　-：不见混浊，阴性；+：白色混浊，不见颗粒状沉淀；+ +：明显白色颗粒混浊，但不见絮状物沉淀；+ + +：大量絮状混浊，不见凝块；+ + + +：可见到凝块，有大量絮状沉淀。

（3）*磺基水杨酸法*　蛋白质与磺基水杨酸离子结合，生成不溶解的蛋白质盐沉淀析出。

操作方法　取尿液 5ml 置试管中，加 5% 磺基水杨酸液数滴或加磺基水杨酸甲醇液（磺基水杨酸 20g，加水至 100ml，再与等量甲醇混合）2～3 滴。3～5min 后，显白色混浊、有沉淀为阳性反应，不混浊为阴性反应。

注意事项　本法灵敏度高，但不易出现假阳性，最好与煮沸法对照观察。当尿中有尿酸、酮体或蛋白质存在时，出现轻度混浊而呈假阳性反应，但加热后混浊即消失，而蛋白质所产生的混浊加热后不消失。

2. 蛋白质定量试验

尿蛋白定量试验常采用双缩脲比色法，即用钨酸沉淀尿中蛋白质，双缩脲法定量测定。

试剂　0.075mol/L 硫酸，1.5% 钨酸钠溶液，双缩脲试剂（将 1.5g 硫酸铜和 6.0g 酒石酸钠分别溶于 50ml 和 100ml 蒸馏水中，两种溶液混合，加蒸馏水至 700ml，加 10% 氢氧化钠 300ml 混匀，静置，使用其上清液），50g/L 蛋白标准液。

操作方法　取 24h 留存尿液，记录总量，取其中 10ml，经 2 500r/min 离心 5min，或用滤纸过滤；用上层尿液做蛋白定性试验：

①若尿蛋白定性为 +～ + +，在 10ml 离心管中加尿液 5ml，若尿蛋白定性为 + + +～+ + + +，则在管中加尿液 1ml 及蒸馏水 4ml；②加 0.075mol/L 硫酸 2.5ml、1.5% 钨酸钠 2.5ml，充分混合，静置 10min；③离心沉淀 5min，倾去上清液，将试管倒置于滤纸上沥干液体，保留沉淀；④加生理盐水倒 1ml，混合，使沉淀蛋白溶解，即为测定管。混合后，37℃水浴 30min，540nm 波长比色。空白管调零，读取各管吸光度。

24h 尿中蛋白总量（mg/L）= 测定管光密度 ÷ 标准管光密度 ×50 ×0.05 ÷ 测定管尿量 ×24h 尿总量 ÷1 000

犬、猫的正常参考值为0～120mg/L。

注意事项　碱性尿易生沉淀，且有时产生二氧化碳使沉淀物上浮，因此，尿液必须酸化；室温应在18℃以上，否则盐在尿中不溶解，也发生沉淀；尿中的肌酐、树脂类等也可形成沉淀，影响结果。

（三）尿中血液及血红蛋白检查

血尿是伴有肾功能障性疾病以及肾盂、输尿管、膀胱和尿道损伤的重要征候，常见于肾破裂、肾恶性肿瘤、肾炎、肾盂结石及肾盂肾炎、膀胱结石及膀胱炎、尿道黏膜损伤、尿道结石、尿道溃疡和尿道炎。此外，许多传染病，如炭疽、犬瘟热，也可能发生肾性血尿。血尿静置，或离心沉淀后，有红色沉淀，显微镜检查有红细胞。

血红蛋白尿是因红细胞崩解后，血红蛋白游离在血浆中随尿排出所致，见于新生幼龄宠物溶血、焦虫病、锥虫病、大面积烧伤及氟化物中毒、四氯化碳中毒。血红蛋白尿呈红褐色，静置后无红色沉淀，显微镜检查无红细胞。

检测尿中的血液和血红蛋白有以下两种方法。

1. 邻联甲苯胺法

血红蛋白中的铁质有类似过氧化酶的作用，可分解过氧化氢，释放生态氧，使邻联甲苯胺甲苯胺氧化为联苯胺蓝而呈现绿色或蓝色。

试剂　1%邻苯联甲胺甲醛溶液（0.5g邻联甲苯胺溶于50ml甲醛中，储于棕色磨口瓶中），过氧化氢乙酸溶液（冰乙酸1份，3%过氧化氢2份，混合后储于棕色磨口瓶中）。

操作方法　在10ml试管内各加入1%邻苯联甲胺甲醛溶液和过氧化氢乙酸溶液2ml，混合振荡均匀后，加入被检尿液重置之上，观察两液面的颜色变化予以判定。

结果判定　++++：立刻显黑色；+++：立刻显深蓝色；++：1min内出现蓝绿色；+：1min以后出现绿色；-：3min后仍不显色。

注意事项　试验用器材必须清洁，否则易出现假阳性反应，过氧化氢乙酸溶液要现配制。尿中盐类过多时，会妨碍反应的出现，可加冰醋酸化后再做试验。必要时可用尿酸醚提取液进行试验。尿酸醚提取液配制方法是：取尿液10ml，加冰醋酸2ml，醚5ml，充分混合，吸取上层液即可用于试验。

2. 匹拉米洞法（氨基比林法）

在血红蛋白触酶的作用下，匹拉米洞可被氧化为一种紫色复合物。

操作方法　尿液取3～5ml，置于试管内，加入5%匹拉米洞酒精溶液与50%冰醋等量混合液1～2滴，再加入3%过氧化氢溶液1ml，混合。

结果判定　尿中含多量血红蛋白时溶液立刻呈紫色；含量少时，经2～3min呈淡紫色。

（四）尿蛋白检查的临床诊断价值

正常尿中存在微量蛋白质，一般检查为阴性。正常浓稠尿中，蛋白可达20～30mg/dl，过渡浓稠尿液，蛋白可达100mg/dl，也不能说明是病理性蛋白。试条检验，对尿中白蛋白更敏感。

1. 生理或机能性蛋白尿

一般为暂时的，常由于肾毛细血管充血引起：过量肌肉活动，吃过量蛋白质，发情等；发热或受寒、精神紧张；初生幼仔（出生后几天内）。

2. 病理性蛋白尿

（1）肾前性蛋白尿　非肾疾患引起的，是低分子蛋白。

蛋白尿　（蛋白为轻链免疫球蛋白）多发性骨髓瘤（浆细胞骨髓瘤）、巨球蛋白血症、恶性肿瘤；在 pH 值 5 条件下，加热被检尿液至 50～60℃时蛋白沉淀，加热至 80℃时又溶解。

血红蛋白尿　肌红蛋白尿，充血性心脏病，病变蛋白尿，吃初乳太多。

（2）肾性蛋白尿　增加了肾小球通透性（见于发热、心脏病、中枢神经系统疾病和休克等）；由于肾小管疾患，损伤了它的再吸收；肾源性的血液或渗出液。

蛋白尿的程度不能完全反映肾脏疾病的原因和严重性，应注意区别下列情况：

明显蛋白尿　严重的蛋白尿而无血尿，常为肾的原因，尤其是肾小球。见于任何原因的明显血尿，如肾的新生瘤，尿中可出现红细胞、白细胞，有时有瘤细胞；肾损伤；急性肾炎、肾小球肾炎、肾病（尤其是重金属汞、砷、卡那霉素、多黏霉素和磺胺等化学毒物引起；肾淀粉样变、免疫复合物性肾小球肾病。

中等程度蛋白尿　见于肾盂肾炎、多囊肾（微到中等程度蛋白尿）。

微量蛋白尿　见于慢性泛发性肾炎、肾病末期，一般表现阴性到中等程度蛋白尿。

（3）肾后性蛋白尿（伪性蛋白尿）　尿离开肾后，经过输卵管、膀胱、尿道、阴道等，由于血液或渗出物的加入引起的。多见于任何原因的明显血尿，产生中等程度到明显的蛋白尿，常见于不适当的导尿；炎性渗出物，产生微量到中等量的蛋白尿，见于肾盂炎、输尿管炎、膀胱炎、尿道炎、尿石症、生殖道肿瘤。

（4）非泌尿系统蛋白尿　多来自生殖道的血液和渗出物，见于包皮和阴道分泌物、前列腺炎；多种原因引起的被动慢性肾充血，见于心脏机能不足、腹水或肿瘤（腹腔压力增加）、细菌性心内膜炎、犬恶心丝虫微丝蚴、肝脏疾病、热性病反应。

（五）尿糖的检测

尿糖一般指尿中含有的葡萄糖。宠物正常尿中含葡萄糖极微量，一般方法不能检出。糖尿有生理性糖尿和病理性糖尿两种。宠物采含糖量高的饲料或因恐惧而高度兴奋，血糖水平超出肾阈值时，尿中就可能出现葡萄糖，属于生理性糖尿，是暂时性的。病理性糖尿见于糖尿病、狂犬病、神经型犬瘟热、长期痉挛、脑膜脑炎出血等。

1. 试纸法

尿糖单项试纸附有标准色板（0～2.0g/dl，分为 5 种色度），可供尿糖定性及半定量用。试纸为桃红色，应保存在棕色瓶中。

操作方法　取试纸条，浸入被检尿内，5s 后取出来，1min 后在自然光或日光灯下，将所呈现的颜色与标准板比较，判定结果。

注意事项　尿样应新鲜；服用大量抗坏血酸和汞利尿剂等药物后，可呈假阴性反应，因本试纸起主要作用的是葡萄糖氧化酶和过氧化酶，而抗坏血酸和汞利尿剂可抑制这些酶的作用；试纸在阴暗干燥处保存，不能暴露在阳光下，试纸变黄表示失效，应弃之不用。

2. 碱性法

葡萄糖含有醛基，在热碱溶液中能将硫酸铜还原为氧化亚铜，从而出现棕红色的沉淀。

碱性铜试剂 先将分析纯柠檬酸钠173g、无水硫酸铜100g加入700ml蒸馏水中加热溶解，再将分析纯硫酸铜17.3g溶解于100ml蒸馏水中，然后将其慢慢倒入已经冷却的前液中，不断搅拌并加蒸馏水，使总量致1 000ml，过滤后储于棕色瓶内备用。

操作方法 取碱性铜试剂5ml于试管内，加热煮沸（颜色不改变且冷却后无沉淀方可应用，否则试剂失效，应重新配制）；加入尿液0.5ml（切不可过多），在火焰上煮沸2～3min，边煮边摇动，保持沸腾状态，但应防止液体喷出试管；冷却后观察结果，判定标准如表9－12。

表9－12 碱性法判定糖尿的标准表

试液变化情况	糖含量（mg/dl）	符 号
试剂仍清晰呈蓝色（如有多量尿酸墁存在则有少许蓝灰色沉淀）	无糖	—
仅冷却后有少量浅绿色沉淀	微量，0.5以下	+
煮沸约1min后，出现少量黄绿色沉淀	少量，0.5～1	＋＋
煮沸15s，即出现土黄色沉淀	中等量，1～2	＋＋＋
开始煮沸时，即出现多量红棕色沉淀	多量，2以上	＋＋＋＋

注意事项 如尿内含多量蛋白质，应先加醋酸使尿酸化，煮沸过滤，除去蛋白质进行试验；有非糖还原性的物质，如水杨酸、匹拉米洞、水合氯醛、大量抗坏血酸及链霉素可使本试验呈阳性反应；尿内含多量尿酸盐时也有还原作用，可干扰结果的判定，应将尿置冰箱内使尿酸盐沉淀，滤去后再做试验。

3. 临床诊断价值

（1）高血糖性糖尿 ①多数宠物血糖高于180mg/dl时，就出现糖尿；②糖尿病时由于缺乏胰岛素，引起了高血糖和酮血症；③急性胰腺坏死或炎症，引起胰岛素缺乏；④肾上腺皮质功能亢进、肾上腺嗜铬细胞瘤或注射肾上腺皮质激素，或应激（尤其是猫）；⑤垂体前叶机能亢进或损伤丘脑下部；⑥脑内压增加，见于肿瘤、出血、骨折、脑炎、脑脓肿；⑦甲状腺机能亢进时由于迅速从肠道吸收碳水化合物的原因；⑧慢性肝脏疾病、高血糖素病；⑨静脉输入葡萄糖。

（2）正常血糖性糖尿 ①原发性肾性糖尿，由于进行性毁坏肾单位，不多见；②先天性肾性疾病，如挪威猎麋狗的慢性肾病和其他品种狗的肾病；③急性肾衰竭，常由于药物或局部缺血引起肾小管损伤；④范康尼综合征（也称氨基酸性糖尿），尿中也含葡萄糖。

（3）假阳性葡萄糖反应 当给患病宠物应用某些药物时，由于还原反应，可产生假阳性葡萄糖反应，如①抗生素、链霉素、金霉素、四环素、氯霉素、青霉素、头孢霉素；②乳糖、半乳糖、果糖、戊糖、麦芽糖或其他还原糖类；③抗坏血酸（维生素C）、吗啡、水杨酸盐（阿司匹林）、水合氯醛、根皮苷以及类固醇等。

（4）假阴性反应 冷藏尿液会出现假阴性反应，所以，应加热到室温再测。

（六）尿酮体检测

1. 检验法

原理是丙酮与亚硝基铁氰化钠作用，呈红紫色反应。

试剂 Roos 氏试剂（亚硝基铁氰化钠 3g，硫酸铵 100g，无水碳酸钠 50g，混合后在乳钵内充分磨细，保存于褐色瓶中），28% 浓氨水。

操作方法 取被检尿 5ml 于试管中，加 Roos 氏试剂 1g，振荡溶解，沿管壁加 28% 浓氨水 1ml 重叠其上，静置。如有丙酮和乙酰乙酸存在时，在两液接触面上形成高锰酸钾样紫红色环。

结果判定 +++：20mg/dl 以上，立即显色；++：15～20mg/dl，10min 后显色；+：10～20mg/dl，20min 后显色；±：5mg/dl，紫红色不明显。

2. 试条法

酮体是丙酮、乙酰乙酸和 β－羟丁酸的总称，一般尿中不含酮体。用试条法可检验出尿中乙酰乙酸和丙酮。尿酮体通常出现在酮血之前。尿中维生素 C 和头孢霉素可产生假阳性反映。用试条法检验尿中酮体的敏感性如表 9－13：

表 9－13 试条法酮体判定结果表（mg/dl）

检验结果	β－羟丁酸	乙酰乙酸	丙酮
阴性	阴性	≤5	≤70
弱阳性	阴性	10～25	100～400
阳性	阴性	25～50	400～800
强阳性	阴性	50～150	800～2 000
特强阳性	阴性	>150	>2 000

3. 临床诊断价值

尿酮体阳性反应的临床诊断价值如下。

（1）酮血症 妊娠中毒、低血糖时尿酮体阳性反应。注意区别严重酮血病和由于其他原因，如宠物长时间不吃食物、激烈运动、应激等，引起的轻型酮血病和轻型酮尿。

（2）糖尿病 高血糖而缺乏糖的正常利用。

（3）持续性发热、酸中毒、高脂肪饲料、饥饿、慢性代谢性疾病 大量储存脂肪代谢的原因。衰竭症、恶性肿瘤、磷中毒、氯仿或乙醚麻醉时，尿中酮体也会增多。

（4）内分泌紊乱 见于垂体前叶或肾上腺皮质机能亢进、过量雌性激素。

（5）其他 肝损伤、乙醚或氯仿麻痹后、长时间呕吐和腹泻、传染病（由于能量不平衡引起）等。

（七）尿胆红素检测

用氯化钡吸附尿液中的胆红素后，加酸性三氯化铁试剂，使胆红素氧化成胆绿素而呈绿色反应。

1. 试剂

酸性三氯化铁试剂（Fovchet 试剂） 三氯乙酸 25g，加蒸馏水少许溶解，再加入三氯化铁 0.9g，溶解后加蒸馏水至 100ml。

10%氯化钡溶液或氯化钡试纸 将优质滤纸裁成10mm×80mm的纸条，浸入饱和氯化钡溶液中数分钟后，置室温或37℃温箱内待干，储于有塞瓶中备用。

2. 操作方法

在5ml尿液中加入10%氯化钡溶液3～5滴；离心或用滤纸过滤后取离心沉淀物或过滤在滤纸上的沉淀物（上清尿液可进行尿胆原检查），加入三氯化铁试剂数滴，呈绿色或蓝色者为阳性，不显色为阴性；或将氯化钡试纸条浸入被检尿样中，5～10s后取出带沉淀的试纸条，平铺于吸水纸上，吸去多余的尿液，在沉淀物上加三氯化铁试剂2～3滴，呈绿色或蓝色为阳性。

色泽的深浅与胆红素的含量成正比。

3. 临床诊断价值

本方法对黄疸的分析具有临床诊断价值，一般溶血性黄疸为阴性，肝性黄疸为阳性，胆管阻塞性黄疸为强阳性。

尿中胆红素都是直接胆红素，间接胆红素不能通过肾小球毛细血管壁。检验的尿液必须新鲜，否则尿中胆红素氧化成胆绿素或水解成间接胆红素，而检验不出来。

正常犬尿中含有微量胆红素，其公犬微量胆红素阳性率为77.3%，母犬为22.7%，公犬比母犬高，犬的尿比重超过1.040时更多见。其他宠物尿中不含有任何胆红素。在尿pH值低时，氯丙嗪等类药物的代谢会产生假阳性反应；尿中含有大量维生素C和硝酸盐时，会出现假阴性反应。

（1）病理性胆红素尿 血液中含有大量结合胆红素时，胆红素才能在尿中检出。一般尿中先出现胆红素，然后才有黄疸症状。

（2）溶血性黄疸（肝前性的） 见于巴贝斯虫病、自体免疫性溶血等。间接胆红素不能从肾小球滤过，所以，一般尿中没有胆红素。当肝脏损伤时，直接胆红素在血液中增多，尿中才出现胆红素。另外，还有糖尿病、猫传染性腹膜炎、猫白血病等，尿中直接胆红素也增多。

（3）肝细胞疾病（肝性的） 见于犬传染性肝炎、肝坏死、钩端螺旋体病、肝硬化、肝新生瘤、毒物（犬磷和铊中毒）。

（4）胆管阻塞（肝后性） 见于结石、胆道瘤或寄生虫等。

（5）其他 发烧和饥饿，有时也会引起轻度胆红素尿。

（八）尿胆素原检测

肠道细菌还原胆红素成尿胆素原。尿胆素原部分随粪便排出，部分吸收入血液。吸收入血液部分，有的又重新入肝脏进胆汁，另一些循环进入肾脏，少量被排入尿中，所以，正常宠物尿中含有少量尿胆素原，但用试条法检验为阴性。尿胆素原在酸性尿中和在光照情况下易发生变化，所以，采尿后应立刻检验。

尿胆素原在酸性条件下与对二甲氨基苯甲醛反应生成红色化合物。

1. 试剂

对二甲氨基苯甲醛试剂（80ml蒸馏水中加入对二甲氨基苯甲醛2g，混合后缓缓加入20ml浓盐酸，混合后试剂由混浊变透明，储于棕色瓶中备用）；10%氯化钡试剂。

2. 操作方法

被检尿中若有胆红素，则取氯化钡试剂 1 份加被检尿 4 份混合后离心，胆红素被氯化钡吸附，上清液为不含胆红素的尿液；取不含胆红素的新鲜尿液 2ml，加对二甲氨基苯甲醛试剂 0.2ml 混合，静置 10min 后观察结果。

3. 结果判定

+ + +：强阳性，立即呈深红色；+ +：阳性，静置 10min 后呈樱红色；+：弱阳性，静置 10min 后呈微红色；-：阴性，静置 10min 后，在白色背景下，从管口直观管底，不呈红色，经加温后仍不显红色。

4. 临床诊断价值

尿胆素原增加常见于肝炎、实质性肝病变、溶血性黄疸、胆道阻塞初期；尿胆素原减少见于肠道阻塞、多尿性肾炎后期、腹泻、口服抗菌素药物（抑制或杀死肠道细菌）。

（1）减少或缺乏（尿试条法不能检验出） ①胆道阻塞，利用测尿胆素原可以鉴别堵塞性黄疸、肝性黄疸和溶血性黄疸。堵塞性黄疸时，尿中和粪中无尿胆素原，这时粪便呈黏土色，而正常粪便为棕色；②减少红细胞的破坏，损伤了肠道的吸收，如腹泻；③抗生素，尤其是四环族等广谱抗生素，抑制了肠道细菌，妨碍了尿胆素原的形成；④肾炎，特别是肾炎后期，由于多尿稀释了尿胆素原。

（2）尿中尿胆素原增加 ①肝炎和肝硬化，损伤的肝细胞不能有效地从门脉循环中移去尿胆素原。因影响因素较多，使用价值较小；②溶血性黄疸过多，红细胞溶解，增加了胆红素，相对地也增加了尿胆素原；③小肠内菌系和粪便通过时间，如便秘和肠阻塞，肠道再吸收尿胆素原增多。

（3）影响检验的因素 ①吲哚，与埃氏试剂反应，产生红色；②胆汁和亚硝酸盐，与埃氏试剂反应，产生绿色；③磺胺和普鲁卡因，与埃氏试剂反应，产生黄绿色；④福尔马林；⑤尿 pH 值和比重，碱性尿和比重高时增多。

四、尿沉渣检查

尿沉渣检验一般在采尿后 30min 内完成，在 1 000～3 000r/min 的离心机内，离心 3～5min，去上清液，取沉渣进行显微镜检验（可用盖玻片）。

暂时不能检验时，尿液放入冰箱保存或加防腐剂。

（一）上皮细胞

1. 类型

（1）鳞状上皮细胞（扁平上皮细胞） ①个体最大的细胞；②轮廓不规则，像薄盘，单独或几个连在一起出现；③含有 1 个圆而小的核；④它们是尿道前段和阴道上皮细胞，发情时尿中数量增多；⑤有时可以看到成堆类似移行上皮细胞样的癌细胞和横纹肌肉瘤细胞，注意鉴别。

（2）移行上皮细胞（尿路上皮细胞） ①由于来源不同，它们有圆形、卵圆形、纺锤形和带尾形细胞；②细胞大小介于鳞状上皮细胞和肾小管上皮细胞之间；③胞浆常有颗粒结构，有 1 个小的核；④它们是尿道、膀胱、输尿管和肾盂的上皮细胞。

（3）肾小管上皮细胞（小圆上皮细胞） ①小而圆，具有1个较大圆形核的细胞，胞浆内有颗粒；②比白细胞稍大；③在新鲜尿中，也常因细胞变性，细胞结构不够清楚；④在上皮管型里，也可以辨认它们。它们是肾小管上皮细胞。

（4）泌尿系上皮细胞瘤细胞

2. 临床诊断价值

尿中有一定数量的上皮细胞是正常现象。①鳞状上皮细胞可能大量在尿中出现，尤其是母畜的导尿样品；②有时移行上皮细胞在尿中也正常存在。

在病理情况下，上皮细胞在尿中大量存在见于：①急性肾间质肾炎时，尿中存在大量肾小管上皮细胞，但是常常难以辨认；②膀胱炎、肾盂肾炎、导尿损伤和尿石病时，移行上皮细胞在尿中大量存在；③阴道炎和膀胱炎时，鳞状上皮细胞可能在尿中大量存在；④泌尿系有肿瘤时，尿沉渣中有大量泌尿系上皮肿瘤细胞存在。

（二）红细胞

1. 红细胞的形态

尿中红细胞呈淡黄色到橘黄色，一般是圆形。在浓稠高渗尿中可能皱缩，表面带刺，颜色较深。在稀释低渗尿中，可能只剩下1个无色环，称为影细胞或红细胞淡影。在碱性尿中，红细胞和管型，甚至白细胞容易溶解。

正常尿中红细胞不超过4个/HPF（每个高倍视野）。

2. 临床诊断价值

如果尿中有红细胞存在，表示泌尿生殖道某处出血，但必须注意区别导尿时引起的出血，可进行血尿、血红蛋白和肌红蛋白尿的检验。

（三）白细胞或脓细胞

尿中白细胞多是中性粒细胞，也可见到少数淋巴细胞和单核细胞。

1. 形态

白细胞比红细胞大，比上皮细胞小。白细胞核为多分叶核，但常常由于变性而不清楚。

2. 临床诊断价值

正常尿中存在一些白细胞，一般不超过5个/HPF（每个高倍视野）。

脓尿说明泌尿生殖道某处有感染或龟头炎、子宫炎；生殖道的污染，见于阴门炎、阴道炎、化脓灶。尿道炎、膀胱炎、肾盂炎或肾盂肾炎、肾炎。

尿沉渣中各种细胞形态见图9－12。

（四）管型

管型一般形成在肾的髓襻、远曲肾小管和集合管。通常为圆柱状，有时为圆形、方形、无规则形或逐渐变细形。管型根据其形状外貌分为透明管型、上皮细胞管型、颗粒管型（分粗颗粒管型和细颗粒管型）、红细胞管型、血红蛋白管型（见于严重血管内溶血和血红蛋白尿）、白细胞管型、脂肪管型、蜡样管型、胆色素管型（管型里含有胆色素）、粗大管型（肾衰竭管型）和混合管型。

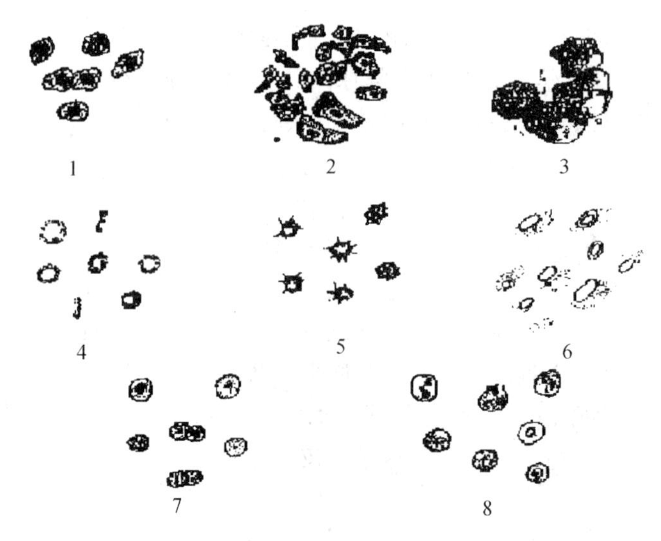

图 9-12　尿沉渣中细胞

1. 肾小管上皮细胞　2. 移行上皮细胞　3. 鳞状上皮细胞　4. 红细胞正常形态
5. 皱缩红细胞　6. 红细胞淡影　7. 白细胞（加酸后）　8. 白细胞

1. 透明管型

由血浆蛋白和（或）肾小管黏蛋白组成；无色、均质、半透明、两边平行和两端圆形的柱样结构；在碱性或比重小于 1.003 的中性尿中易溶解，所以不常见。高速离心尿液，有时也能破坏管型；在显微镜暗视野才能看到。

临床诊断价值：①肾受到中等程度刺激便可看到；②犬猫正常尿中也有一些存在；③较严重的肾损伤，也常看到其他类型管型；④任何热症、麻醉后、强行训练以后、循环紊乱等，也可检验看到。

2. 颗粒管型

透明管型表面含有细的或粗大的颗粒，这些颗粒是白细胞或肾小管上皮细胞破碎后的产物；是宠物常见的管型。

临床诊断价值：①它们含有破碎的肾小管上皮细胞，所以，它们出现在比透明管型更严重的肾疾病尿中；②大量的颗粒管型出现，表示更严重的肾脏疾病，甚至有肾小管坏死，常见于任何原因的慢性肾炎、肾盂肾炎、细菌性心内膜炎；③因为有大量的尿液量能抑制管型的形成，所以在慢性间质性肾炎时，很少看到颗粒管型。

3. 肾小管上皮细胞管型

透明管型表面含有肾小管脱落的上皮细胞形成，常常呈两列上皮细胞出现。

临床诊断价值：①由脱落的尚没有破碎的肾小管上皮细胞形成；②急性或慢性肾炎、急性肾小管上皮细胞坏死、间质性肾炎、肾淀粉样变性、肾病综合征、肾盂肾炎、金属（汞、镉、铋等）及其他化学物质中毒。

4. 蜡样管型

黄色或灰色，比透明管型宽，高度折光，常发现折断端呈方形。

临床诊断价值：见于慢性肾脏疾病，如进行性严重的肾炎和肾变性、肾淀粉样变性。

5. 脂肪管型

透明管型表面含有无数反光的脂肪球；无色，用苏丹Ⅲ可染成橘黄色到红色。

临床诊断价值：①变性肾小管病、中毒性肾病和肾病综合征，有脂类物质在肾小管沉淀；②猫常有脂尿，所以当猫的肾脏疾病时，有时可看到脂肪管型；③犬糖尿病时，偶尔可看到此管型。

6. 血液和红细胞管型

血液管型是柱状均质管型，呈深黄色或橘色；红细胞透明管型呈深黄色到橘色、可以看到在管型中的红细胞。

临床诊断价值：①血液管型，见肾小球疾病，如急性肾小球炎、急性进行性肾炎、慢性肾炎急性发作；②红细胞透明管型，见肾单位出血。

7. 白细胞管型

白细胞粘在透明管型上。

临床诊断价值：肾小管炎、肾化脓、间质性肾炎、肾盂肾炎、肾脓肿。

（五）类圆柱体

类似于透明管型，但是一端逐渐变细，一直到呈丝状。

临床诊断价值与透明管型相同。

（六）黏液和黏液线

黏液线是长而细、弯曲而缠绕的细线；在暗视野才能看到它们，尤其黏液线粘到其他物体上时，比较容易看到。

临床诊断价值：马尿中含有大量均质黏液是正常的，因为马的肾盂和近肾端输尿管有黏液分泌腺。其他宠物尿中含有黏液线，说明尿道被刺激，或是生殖道分泌物污染尿样品的原因。尿沉渣中各种管型和类管型物体的形态见图 9－13。

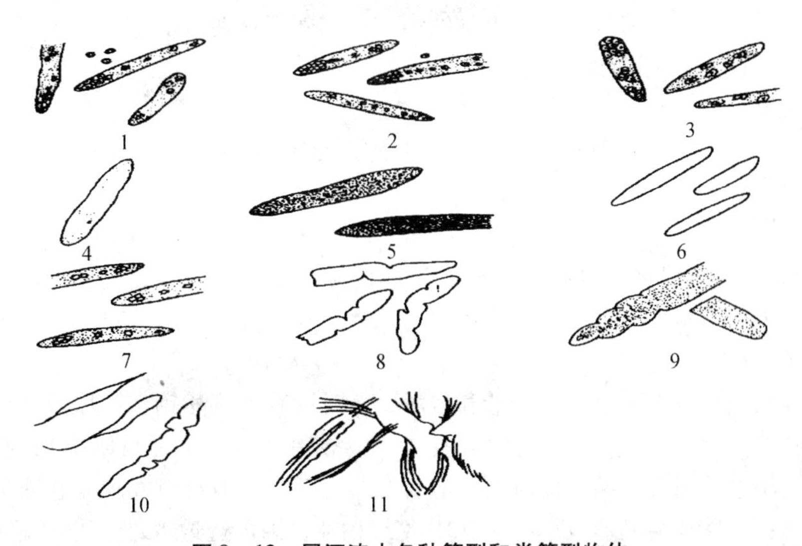

图 9－13　尿沉渣中各种管型和类管型物体

1. 白细胞管型　2. 红细胞管型　3. 上皮细胞管型　4. 细颗粒管型　5. 粗颗粒管型　6. 透明管型　7. 脂肪管型　8. 蜡样管型　9. 肾衰竭管型　10. 类圆柱体　11. 黏液丝

（七）微生物

1. 细菌

用高倍镜才能看到。注意区别细菌表现的真运动或其他碎物表现的布朗运动；可以看到细菌的形态，通过染色可以看得更清楚。

临床诊断价值：①正常尿中无细菌；②导的尿、接的中期尿或穿刺得的尿，如果含有大量杆状或球状细菌，说明泌尿道有细菌感染，尤其是尿中含有异常白细胞和红细胞时，见膀胱炎和肾盂肾炎。

非离心的尿样品，在显微镜下可以看到细菌，说明每毫升尿中含有100多万个细菌；生殖道感染时，也可以看到尿沉渣中的细菌，如子宫炎、阴道炎和前列腺炎等。

2. 酵母菌

无色，圆形到椭圆形，呈布丁样，大小不一。对犬猫有危害的，有白色念珠菌和马拉色菌；比细菌大，比白细胞小，和红细胞大小差不多。

临床诊断价值：因污染引起的，酵母菌尿道感染很少见，但有时可见白色念珠菌尿道感染。

3. 真菌

最大特点是有菌丝、分节，可能有色。

临床诊断价值：有时可见芽生菌和组织胞浆菌的全身多系统（包括尿道）感染。

（八）寄生虫

1. 寄生虫

犬和猫的肾膨结线虫卵（犬和狼的大型肾脏寄生虫），卵为椭圆形，壁厚，表面有乳头状凸起；犬、猫和狐狸膀胱的皱襞毛细线虫卵，椭圆形，两端似塞盖；犬恶心丝虫的微丝蚴（罕见）；尿被粪便污染，可能包含各种寄生虫卵。

2. 原生动物

由于粪便或生殖道分泌物的污染，可看到阴道毛滴虫和狐毛尾线虫卵。

（九）结晶体

尿中结晶体的形成与尿pH值、晶质的溶解性和浓度、温度、胶质和用药等有关。应在采尿后立即进行检验。

1. 正常尿

正常酸性尿中含有无定形的尿酸盐和尿酸，有时可看到草酸钙和马尿酸；正常碱性尿含有三价磷酸盐（磷酸铵镁）、无定形磷酸盐和碳酸钙（多见于赛马尿中），有时可看到尿酸铵结晶。尿中发现大量结晶体时，可能有尿结石存在。但有时发现宠物有尿结石，尿中却无结晶体；尿酸盐结晶形成结石后，用X线拍片，因可透过X线，很难显示出来。

2. 临床诊断价值

亮氨酸和酪氨酸结晶，见于肝坏死、肝硬化、急性磷中毒；胱氨酸结晶，见于先天性胱氨酸病，另外有结石可能；胆固醇结晶，见于肾盂炎、膀胱炎、肾淀粉样变性、脓尿等；胆红素结晶，见于阻塞性黄疸、急性肝坏死、肝硬化、肝癌、急性磷中毒。但有时公犬尿中出现胆红素结晶时，也可能是正常的；尿酸铵结晶，见于门腔静脉分流、其他肝脏疾病、尿石病，此结晶多见于大麦町犬和英国斗牛犬；磷酸氨镁结晶，见于正常碱性尿和伴有尿结石尿中；草酸盐结晶，见于乙二醇和某些植物中毒，在酸性尿中存在多量时，可能是尿结石；马尿酸结石，见于乙二醇中毒；磺胺结晶，见于应用磺胺药物的治疗时。

尿沉渣中各种微生物、寄生虫和结晶体的形态见图 9－14。

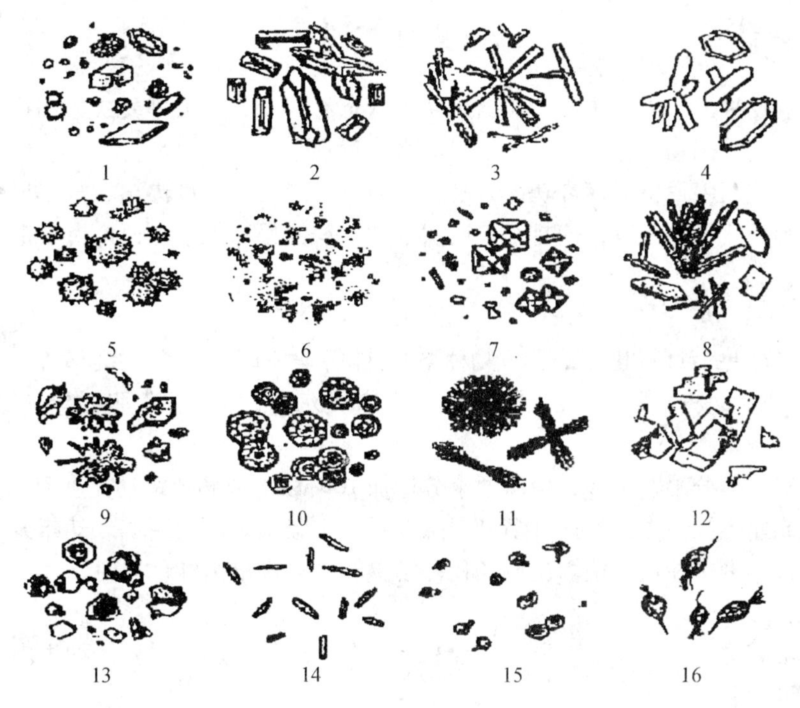

图 9－14　尿沉渣中结晶体、微生物和寄生虫

1. 碳酸钙　2. 磷酸铵镁　3. 磷酸钙　4. 马尿酸　5. 尿酸铵　6. 尿酸盐　7. 草酸钙　8. 硫酸钙　9. 尿酸结晶　10. 亮氨酸　11. 酪氨酸　12. 胆固醇　13. 胱氨酸　14. 细菌　15. 酵母菌　16. 真菌

（十）脂肪滴

尿液中脂肪滴呈圆形，高度折光，大小不一，应注意与红细胞的区别；用苏丹Ⅲ或Ⅳ染色脂肪成橘黄色至红色。

临床诊断价值：①外源性的脂肪滴，如润滑导尿管等；②大多数猫有脂尿，可能是肾小管上皮细胞的异常变性原因；③肥胖和高脂肪饮食、甲状腺机能降低、糖尿病。

第三节　粪便常规检验技术

粪便检验包括检验粪便中的食物残渣、消化道分泌物、寄生虫和虫卵、微生物、无机盐和水分等，对于诊断和治疗消化系统和其他器官疾病具有重要意义。

粪便检验必须采集新鲜而未被尿液污染的粪便，最好在排粪后立即采取没有接触到地面的部分，盛于洁净容器内，必要时可由直肠采取。采集粪便应从粪便的各层采取，最好立即送检，也可置阴凉处或冰箱内保存待检，但不宜加防腐剂。

一、粪便物理学检验

粪便一般性状检查是利用肉眼和嗅闻来检查粪便标本。

（一）粪量

宠物因食物种类、采食量和消化器官功能状态不同，其每天排粪次数和排粪量也不相同，即使是同一种宠物，也有差别，平时应多注意观察。

当胃肠道或胰腺发生炎症或功能紊乱时，因有不同量的炎性渗出、分泌增多、肠道蠕动亢进，以及消化吸收不良，使排粪量或次数增加；便秘和饥饿时，排粪量将减少。

（二）粪便颜色和性状

正常宠物粪便的颜色和性状，因宠物种类不同和采食不同而各异，粪便久放后，由于粪便胆色素氧化，其颜色将变深。正常粪便含60%～70%的水分。临床上病理性粪便有以下变化。

1. 变稀或水样便

由于肠道黏膜分泌物过多，使粪便水分增加10%以上或肠道蠕动亢进引起。见于肠道各种感染性或非感染性腹泻，尤其多见于急性肠炎、服用导泻药后等。幼年宠物肠炎，由于肠蠕动加快，多排绿色稀便。出血坏死性肠炎时，多排出污红色样便。

2. 黏液粪便

宠物正常粪便中只含有少量黏液，因和粪便混合均匀而难以看到。如果肉眼看到粪便中的黏液，说明黏液增多。

小肠炎时，多分泌的黏液和粪便呈均匀混合。大肠炎时，因粪便已基本成形，黏液不易与粪便均匀混合。

直肠炎时，黏膜附着于粪便表面。单纯的黏液便，稀黏稠和无色透明。粪便中含有膜状或管状物时，见于伪膜性肠炎或黏液性肠炎。脓性液便呈不透明的黄白色。黏液便多见于各种肠炎、细菌性痢疾、应激综合征等。

3. 鲜血便

宠物患有肛裂、直肠息肉、直肠癌时，有时可见鲜血便，鲜血常附在粪便表面。

4. 黑便

黑便多见于上消化道出血，粪便潜血检验阳性。服用活性炭或次硝酸铋等铋剂后，也可排黑便，但潜血检验阴性。宠物采食肉类、肝脏、血液或口服铁制剂后，也能使粪便变黑，潜血检验也呈阳性，临床上应注意鉴别。

5. 白陶土样粪便

见于各种原因引起的胆道阻塞。因无胆红素排入肠道所致。消化道钡剂造影后，因粪便中含有钡剂，也呈白色或黄白色。

6. 凝乳块

吃乳幼年宠物，粪便中见有黄白色凝乳块，或见鸡蛋清样粪便，表示乳中酪蛋白或脂肪消化不全，多见于幼年宠物消化不良和腹泻。

7. 伪膜粪便

随粪便排出的伪膜是由纤维蛋白、上皮细胞和白细胞所组成，常为圆柱状，见于纤维素性或伪膜性肠炎。

8. 脓汁

直肠内脓肿破溃时，粪便中混有脓汁。

9. 粗纤维及食物碎片

患消化不良及牙齿疾病时，粪便内含有多量粗纤维及未消化的食物碎片。

（三）气味

宠物正常粪便中因含有蛋白质分解产物：吲哚、粪臭素、硫醇、硫化氢等而有臭味，草食宠物因食碳水化合物多而味轻，肉食宠物因食蛋白质多而味重。食物中脂肪和碳水化合物消化吸收不良时，粪便呈酸臭味。肠炎，尤其是慢性肠炎、犬细小病毒病、大肠癌症、胰腺疾病等，由于蛋白质腐败，产生恶臭味。

（四）寄生虫

蛔虫、绦虫等较大虫体或虫体节片（复孔绦虫节片似麦粒样），肉眼可以分辨。口服、涂布或注射驱虫药后，注意检查粪便中有无虫体、绦虫头节等。

二、粪便显微镜检验

显微镜主要检验粪便中的细胞、寄生虫卵、细菌、原虫，以及各种食物残渣，用以了解消化道的消化吸收功能和疾病。一般多用生理盐水和粪便直接涂片检验。

（一）标本的制备

取宠物不同层的粪便，混合后少许置于洁净载玻片上或以竹签直接挑粪便中可疑部分置于载玻片上，加少量生理盐水或蒸馏水，涂成均匀薄层，以能透过书报字迹为宜。必要时可滴加醋酸液或选用0.01%伊红氯化钠染液、稀碘液或苏丹Ⅲ染色。涂片制好后，加盖片，先用低倍镜观察全片，再用高倍镜显微镜鉴定。

（二）各种细胞

1. 白细胞

正常粪便中没有或偶尔看到。肠道炎症时，常见中性粒细胞增多，但细胞因部分被消化，难以辨认。细菌性大肠炎时，可见大量中性粒细胞。成堆分布、细胞结构被破坏、核不完整的，称为脓细胞。过敏性肠炎或肠道寄生虫病时，粪便中多见嗜酸性粒细胞。

2. 红细胞

正常粪便中无红细胞。肠道下段炎症或出血时，粪便中可见红细胞。细菌性肠炎时，白细胞多于红细胞。

3. 吞噬细胞

粪便中的中性粒细胞，有的胞体变得膨大，并吞有异物，称为小吞噬细胞。细菌性痢疾和直肠炎时，单核细胞吞噬较大异物，细胞体变得较中性粒细胞大，核多不规则，核仁大小不等，胞浆常有伪足样突出，称为大吞噬细胞。

4. 肠黏膜上皮细胞

为柱状上皮细胞，呈椭圆形或短柱状，两端稍钝圆，正常粪便中没有。结肠炎时，上皮细胞增多。伪膜性肠炎时，黏膜中有较多存在。

5. 肿瘤细胞

大肠患有癌症时，粪便中可见此细胞。

（三）食物残渣

草食宠物的粪便中含有多种多样的植物细胞和植物纤维，肉食宠物中极少看到。

1. 淀粉颗粒

正常犬猫粪便中基本上不含淀粉颗粒。粪便中含有大小不等的圆形或椭圆形颗粒，加含碘液后变成蓝色，就为淀粉颗粒，称为“淀粉溢”，见于慢性胰腺炎、胰腺机能不全和各种原因的腹泻。

2. 脂肪小滴

正常犬猫粪便中极少看到脂肪小滴，粪便中出现大小不等、圆形、折光性强的脂肪小滴，经苏丹Ⅲ染色后呈橘红色或淡黄色时，称谓“脂肪痢”，见于急性或慢性胰腺炎及胰腺癌等。

3. 肌肉纤维

犬、猫粪便中极少看到肌肉纤维。如果在载玻片上看到两端不齐、片状、带有纤维横纹或有核肌纤维时，称为“肉质下泄”，多见于肠蠕动亢进、腹泻、胰腺外分泌功能降低及胰蛋白酶分泌减少等。

粪便中微生物、各种细胞和食物残渣的形态见图9－15。

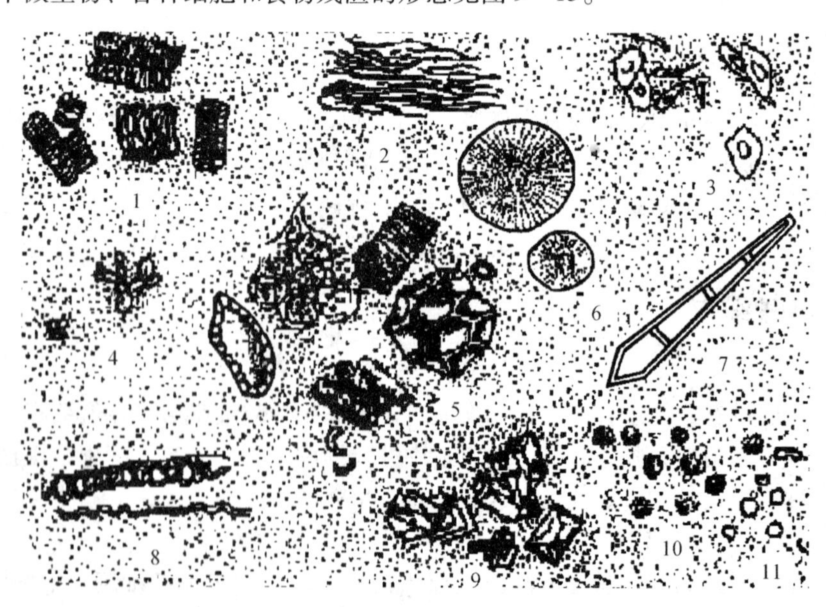

图9－15　粪便内微生物、细胞及食物残渣

1. 肌纤维　2. 结缔组织　3. 上皮细胞　4. 酵母菌　5. 植物细胞　6. 脂肪球　7. 植物毛　8. 植物的螺旋形管　9. 三联磷酸盐结晶　10. 白细胞　11. 红细胞

（四）细菌学检验

粪便中细菌极多。一般大肠杆菌、厌氧菌和肠球菌为成年宠物粪便中主要菌群，其他还有沙门氏菌、产气杆菌、变形杆菌、绿脓杆菌，以及少量芽孢菌和酵母菌等，以上细菌在粪便中多无临床诊断价值。在多次口服广谱抗生素后，常可引起葡萄球菌和念珠菌过量生长。疑为细菌引起的肠炎时，除检验粪便细菌外，还应检验粪便的一般性状和粪便中的细胞等。

三、粪便化学检验

（一）粪酸度测定

肉食及杂食宠物饲喂一般混合性饲料时，粪为弱碱性，有的为中性或酸性。但当肠内蛋白腐败分解旺盛时，由于形成游离氨而使粪呈碱性反应；肠内发酵过程旺盛时，由于形成多量有机酸，粪呈强酸性反应。

1. 试纸法

取粪便2～3g于试管内，加中性蒸馏水8～10ml，混均，用广范围试纸测定其pH值。

2. 试管法

取粪便2～3g于试管内，加中性蒸馏水4～5倍，混匀。置37℃温箱中6～8h，如上层液透明清亮，为酸性（粪中磷酸盐和碳酸盐在酸性液中溶解）；如液体混浊，颜色变暗，为碱性（粪中磷酸盐和碳酸盐在碱性液中不溶解）。

（二）粪潜血试验

潜血是指胃肠道有少量出血，是肉眼和显微镜不能发现的出血。其试验原理同尿中的血红蛋白检验。

1. 操作方法

取粪便2～3g于试管内，加蒸馏水3～4ml，搅拌，煮沸后冷却，以破坏粪便中的酶类；取洁净小试管1支，加1%联苯胺冰醋酸和3%过氧化氢的等量混合液2～3ml，取1～2滴冷却粪悬液，滴加于上述混合试剂上。如粪中含有血液，立即出现绿色或蓝色，不久变为红紫色。

2. 结果判定

++++：立即出现深蓝色或绿色；+++：0.5min内出现深蓝色或绿色；++：0.5～1min内出现深蓝色或绿色；+：1～2min内出现深蓝色或绿色；-：5min内出现深蓝色或绿色。

3. 注意事项

氧化酶并非血液所特有，宠物组织或植物中也有少量，部分微生物也产生相同的酶，所以粪便必须事先煮沸，以破坏这些酶类；被检宠物在试验前3～4d禁食肉类及含叶绿素的蔬菜、青草；肉食宠物如未禁食肉类，则必须用粪便的醚提取液（取粪便约1g，加冰醋酸搅成乳状，加乙醚，混合静置，取乙醚层）做试验。

4. 临床诊断价值

（1）潜血试验阳性　见于胃肠道各种炎症或出血、溃疡、钩虫病以及消化道恶性肿瘤。

（2）潜血试验假阳性　凡采食动物血液、各种肉类，以及采食大量植物或蔬菜时，均可出现假阳性反应。因此，采食血液和肉类宠物（犬猫），应素食3d以后才检验；采食植物或蔬菜的宠物，其粪便应加入蒸馏水，经煮沸破坏了植物中过氧化氢酶后，才进行检验。

（三）粪蛋白质检查

利用不同的蛋白质沉淀剂，测定粪中黏蛋白、血清蛋白或核蛋白，以判断肠道内炎性渗出的程度。

1. 操作方法

取粪便3g于研钵中，加蒸馏水100ml，适当研磨，使其成3%粪乳状液；取中试管4支，编号后放在试管架上，按表9－14操作判定结果。

表9－14　粪蛋白质检验操作判定

项　目	试　管　号			
	1	2	3	4
3%粪乳状液试剂	15ml 20%醋酸液2ml	15ml 20%三氯醋酸液2ml	15ml 7%氯化高汞液2ml	15ml 蒸馏水2ml
混合后静置24h，观察上清液透明度，对照管比较：				
阳性结果判定	透明：有黏蛋白	透明：有渗出的血清蛋白或核蛋白	透明：有渗出的血清蛋白或核蛋白	
	混浊：无渗出和血清蛋白		红棕色：有粪胆素 绿色：有胆红素	

2. 临床诊断价值

正常宠物粪中蛋白质含量较少，对一般蛋白沉淀剂不呈现明显反应；当胃肠有炎症时，粪中有血清蛋白和核蛋白渗出，上述蛋白试验可呈现阳性反应。

健康宠物粪便中没有胆红素，仅有少量的粪胆素；发生小肠炎症及溶血性黄疸时，粪中可能出现胆红素，粪胆素也增多；发生阻塞性黄疸时，粪中可能有粪胆素。

（四）粪有机酸测定

粪便中的有机酸及其他酸或酸性盐类能使粪便呈酸性反应，但用过量氢氧化钙中和时，有机酸与钙形成溶于水的有机钙，而其他酸或酸性盐与钙形成不溶于水的钙盐；加入三氯化铁水溶液使之形成絮状物而沉淀，过滤分离，除掉有机酸以外的酸或酸性盐；加酚酞指示剂，用0.1mol/L盐酸液滴定，中和过剩的氢氧化钙；用对二甲氨基偶氮苯为指示剂，用0.1mol/L盐酸液滴定，当盐酸把有机酸钙中的有机酸置换完毕后，多余的盐酸使指示剂变色，即为滴定终点。根据消耗0.1mol/L盐酸的量，间接推算有机酸的含量。

1. 操作方法

取粪10g，加中性蒸馏水100ml混匀；加入30%三氯化铁溶液1ml，1%酚酞酒精溶液

40～50 滴，再加氢氧化钙粉末 2g，此时，粪样混悬液呈红色；放置 5min 后过滤，取滤液 25ml，用 1mol/L 盐酸液滴定至淡玫瑰色（pH 值 8.7）；滴加 0.5% 对二甲氨基偶氮苯酒精溶液 10 滴，此时被检液呈黄色；以 0.1mol/L 盐酸滴定至黄色消退，变成橘红色为止，记录 0.1mol/L 盐酸液的消耗量。

2. 计算

滴定 25ml 滤液消耗的盐酸量 ×4 = 100ml 滤液中有机酸的含量（mol/L）

3. 临床诊断价值

粪便中有机酸含量可作为小肠发酵程度的指标。含量增高，表明肠内发酵过程旺盛。

（五）粪氨的测定

氨为弱碱，用强酸直接中和时，无适当的指示剂，不能直接滴定。当加入甲醛后，放出盐酸，再用标准氢氧化钠液滴定，可间接推算出氨的含量。

1. 操作方法

取新鲜粪 10g，加蒸馏水 100ml，混合后过滤 25ml，加中性甲醛溶液 5ml（甲醛 50ml，加蒸馏水 50ml，加 1% 酚酞酒精 2 滴；用 0.1mol/L 氢氧化钠滴定至微红色），加 1% 酚酞酒精 10 滴；用 0.1mol/L 氢氧化钠滴定至淡玫瑰红色。记录 0.1mol/L 氢氧化钠溶液的消耗量。

2. 计算

滴定 25ml 滤液消耗的氢氧化钠的液量 ×4 = 100ml 滤液中氨的含量（mol/L）

3. 临床诊断价值

粪中氨的含量可作为肠内腐败分解强度的指标，氨含量增高，表明肠内蛋白质腐败分解旺盛，形成大量游离氨，胃肠炎时，粪中氨含量显著增多。

第四节　胃液的检验技术

胃液内容物的检查，对于了解胃的分泌和消化功能，判断胃内容物的性状，鉴别诊断某些胃肠疾病，具有一定的诊断价值，是某些疾病的重要辅助诊断手段之一。

一、胃液的采取

（一）器材及刺激剂

小型宠物胃探管全长 1m，在其前端 20cm 一段内于侧壁钻 20～25 个直径 5mm 左右的小孔。大型宠物可使用胃管，电动吸引器，15% 酒精等进行胃液采取。

（二）禁饲

在采胃液前应禁饲 20h。一般是晚上和次日早晨不喂，上午就可以采胃液。在禁饲的过程中可给予饮水。

（三）操作方法

准确地将胃探管插入胃内。胃探管的外端接在吸引器的负压瓶上，开动马达使负压瓶内的负压力升至 37～43kPa 时，胃液即可自动流入负压瓶内；抽取 3～5min，暂停 3～5min，再抽取 3～5min，这样反复抽取 3～5 次即可；记录其容量，倒入烧杯内待检，并将负压瓶冲洗干净。

通过胃管灌入 15% 酒精 500ml，待 20min 后再抽取一次胃液。此胃液是投给刺激剂后分泌的胃液，同样记录其容量，倒入烧杯内待检。

抽取完毕，将负压瓶和胃管等冲洗干净。抽取的胃液应尽快进行检查。

（四）注意事项

宠物要在保定栏内保定，固定牢头部。抽取胃液过程中如怀疑胃管的某一部位阻塞时，要及时疏通，若需活动抽取胃管时要关闭吸引器，待负压为 0 时再活动胃探管。吸引器的负压不得太高，一般在 37～43kPa 即可，负压过高时，容易损伤胃黏膜。

二、胃液的物理学检验

（一）数量

胃液量的多少取决于胃腺分泌情况和胃的排空速度等因素。其量可由 10ml 至 1 000ml 不等，一般为 200～300ml。

（二）颜色

胃液的颜色常与食物有一定的关系、健康草食宠物的胃液，多为无色或微黄色、淡黄绿色、稍混浊。当混有多量胆汁时，常呈黄绿色或金黄色，胃出血时呈红色，胃扩张时呈暗褐色。

（三）黏稠度

健康宠物的胃液内容物呈水样状态。将胃液静置，黏液可沉于容器底部，或呈悬浮状态，称为内生性黏液，多见于慢性胃炎。黏液浮于液面，并混有泡沫的为外生黏液，一般是被吞咽的唾液。

（四）气味

正常胃液有特异酸味。胃酸缺乏时有腐败臭味；胃扩张时有酸臭味；化脓性胃炎时有恶臭味。

（五）混有物

正常胃液仅混有少量黏液。当混有大量内生性黏液时，可能为慢性胃炎。如混有黄色脓汁，为化脓性胃炎。混有血丝或血块，可能是胃黏膜有损伤。有时胃液中还可能混有砂石、寄生虫等。

三、胃液的化学检验

(一) pH 值测定

临床上多用精密 pH 试纸测定胃液的 pH 值，特殊需要时也可用酸度计测定。正常宠物胃的 pH 值呈弱酸性。在胃酸过多性消化不良时，pH 值降低；相反，在胃酸过低性消化不良时，pH 值偏高。

(二) 游离盐酸及总酸度测定

游离盐酸为不与蛋白质结合的盐酸，总酸度是指一切酸性反应物质的酸度的总和。

1. 原理

以对二甲氨基偶氮苯和酚肽为指示剂，用已知浓度的碱液滴定胃酸。前者在 pH 值 3.5～4.0 时由红色变为杏黄色，后者在 pH 值 8.5 时，由无色变为红色。

一般认为，游离盐酸的酸度高，pH 值在 4.0 以下。其他的有机酸和酸性盐等的酸性较低，pH 值在 4.0 以上。

滴定时，对二甲氨基偶氮苯指示剂由红色变成杏黄色，表示游离盐酸已中和完毕；酚酞指示剂由无色变为红色，表示全部酸已经中和完毕。根据这个原理可用中和法计算胃酸的含量。胃酸滴定中的滴定单位是指每 100ml 胃液所需 0.1mol/L 氢氧化钠溶液的量(ml)，一个滴定单位相当于 0.003 65g 的盐酸，即相当于 1mg/L 的盐酸。

2. 试剂

0.5% 对二甲氨基偶氮苯乙醇液；0.5% 酚酞乙醇液；0.1mol/L 氢氧化钠溶液。

3. 操作方法

(1) 游离盐酸测定　取过滤的胃液 5ml 置于 25ml 的小烧杯中，加 0.5% 对二甲氨基偶氮苯乙醇液 1～2 滴，如呈现樱红色，说明有游离盐酸，然后用滴定管向小烧杯中滴加 0.1mol/L 氢氧化钠液，边滴加边振荡，直至红色恰好消失而变为杏黄色为止。记录所消耗氢氧化钠液的量（ml），乘以 20，即为每 100ml 胃液中游离盐酸的滴定单位。

(2) 总酸度测定　将上述滴定的胃液加入 0.5% 酚酞乙醇液 1～2 滴，再用 0.1mol/L 氢氧化钠液继续滴定，直至粉红色出现并保持 15s 不变为止。记录所消耗氢氧化钠的量(ml)。两次滴定所消耗的氢氧化钠液的量（ml）乘以 20，即为 100ml 胃液的总酸度单位。

4. 临床诊断价值

犬的正常胃酸值，游离盐酸 16～35/dl，总酸度 40～70/dl。

(1) 总酸度增高　表示胃的分泌机能增强，称为酸过多症，可见于胃酸过多性消化不良、胃溃疡等。

(2) 总酸度降低　游离盐酸减少或缺乏，表示胃的分泌机能减退，称为酸过少症，可见于过劳、慢性消化不良等。

(三) 盐酸缺乏度的测定

当胃液中无游离盐酸时，称为盐酸缺乏症，此时可进行盐酸缺乏度的测定。

1. 试剂

0.5%对二甲氨基偶氮苯乙醇液；0.1mol/L盐酸液。

2. 操作方法

取过滤的胃液5ml置于25ml的烧杯中，加0.5%对二甲氨基偶氮苯乙醇液1～2滴（如胃液不含游离盐酸）则呈黄色，然后用0.1mol/L盐酸液进行滴定，直至由黄色变为樱红色为终点，记录所消耗的盐酸量（ml），乘以20，即为每100ml胃液的盐酸缺乏度。

（四）游离酸度滴定及结合盐酸的计算

游离酸度包括除结合盐酸以外的酸和酸性反应物。

1. 试剂

1%茜素红水溶液；0.1mol/L氧氢化钠液。

2. 操作方法

取过滤的胃液5ml置于25ml的烧杯中，再加入1%茜素红水溶液2滴，此时呈黄色（如果仅有结合盐酸，加入指示剂后立即呈紫色）。然后用0.1mol/L氢氧化钠滴定，使指示剂由黄色逐渐变为红色，最后达到明显的紫色即为终点。用去的0.1mol/L氢氧化钠液（ml）乘以20，即为游离酸度的单位。

3. 结合盐酸的计算

$$结合盐酸 = 总酸度 - 游离酸度$$

（五）乳酸的定性试验

1. 原理

乳酸为一弱酸，在酸度正常的胃液内，不能与所加的试剂三氯化铁起反应；当胃液酸度降低而乳酸增高时，游离的乳酸与三氯化铁作用，形成亮黄色的乳酸高铁。

2. 试剂

10%三氯化铁溶液；1%石炭酸溶液。

3. 操作方法

取中试管1支，加入1%石炭酸约10ml，加入10%三氯化铁溶液2滴，混匀，此时溶液略带紫色。将此溶液平均分装两管，一支管供试验用，另一支管作为对照。在试管内加入滤过的胃液数滴，于对照管内加入等量的蒸馏水，分别混匀，观察颜色的变化。对照管颜色无变化，若试验管由淡紫色变为亮黄色，即表示胃液内有乳酸存在。为了观察清楚，可于管底衬以白纸，自管口向管底进行观察。

在胃内缺乏游离盐酸，胃排空迟缓（如继发性胃扩张、胃弛缓等）时，试验常呈阳性。

（六）胃蛋白酶试验

为测定胃蛋白酶的消化力，可进行胃蛋白酶试验。

取一支3cm长的毛细玻璃管，吸满血清，放于水浴锅中加热凝固。将此毛细玻璃管放入盛有被检胃液的平皿中，在37℃温箱中经过24h后，测量毛细管两端蛋白被消化长度的和（以mm计算），即为该胃液的消化力。

胃液中缺乏游离盐酸时，胃蛋白酶试验应按每5ml胃液加入0.1mol/L盐酸2ml，以助消化。如毛细管两端被消化的长度和，达到6～10mm，说明胃蛋白酶的消化力正常。

当胃内容物中缺乏游离盐酸时，根据胃蛋白酶的测定结果，可以进一步了解关于胃腺的损害程度。

第五节　功能代谢试验技术

一、脂肪吸收功能试验

正常宠物消化吸收脂肪需要一定量的胰脂酶和胆汁。

（一）试验方法

对肉食宠物饥饿12～24h，口服玉米油2～3ml/kg体重，分别在口服玉米油前和口服后2h、3h、4h采集抗凝血分离血浆，比较血浆浊度。

（二）临床诊断价值

1. 吸收正常

口服后比口服前血浆变浊，表明肠道消化吸收良好。

2. 吸收不良

口服后比口服前血浆不变浊，表明肠道消化吸收不良、胆汁分泌不足或胰腺分泌功能不良。

3. 假阳性反应

口服后比口服前血浆不变浊，可加入胰脂酶，如出现血浆混浊表明是胰腺分泌不足性消化不良；如仍然不变混浊，表明肠道吸收不良、胆汁缺乏、胃内食物滞留时间过长或肠道内细菌过量繁殖等。

二、葡萄糖耐量功能试验

正常宠物口服或静脉注射葡萄糖后血糖暂时升高，并刺激胰腺分泌胰岛素使葡萄糖合成糖原加以储存，在较短的时间内血糖可降到空腹水平（耐糖现象）。当内分泌失调或糖代谢紊乱时，口服或静脉注射葡萄糖后血糖急剧升高，长时间不能恢复空腹水平；或血糖升高不明显，短时间不能恢复到空腹水平（耐量降低）。

临床中对空腹血糖稍高，偶有尿糖、糖尿病症状不明显的宠物，进行葡萄糖耐量试验（GTT）检查，以观察糖代谢功能是否健全。

（一）试验方法

口服或静脉注射葡萄糖。口服葡萄糖：犬0.5g/kg体重，在口服前和口服后每隔30min采血测定血糖含量；静脉注射葡萄糖：犬禁食12h后静脉注射葡萄糖0.5g/kg体重，注射后 5min、15min、25min、35min 和 60min，分别测定血糖含量，并计算血糖降到一半所需时间。

（二）判定标准

1. 口服葡萄糖耐量试验

健康犬血糖浓度 30～60min 时，血糖 160mg/dl，并在 120～180min 可恢复到正常。

2. 静脉注射葡萄糖耐量试验

健康犬血糖值降到一半所需时间不超过 45min。

（三）临床诊断价值

1. 隐性糖尿病

葡萄糖耐量试验后血糖升高不明显，短时间不能恢复到空腹水平。

2. 糖耐量降低

多见于甲状腺功能亢进、垂体前叶功能亢进、肾上腺皮质功能亢进及慢性胰腺炎等。

3. 肝源性低血糖病

空腹血糖低于正常，口服葡萄糖后高峰提前并超过正常，而后又不能降到正常水平。

4. 肠道吸收不良

葡萄糖耐量试验高峰在正常范围，但达不到高峰浓度。

三、尿浓缩与稀释功能试验

尿浓缩与稀释功能试验，是评价肾小管功能的常用指标之一，是一种简便易行的肾功能试验。正常情况下，宠物机体可根据机体水盐平衡状况，调节尿液的浓缩与稀释程度，通过排出浓缩尿或稀释尿，以维持机体水盐平衡。

（一）试验原理

临床上尿浓缩、稀释功能试验，一般多采用昼夜尿比重测定法。仅依据尿比重来判断肾小管的浓缩、稀释功能，则有时是不够正确的，近年来，有人主张用纯水清除率来评价肾浓缩和稀释功能。

浓缩试验又称禁水试验。对健康宠物限制饮水时，血浆晶体渗透压升高，刺激下丘脑渗透压感受器，使抗利尿激素分泌和释放增加，于是增加了肾小管对水分的重吸收，使尿量减少，排出一定浓度的浓缩尿。

稀释试验是检验体内水盐平衡的另一种方法，一般不常用。稀释试验主要用于判断肾小球的滤过作用，稀释功能丧失较浓缩功能异常发生要晚。

（二）试验方法

1. 突然停水试验

突然停止供给宠物饮水，然后不断测定宠物排尿的比重。如果犬的尿比重大于 1.030、猫大于 1.035，表明宠物具有正常的尿浓缩能力，应停止本试验；如果本试验中宠物的体重下降达 5%～7% 或出现异常表现，也应停止本试验。

2. 逐渐停水试验

逐渐停止宠物饮水至完全停止饮水，其方法和目的与突然停水试验相同。

3. 抗利尿素浓缩试验

给宠物注射抗利尿素替代停水试验的方法，抗利尿素使肾小管加强对水的重吸收而使尿浓缩。本试验适用于停止饮水有危险的宠物。

4. 稀释试验

给宠物饮用一定量的水，测定排出的尿量和比重。稀释试验主要用于判断肾小球的滤过作用，稀释功能丧失较浓缩功能异常发生要晚。

（三）临床诊断价值

浓缩功能试验若肾功能异常者，对尿液的浓缩作用下降，排不出一定的浓缩尿。浓缩试验异常，提示肾小管功能早期受损。其临床价值大于稀释试验，是测定肾小管功能的敏感方法。

稀释功能试验异常，多见于肾小球病变或肾血流量减少，在肾炎时少尿及浮肿时更为显著。

四、染料滞留和排泄功能试验

正常肝脏的肝细胞有滞留和排泄体内代谢产物和外来药物的作用。当肝脏功能异常、受损伤时，肝细胞对物质的摄取、代谢、运转和排泄等功能发生改变，通过滞留和排泄功能试验，可以了解肝脏功能的情况。

（一）磺溴酞钠滞留率试验

磺溴酞钠（BSP）为一种无毒的染料，静脉注射一定量的 BSP 后，大部分与白蛋白及 α 球蛋白结合，随血流进入肝脏被肝细胞摄取，在肝细胞内与谷胱甘肽等结合，并在短时间内随胆汁排至肠道。当肝脏损伤时 BSP 的摄取和排泄功能障碍，检测血液中的 BSP 的滞留量，可借以诊断肝脏受损伤的情况。

1. 测定方法

用 5mg/kg 体重的 BSP，配制成 5% 溶液给狗静脉注射、30min 采血经分光光度计比色，计算出 30min 血中 BSP 的滞留率，根据其滞留率的多少来判断肝脏排泄功能受损的程度。

2. 临床诊断价值

犬 BSP 静脉注射后，在 30min 内血液中几乎消失，其滞留率一般在 5% 以下。

滞留量增高见于肝损伤的各种疾病，如肝小叶中心坏死性脂肪肝、局灶性肝炎、门脉周围纤维化、传染性肝炎、四氯化碳中毒及肝脏寄生虫性疾病。肠道的炎症、心功能不全、严重的脱水等情况下，可表现 BSP 滞留时间延长。

（二）靛青绿滞留率试验

靛青绿（ICG）为一种无毒染料，进入血液循环后迅速与白蛋白结合，被肝细胞摄取，贮存于肝内。ICG在肝内不和谷胱甘肽结合，无肝肠循环，不从肾脏排出而直接由胆道排至肠道。

1. 测定方法

用一定量的ICG给狗静脉注射、15min后采血经分光光度计比色，计算出15min血中ICG的滞留量，根据其滞留量的多少来判断肝脏排泄功能受损的程度。

2. 临床诊断价值

目前，用于临床诊断的数据欠缺，但滞留量增高或滞留时间延长，见于产生肝损害的各种疾病，包括具有小叶中心性坏死的脂肪肝、门脉周围纤维化、局灶性肝炎、四氯化碳中毒、传染性肝炎、具有肝脂肪变性的糖尿病、具有肝转移的白血病、肝弥漫性纤维化、伴有腹水的肝脏变性和肝吸虫病等。此外，溃疡性十二指肠炎、胃肠炎、球虫出血性肠炎、钩端螺旋体病、心功能不全、严重脱水、休克和酮血病等，滞留时间延长。

（三）酚红排泄试验

酚红在碱性条件下呈红色，是一种无害的染料，也是实验室常用的指示剂。作肾功能测定时，从静脉注入的酚红经肾小球滤过的只有4%，其余部分皆由肾小管分泌而排泄。因其在临床上有较大的实用价值，至今仍为临床常用的肾功能检测项目，作为检查远端肾小管功能的客观指标之一。

1. 测定方法

一般犬1次静脉注射6mg/只。静脉注射后分别在15min、30min、60min、120min或肌肉注射后分别在40min、70min、120min留尿检测。

2. 临床诊断价值

一般静脉注射后15min的测定值非常重要。正常值应在25%以上，2h排出总量为55%～85%。若15min排出量≤25%，120min总排出量≤55%时，表示肾功能损害。因此，当肾小球疾病致使肾血流量减少时，酚红排泄亦减少，它们之间成正比关系。酚红排泄试验的临床诊断价值有：

（1）各种肾脏病变均可导致肾血流量改变，常在肾小球滤过率有显著降低之前已出现酚红排出下降的现象。

（2）除了肾小管功能损害使酚红排出下降外，其他疾病如严重高血压、心力衰竭及显著水肿等，也可导致肾血流量的改变，而影响了酚红的排泄。

（3）酚红排泄试验还可作为肾功能试验以外的尿路病变诊断的参考指标。当尿路梗阻或膀胱功能障碍有排尿困难时，酚红排出受阻。

（4）在妊娠后期，由于酚红参与胎盘循环及上泌尿道扩张等原因，可出现酚红15min排出量降低。

（5）肝脏病变时，排泄酚红的作用减弱，故使更多的酚红由尿中排出，酚红2h排出量可高于正常，但15min排出值，一般不受影响。

（6）有些药物如青霉素、各种利尿剂及静脉肾盂造影剂等，可能与酚红在肾近曲小管通过共同转运系统而分泌，影响酚红的排泄。

凡是在2h时排泄总量为50%以上，表示肾功能轻度损害，40%以上为中度损害；25%以下为重度损害；10%以下为严重损害；排泄减少，见于慢性肾炎，肾病，肾动脉硬化及肾淤血引起的肾功能损害。因此，肌肉注射法正确性差，故一般多采用静脉注射法。

（王立成、王雪东）

第六节　血液生化检验技术

当各种致病因素侵害机体时，血液中正常生化指标必将受到不同程度的影响。临床上将通过实验室分析血液、体液和排泄物等生化指标的变化，常常来判断某些宠物疾病。

一、血清胆红素的检测

胆红素（BIL）主要来源于衰老破碎的红细胞，肌红蛋白和某些酶也是其小部分来源。胆红素包括间接胆红素和直接胆红素。正常宠物血清胆红素浓度都低于15μmol。

胆汁色素的大部分是胆红素，也含有极少量的胆绿素。有的可在尿液中可测得。

（一）血清胆红素的测定方法

胆红素和重氮试剂反应生成红色的重氮胆红素，以此红色进行比色。直接胆红素，使重氮试剂对稀释血清发生反应15min后比色即得。在此基础上再使甲醇对之发生反应30min比色即求得总胆红素减去直接胆红素，即可计算出间接胆红素。胆红素的测定常用伊－马（Evelyn-Malloy）氏检测法。

1. 试剂

盐酸　将15ml浓盐酸用蒸馏水稀释至1 000ml。

重氮试剂　将第一液（对氨基苯磺酸1g溶于15ml浓盐酸中，加水至1 000ml）10ml与第二液（将0.5g亚硝酸钠溶于100ml水中）0.3ml混合，即可使用，要在5min以内使用完。

甲醇（特级）

胆红素标准液（10mg/dl）　将10mg胆红素溶于氯仿中使成为100ml。标明室温，使用时要恢复到室温温度。在冰箱内保存可以用6个月。

2. 标准曲线

标准曲线　将胆红素标准液（1mg/dl）用甲醇10倍稀释。在4个比色管中分别加重氮试剂各1.0ml，各自加入稀释标准液0ml、2ml、4ml、6ml，再加甲醇使各管全量成为10ml，充分混合。30min后比色，读取各管光密度值，制作标准曲线。本实验各管胆红素分别相当于0mg/dl、5mg/dl、10mg/dl、15mg/dl。

3. 操作

在0.5ml血清中加水4.5ml稀释成10倍的稀释血清。测定比色管A中加入0.2ml稀血清，再混合0.5ml重氮试剂；对照比色管B中加入0.2ml稀释血清，再向其加入1.5%的盐酸液0.5ml；15min后以B管为对照，用540nm（蓝色滤光片）的光电比色计进行比色，得出A管的值；分别向A、B两管加入0.5ml乙醇，颠倒混合后30min以B管作对照。用540nm（蓝色滤光片）的光电比色计进行比色而得B管的值。

从标准曲线中读取 A 值、B 值。

直接胆红素（mg/dl）= A 值；总胆红素（mg/dl）= B 值 ×2

（二）临床诊断价值

宠物血清胆红素正常值：犬 0.2～1.0mg/dl，猫 0.1～1.0mg/dl。

1. 血清胆红素增多

（1）肝前性或溶血性增多　一般为间接胆红素增多（占 60% 以上）。见于犬猫的巴贝斯虫病、巴尔通氏体病、红斑狼疮、埃立克氏体病、钩端螺旋体病、不相配的输血、自体溶血性贫血、蛇咬伤、黄曲霉菌毒素中毒、洋葱或大蒜中毒、红细胞丙酮酸激酶缺乏、卟啉病和猫乙酰氨基苯中毒等。增多一般不超过 20。

（2）肝性或肝细胞性增多　间接和直接胆红素都增多。见于犬传染性肝炎、犬猫的钩端螺旋体病、细菌性肝炎、肝硬化末期、肝肿瘤和肝的大面积脓肿等。

（3）肝后性或阻塞性增多　起初引起直接胆红素增多，后因肝细胞损伤，血液中间接胆红素也增多。另外，由于胆管阻塞，胆红素不能进入肠道，粪便变成灰白色，尿中无尿胆素原，碱性磷酸酶活性增加，甚至可超过 10 000U/L。肝后性增多见于寄生虫堵塞胆管（可超过 100μmol/L）、胆管结石、胆囊或胆管肿瘤等。

2. 血清胆红素减少

一般多见于红细胞生成减少。

二、血浆（血清）胆固醇检测

胆固醇（CHOL）分游离胆固醇和胆固醇酯，胆固醇酯占 70% 左右。游离胆固醇由肠道吸收由肝脏、小肠、皮肤和肾上腺合成。胆固醇酯只能在肝脏合成。因此，分别检验游离胆固醇和胆固醇酯，对肝脏疾病具有较大的临床诊断价值。

（一）胆固醇的定量测定

胆固醇的定量测定常用扎克－亨利氏法，就是在血清中加入氯化铁醋酸溶液，脱去蛋白后对其滤液直接进行反应，求出胆固醇量。

1. 试剂

浓硫酸

氯化铁冰醋酸溶液保存液　把 1.0g 氯化铁（$FeCl_3 \cdot 6H_2O$）溶于 100ml 特级冰醋酸中（室温保存）。使用时将保存的氯化铁冰醋酸溶液用冰醋酸稀释 10 倍。此溶液在室温下至少可保存 4 周。

冰醋酸　必须使用优质特级品

标准液（1ml≌1mg）　在 100ml 的溶量瓶内加入 100mg 的胆固醇，加冰醋酸至刻度。不能马上溶解时，放置 1～2d 即可完全溶解。

2. 操作

取 0.05ml 血清放入试管中加 0.4ml 氯化铁冰醋酸溶液，加塞充分混合后放置数分钟。用 2 500r/min 离心沉淀 10min。取上清液 3.0ml 放于干燥有塞的试管中，再沿管壁静静地加 2.0ml 硫酸。加塞强力振荡充分混合后，放置 20min，在发热的同时变成紫红色，呈色可持续 30～120min。

3. 结果判定

以水为对照，用光电比色计或分光光度计比色，波长为 560～570nm（绿色滤光片）进行测定被检液。

取胆固醇标准液 3ml 加与上清液相同的硫酸 2.0ml 而测定，以吸光度为横轴，mg/dl 为纵轴制作标准曲线，从标准上读数值。

（二）胆固醇脂的测定

用醇醚混合液从血清中提取脂质，加入洋地黄苷，使游离型胆固醇沉淀。沉淀物经分离精制后，测定胆固醇含量。

1. 试剂

醇醚混合液　乙醇（95%）3 份和乙醚 1 份混合。

洋地黄皂苷溶液（1g/dl）　把 1g 洋地黄皂苷溶解于 100ml 的 70% 的乙醇中。

丙酮、冰醋酸、氯化铁冰醋酸溶液、硫酸等其用做测定胆固醇的试剂

2. 操作

用吸量管正确地将 0.5ml 的血清，一滴一滴地滴到醇醚混合液中，与约 5ml 醇醚混合。在约 80℃ 的水溶液中加温 5min，用流水冷却后滤过，在滤液中加醇醚混合液至 5ml；在 2.0ml 滤液中加 1ml 洋地黄皂苷试剂，混合使游离胆固醇沉淀；用 2 500r/min 离心沉淀 10min，舍去上清液；再加 1ml 丙酮，清洗沉淀物，再次离心分离，舍去上清液在水浴上干燥离心的残渣；向此残渣中加氯化铁冰醋酸溶液 3ml 后，再加硫酸 2.0ml 形成两层；加塞充分混合 20min 后，以水为对照，用光电比色计或分光光度计测定，波长为 560～570nm。从胆固醇的定量测定标准曲线上读取数值。

3. 计算

$$\text{游离胆固醇}(mg/dl) = \text{上述测量值} \times 0.5$$

$$\text{胆固醇酯}(mg/dl) = \text{胆固醇值} - \text{游离胆固醇值}$$

（三）临床诊断价值

宠物胆固醇正常值：犬 137～275mg/dl，猫 0.4～2.6mg/dl。正常胆固醇酯值：犬 96～193mg/dl（5～6 岁的犬呈现高值，老、幼犬呈现较低的值）。

1. 胆固醇增多

（1）高血脂症　见于①饲喂后的血脂升高；②增加脂肪的作用：严重糖尿病、厌食、饥饿、肾上腺皮质亢进、脂肪组织炎（猫）；③降低了脂蛋白脂酶的活性，胰脏急性坏死（胰岛素分泌减少）；④降低了脂肪分解代谢，甲状腺功能降低（碘缺乏，约 60% 患病犬胆固醇增多）；⑤原发性不明原因的高脂血症，如犬、猫高脂血症。

（2）肝胆系统疾病　见丙氨酸转氨酶和山梨醇脱氢酶。胆固醇只有在胆管阻塞（结石、肿瘤和寄生虫）时，静力压很大增加的情况下才增多，但此时游离胆固醇和胆固醇酯比例不变。

（3）肾脏疾病　肾病综合征（蛋白丢失性肾病）、增殖性肾小球肾炎、肾淀粉样

变性。

2. 胆固醇减少

见于①摄取减少，食入了低脂肪食物，胰腺外分泌机能不足（影响了消化），肠道不吸收、严重贫血；②见于进行性肝脏病、慢性肝病、肝硬化时，胆固醇酯减少得尤其明显；③增加了胆固醇酯的丢失和分解代谢，见于蛋白质丢失性肠病、甲状腺功能亢进；④严重败血症、热性传染病、进行性肾炎。

三、血浆中酶的检测

（一）丙氨酸氨基转移酶的检测

丙氨酸氨基转移酶（ALT）也叫谷丙转氨酶（GPT），ALT 大量地存在于灵长类、犬和猫的肝细胞中，当肝细胞损伤时，应检查 ALT 酶。

健康的犬猫值不超过 100IU/L。当宠物达到 80～400IU/L 表示有中等程度肝坏死或肝细胞损伤，400IU/L 以上表示肝脏有严重坏死。当肝脏坏死或损伤修复后，此酶活性仍升高 1～3 周。血清谷丙转氨酶（S－GPT）的测定常用莱特曼－弗兰克尔氏法。

1. 试剂

谷丙转氨酶标准液 把 DL－丙氨酸 1.78g 和 α－酮戊二酸 29.2mg 溶于 0.1mol/L 磷酸缓冲液 20ml 之后，用 1mol/L 氢氧化钠调节 pH 值至 7.4，再用缓冲液定容至 100ml。

2,4－二硝基苯肼液 取 2,4－二硝基苯肼 19.8mg，溶于 10mol/L 盐酸 10ml 中，溶解后加入蒸馏水至 100ml，装棕色瓶中备用。

2. 操作

取等质量等直径的 A、B 两个试管，在 A 管中，放入水浴中 5min 后加血清 0.2ml，在 B 管中加谷丙转氨酶标准液 1.0ml；将 A 试管在 37℃的水浴槽中放置 30min；在 A 管中加 2,4－二硝基苯肼液 1.0ml，在 B 管中加血清 0.2ml 之后，再加 2,4－二硝基苯肼液 1.0ml；在室温中放置 20min 后分别在 A 和 B 试管中加 0.4mol/L 氢氧化钠液 10ml，加塞振荡混合；10～30min 后以水为对照用光电比色计进行测定，波长为 490～530nm，A－B＝吸光度，从标准曲线上求活性度。

3. 标准曲线的制作

向各试管加显色试剂 1.0ml，室温放置 20min 后，加 0.4mol 氢氧化钠液 10ml，盖塞振荡混合，10～30min 后以水为对照。波长为 490～530nm，在光电比色计上测定吸光度，2 号以下的试管分别减 1 号管的吸光度，以卡单位为纵轴，以吸光度为横轴做标准曲线（表 9－15）。

表 9－15 标准曲线制作操作表

试管号码	1	2	3	4	5	6	7
2mM 丙酮酸	0	0.1	0.2	0.3	0.4	0.5	0.6
标准液	1.0	0.9	0.8	0.7	0.6	0.5	0.6
水	0.2	0.2	0.2	0.2	0.2	0.2	0.2
ALT 卡－氏单位	0	11.0	24.0	40.0	60.0	82.0	112.0
AST 卡－氏单位	0	12.0	26.0	41.0	58.0	75.0	93.0

4. 临床诊断价值

宠物的正常参考值如表 9－16。

表 9－16　宠物的 ALT、AST 正常值表

宠物种类	ALT 值	AST 值	资料来源
犬	17.3～28.1	15.6～28.0	实验宠物学
猫	10.0～40.0	7.0～40.0	实验宠物学
家兔	20.0～70.0	20.0～70.0	实验宠物学
禽	9.5～37.2	88.0～208.0	实验宠物学

注：对犬在给予砷剂，注射狂犬疫苗、黄疸、中毒及犬瘟热等疾病时，表现高值

（1）ALT 增多　①在急性肝炎和类固醇性肝病时，ALT 活性可达 5 000IU/L。一般见于原发性肝细胞和胆系统疾病；传染性疾病，病毒性疾病有犬传染病肝炎、猫传染性腹膜炎、猫传染性贫血。细菌性疾病包括钩端螺旋体病、杆菌血红蛋白尿、其他细菌引起的菌血症、白血症、肝脓肿和胆管肝炎。寄生虫病包括蛔虫、肝片吸虫；肝毒素疾病，毒血症、外源性肝毒素（砷、四氯化碳）、碘化吡咯生物碱中毒；新生瘤，如肝瘤、胆道瘤、淋巴肉瘤、骨髓痨及骨髓增殖疾病、转移性新生瘤；堵塞性疾病，如胆管炎、肝细胞胆管炎、胆管堵塞（胰腺炎、新生瘤、纤维样变性、脓肿、寄生虫和结石）；肝脏外伤；慢性活动性肝炎，如免疫反应性肝炎、肝脂肪代谢障碍、不知原因肝炎；储藏性紊乱，如犬铜贮藏过剩（多见于伯灵顿犬）；②代谢性紊乱与继发性肝疾病糖尿病、应激、肾上腺皮质功能亢进、肾脏综合征、毒血症、饥饿或长期厌食、不吸收综合征、酮血病和各种原因肝脂肪沉积、猫甲状腺机能亢进；③循环紊乱与继发性肝疾病，如心脏机能不足、门腔静脉分流沟通、严重贫血（缺氧）、休克；④药物治疗，如皮质类固醇、抗生素（红霉素、氯霉素）、抗惊厥药（扑痫酮、苯基巴比托），但在猫少见。

（2）ALT 减少　一般无临床意义，但肝纤维化或硬化时，可能减少。

（二）天冬氨酸氨基转移酶的检测

天冬氨酸氨基转移酶（AST）也叫谷草转氨酶（GOT），AST 主要存在于所有家畜的肌肉、肝脏和心肌中，少量存在于肾、脾、脑和红细胞中。

1. 试剂

磷酸盐缓冲液（pH 值 7.4，0.1mol/L）将 7.12g 磷酸氢二钠（$Na_2HPO_4 \cdot 2H_2O$），1.36g 磷酸二氢钾溶于蒸馏水中定容至 500ml，调节至 pH 值 7.4。

0.4mol/L 氢氧化钠溶液　将 16mg 氢氧化钠用蒸馏水溶解定容至 100ml。

谷草转氨酶标准液　取 29.2mgα－酮戊二酸（特级）、L－天冬氨酸（特级）2.66mg 放于小烧杯中，加 1N 氢氧化钠 20ml，使之溶解，调 pH 值 7.4 后移到 100ml 容量瓶中，用 0.1mol 磷酸缓冲液定容到 100ml。加氯仿约 1ml，充分振荡保存于冰箱内，可保存约 1 个月。

丙酮酸标准液（保存液）　将 224mg 丙酮酸锂溶解于 0.1mol 磷酸缓冲液中定容至 100ml，加氯仿约 1ml（冷暗处保存 2～3 个月稳定）。

2. 操作

取等质量等直径的 A、B 两个试管，A 试管中加入谷草转氨酶标准液 1ml 后加入血清

0.2ml，B试管中加入谷草转氨酶标准液1ml；将A试管放在37℃的水浴槽中1h；在A试管中加丙酮酸标准液1.0ml，B试管中加血清0.2ml之后再加丙酮酸标准液，室温放置20min；分别在A和B试管中加0.4mol/L氢氧化钠液10ml。加塞振荡混合；10～30min后以水为对照用光电比色计进行测定，波长为490～530nm，A－B＝吸光度，从标准曲线上计算活性。

3. 临床诊断价值

宠物AST正常值如表9－16。

（1）AST增多　生理性增多见于运动或训练中和活动之后。病理性增多见于肝胆系统疾病；骨骼肌系统疾病，如损伤和坏死（挫伤、褥疮、肌肉内注射、舌咬伤），肌炎（梭菌性疾病、化脓细菌性疾病、嗜酸性粒细胞肌炎），挣扎性紊乱（严重或支持性训练、捕捉、麻痹性肌色素尿症）以及犬变性肌病；心脏损伤和坏死；非特殊性组织损伤，包括所有器官的一些增加性细胞损伤、各种原因引起的溶血以及败血症、慢性铜中毒、黄曲霉毒素中毒等。

（2）AST减少　一般见于维生素B_6缺乏和大面积肝硬化。

（三）乳酸脱氢酶的检测

乳酸脱氢酶（LDH）主要存在于骨骼肌、心脏、肾脏，其次是肝脏、脾脏、胰脏、肺脏、肿瘤组织等，红细胞内含量也极丰富。

乳酸脱氢酶至少有5种同工酶：LDH_1存在于心脏、红细胞、脑和睾丸；LDH_2存在于平滑肌、心肌、脑肾、骨骼和甲状腺；LDH_3存在于肺、胰脏、肾上腺、脾、胸腺、甲状腺、淋巴结、白细胞；LDH_4存在于皮肤、肝脏和肠道；LDH_5存在于骨骼肌、肠道和小肠。

乳酸脱氢酶及其同功酶有快速诊断试剂盒诊断方法。实验室检验虽然有把丙酮酸变为乳酸的方法和把乳酸变为丙酮酸的方法，但一般情况下使用让丙酮酸变成乳酸，用肼显色法测定减少的丙酮酸的方法，此法即为卡－沃二氏法。

1. 试剂

标准缓冲液（pH值7.8～8.0）　将2g丙酮酸放于容量瓶中，加蒸馏水1 000ml溶解后，再溶解10g磷酸氢二钾（K_2HPO_4）。

$NADH_2$液　把10mg $NADH_2$溶解于1ml蒸馏水中，使用前配制，每次0.1ml。

2,4－二硝基苯肼液　将200mg 2,4－二硝基苯肼盐酸盐溶液溶解于85ml浓盐酸中，定容至1 000ml。

氢氧化钠溶液（0.4mol/L）　将16g氢氧化钠溶于蒸馏水中，定容至1 000ml。

标准液的配制如表9－17。

表9－17　标准液配置方法表

标准缓冲液	1.0	0.8	0.6	0.4	0.2	0.1
水	0.1	0.3	0.6	0.7	0.9	1.0
乳酸脱氢酶（沃罗沃列夫斯基单位）	0	260	640	1 040	1 530	2 000

加显色剂测定吸光度绘制标准曲线。

2. 操作

血清的稀释：向血清中加馏水0.5ml进行稀释。

取等质量等直径的A、B两个试管，在两管内加入等量的稀释血清。A为实验管，B为对照管。向A管稀释血清中加$NADH_2$溶液0.1ml，向B管加馏水0.1ml，将两管放在37℃水浴中，加温15min；向两管中加标准缓冲液1.0ml（记录准确时间），放在37℃水浴中加温30min；再向两管加二硝基苯肼1.0ml混合搅拌，20min后加0.4mol/L氢氧化钠颠倒混合；5min后以蒸馏水为对照用光电比色计或分光光度计进行测定，波长为550nm，A－B＝吸光度，从标准曲线上计算单位。

3. 临床诊断价值

正常犬、猫LDH活性为200～300IU/L，观赏鸟（禽）LDH活性为800～950IU/L。

（1）乳酸脱氢酶增多　多见于幼年宠物；组织坏死如肝脏、骨骼肌肉、肾、胰脏、心肌坏死、淋巴网状内皮细胞、红细胞（溶血性疾病）；肿瘤如新生瘤（特别是淋巴肉瘤）、白血病、弓形虫病。

（2）乳酸脱氢酶减少　多见于脂血症。

四、血清蛋白的检测

血清蛋白（SP）主要由白蛋白和球蛋白组成，球蛋白通过电泳，分为α、β、γ球蛋白3部分，白蛋白占80%。α－球蛋白和β－球蛋白由肝脏生成，γ－球蛋白由淋巴结、脾脏、骨髓生成，IgG主要由脾脏产生。肝脏还能生成脂蛋白，糖蛋白，黏蛋白，纤维蛋白原，凝血酶原（凝血因子Ⅱ），凝血因子Ⅴ、Ⅶ、Ⅷ（部分）、Ⅸ和Ⅹ。总之，血浆中蛋白90%～95%由肝脏合成。

（一）血清总蛋白、白蛋白及球蛋白的测定

蛋白质中的肽键，与碱性酒石酸盐（钾、钠、铜）作用，产生紫色反应，称为双缩脲反应。根据颜色的深浅，与经同样处理的蛋白标准溶液比色，即可求得血液蛋白质的含量。血清总蛋白、白蛋白及球蛋白测定常用双缩脲法进行测定。

1. 试剂

硫酸钠－亚硫酸钠混合液　硫酸钠（化学纯）208g，无水亚硫酸钠（化学纯）70g，浓硫酸2ml，蒸馏水加至1 000ml。配制时先将亚硫酸钠研碎，与硫酸钠一同置于烧杯中。将硫酸2ml加于约900ml蒸馏水中，然后再把含酸蒸馏水倾入烧杯中，随加随搅拌，溶解后全部移至1 000ml容量瓶中，加蒸馏水至1 000ml，混匀。取混合液1ml，加蒸馏水至25ml，测定pH值7.0或略高，保存备用。

双缩脲试剂　硫酸铜（化学纯）1.5g，酒石酸钾钠（化学纯）6g，10%氢氧化钠300ml，蒸馏水加至1 000ml。配制时先把硫酸铜与酒石酸钾钠分别溶于250ml蒸馏水中，将二液混合后倾入1 000ml量瓶中，加入10%氢氧化钠溶液，边加边摇振，混合均匀，再加蒸馏水至1 000ml，保存备用。此试剂可长期保存，但发现有暗色沉淀时则再不能使用。

2. 操作方法

（1）制备标准血清及测定其总蛋白量　若无已备标准血清时，可收集多份同品种宠物

血清混合而成标准血清，并用微量定氮法，以求得其总蛋白含量。微量定氮法所用试剂与测定非蛋白氮所用试剂相同。

①取血清1ml置于50ml量瓶中，加0.9%氯化钠溶液至50ml，即50倍稀释，混匀，供测定血清总蛋白用。

②血清制备无蛋白血滤液（取100ml三角瓶放入血液2ml、蒸馏水14ml、0.333mol/L硫酸液（慢慢滴入）2ml、10%钨酸钠液2ml，摇匀后放置至转变为褐色，离心或过滤，得无蛋白血滤液），供测定血清非蛋白氮用。

计算标准血清所含总蛋白量，按表9－18进行操作。

表9－18　测定其总蛋白量操作表

	步　骤	总蛋白测定管	非蛋白氮测定管	标准管	空白管
1	硫酸铵标准液（ml）	0	0	1.0	0
	0.9%氯化钠标准液（ml）	0.2	0	0	0
	无蛋白血滤液（ml）	0	1.0	0	0
	5%硫酸溶液（ml）	0.2	0.2	0.2	0.2
	玻璃珠（粒）	1	1	1	0
2	除空白管外，均需加热消化，至管中充满白烟，管底液体由黑色转变为无色透明为止，冷却				
3	蒸馏水加至（ml）	7	7	7	7
4	碘化汞钾试剂应用液（ml）	3	3	3	3
5	混匀后用440nm或蓝色滤光板光电比色，以空白管校正光密度到0点，分别读取各管读数，记录				

计算血清总蛋白量：

血清氮含量（mg/L）= 总蛋白测定管光密度/标准管光密度 ×0.03 ×100/0.004

= 总蛋白测定管光密度/标准管光密度 ×750

血清非蛋白氮含量（mg/L）= 总蛋白测定管光密度/标准管光密度 ×30

血清总蛋白质含量（g/L）=（含氮量 − 非蛋白氮）×6.25/1 000

如果为15%氯化钠溶液稀释标准血清（3份 +1份），配成1∶4的贮存标准血清，置冰箱内备用，可保存1个月。

（2）制备标准血清应用液　取未经稀释标准血清0.2ml，加27.8%硫酸钠－亚硫酸钠混合液3.8ml，混匀，备用。

（3）制备被检血清总蛋白混悬液和白蛋白澄清液　取被检血清0.2ml置试管中，加入27.8%硫酸钠－亚硫酸钠混合液3.8ml，塞注管口，倒转混合10次（不宜过多过少），即得总蛋白混悬液。放置片刻，待气泡上升后，取此混悬液1ml，加入以标定总蛋白测定管中，做总蛋白测定。向剩余部分内加入乙醚（化学纯）2.5ml，摇振约40次混匀后，以2 500r/min离心沉淀5min。此时试管内液体分为3层，上层为乙醚，中层为白色球蛋白，下层为清澈白蛋白液。斜执试管，使球蛋白与管壁分离后，用1ml吸管小心吸取下层澄清的白蛋白液1ml，不可触及球蛋白块而使之破碎，加入已标定白蛋白测定管内，供测定白蛋白用。

（4）测定被检血清总蛋白及白蛋白含量　被检血清总蛋白和白蛋白测定操作步骤如表9－19。

表9-19 血清总蛋白和白蛋白测定操作步骤表

	步 骤	总蛋白测定管	非蛋白氮测定管	标准管	空白管
1	被检血清总蛋白混悬液（ml）	1.0	0	0	0
	被检血清白蛋白澄清液（ml）	0	1.0	0	0
	标准血清应用液（ml）	0	0	1.0	0
	硫酸钠-亚硫酸钠混合液（ml）	0	0	0	1.0
	双缩脲试剂（ml）	4.0	4.0	4.0	4.0
2	充分混合均匀，置37℃恒温箱或室温暗处30min后，以540nm或绿色滤光板光电比色，以空白管校正光密度到0点，读取各管读数，记录数值				

3. 计算血清中各蛋白含量

被检血清总蛋白含量（g/L）=总蛋白测定管光密度/标准管光密度×标准血清总蛋白量

被检血清白蛋白含量（g/L）=白蛋白测定管光密度/标准管光密度×标准血清总蛋白量

被检血清球蛋白含量（g/L）=被检血清总蛋白量-被检血清蛋白量

（二）血清蛋白改变的临床诊断价值

宠物血清蛋白（TB）含量正常参考值为犬6.4%，猫7.58%。

1. 血清蛋白增多

（1）浓血症 见于脱水（腹泻、出汗、呕吐和多尿）、减少水的摄入、休克、淋巴肉瘤、肾上腺皮质功能减退等。

（2）球蛋白生成亢进或增加 见球蛋白部分。

（3）溶血和脂血症 多见于宠物食后采血。

2. 血清蛋白减少

（1）幼年或年轻宠物、血液稀薄、营养差、输液

（2）减少蛋白生成 见于低白蛋白血症（见白蛋白部分）、低球蛋白症（见球蛋白部分）。

（3）增加丢失和蛋白分解代谢 见于低白蛋白血症、低白蛋白和低球蛋白血症。

3. 白蛋白/球蛋白比值

（1）白蛋白/球蛋白（A/G）比值升高 见于白蛋白增多或球蛋白减少，临床上少见。

（2）白蛋白/球蛋白（A/G）比值减少 见于白蛋白减少或球蛋白增多，详见白蛋白和球蛋白的临床诊断价值。

（三）白蛋白改变的临床诊断价值

血清白蛋白（ALB）主要功能主要是维持血浆渗透压，运输激素、离子和药物等，半衰期为12～18d。

宠物血清白蛋白参考值为犬2.95%，猫2.7%。

1. 白蛋白增加

（1）浓血症 见血清蛋白部分的临床诊断价值。

（2）脂血症　多见于宠物采食后。

2. 白蛋白减少

（1）生成减少　见于食物中缺少蛋白、蛋白消化不良（胰外分泌不足）、吸收不良、慢性腹泻、营养不良、进行性肝病、慢性肝病、肝硬化（肝病时白蛋白减少，而球蛋白往往增多）、分解代谢增加（妊娠、泌乳、恶性肿瘤）、多发性或延长性心脏代偿失调、贫血和高球蛋白血症。

（2）增加丢失和分解代谢　蛋白丢失性肾病、肾小球肾炎和肾淀粉样变性；发热、感染、恶病质、急性或慢性出血、蛋白丢失性肠病、寄生虫、甲状腺机能亢进和恶性肿瘤；严重血清丢失：严重渗出性皮肤病、腹水、胸水和水肿、烧伤和外伤。

（四）球蛋白改变的临床诊断价值

血清总蛋白量减去白蛋白量，便是球蛋白量。

1. 血清球蛋白增多

血清球蛋白（GLOB）增多多见于浓血症（见血清白蛋白浓血症）以及泛发性肝纤维化、急性或慢性肝炎、一些肿瘤、急性或慢性细菌感染、抗原刺激、网状内皮系统疾病和异常免疫球蛋白的合成等。

（1）α－球蛋白增多　见于炎症、肝脏疾病、热症、外伤、感染、新生瘤、肾淀粉样变、寄生虫和妊娠。α_1－球蛋白包括脂蛋白、结合珠蛋白、脂碱脂酶、糖蛋白和血浆铜蓝蛋白，增多见炎症和妊娠；α_2－球蛋白包括大球蛋白、脂蛋白、红细胞生成素和胎儿球蛋白，增多见于严重肝病、急性感染、急性肾小球肾炎、肾病综合征、寄生虫、炎症和妊娠。

（2）β－球蛋白增多　见于肾病综合征、急性肾炎、新生瘤、骨折、急性肝炎、肝硬化、化脓性皮肤炎、严重寄生虫寄生（如蠕形螨病）、淋巴肉瘤和多发性骨髓瘤。β_1－球蛋白包括铁传递蛋白、β_1－脂蛋白、补体（C3、C4 和 C5）。增多见于急性炎症、肿瘤、肾病、寄生虫；β_2－球蛋白包括纤维蛋白原、纤维蛋白溶解酶、铁传递蛋白、β_2－脂蛋白及部分 IgG、IgA。增多见于寄生虫、肝硬化、慢性感染、白蛋白减少。

（3）γ－球蛋白增多　多克隆γ－球蛋白（IgG、IgM、IgA 和 IgE）增多，见于慢性炎症性疾病、慢性抗原刺激、免疫介导性疾病和一些淋巴肿瘤，如细菌（化脓性疾病、结核病、慢性立克次氏体病、埃里克体病）、病毒（猫传染性腹膜炎、阿留申病、副结核病等）、寄生虫（钩虫、犬恶心丝虫、肝片吸虫、巴尔通氏体、巴贝斯虫、利什曼原虫、锥虫、蠕形螨）感染、慢性皮炎、急性或慢性肝炎、肝硬化、肝脓肿、肾病综合征、蛋白丢失性肠病、结缔组织病等。免疫介导性疾病有自体免疫性溶血、系统性红斑狼疮、免疫介导血小板减少症及淋巴肉瘤等；单克隆γ－免疫球蛋白（仅一种免疫球蛋白）增多，见于网状内皮系统肿瘤、淋巴肉瘤、多发性骨髓瘤、犬球蛋白血症和貂阿留申病。也见于白塞特犬和威迪玛犬的免疫缺乏症。

2. 血清球蛋白减少

幼龄宠物一般呈生理性减少。

（1）生成减少　见于肝脏等血液蛋白生成器官的疾病。

（2）球蛋白和白蛋白增加丢失和分解代谢　见于急性或慢性出血、溶血性贫血；蛋白丢失性肠病和肾病；严重血清丢失，见于烧伤和严重渗出性皮炎。

（3）单项球蛋白减少　α_1－球蛋白减少，见于肝病、肾炎；α_2－球蛋白减少，见于细菌和病毒感染、肝病、溶血性疾病；β_1－球蛋白减少，见于自身免疫性疾病、肾病、急性感染和肝硬化；β_2－球蛋白减少，见于抗体缺乏性综合征、慢性肝病；γ－球蛋白减少，见于抗体缺乏性综合征、缺乏初乳的新生宠物、联合免疫缺乏、免疫功能抑制（长期应用肾上腺皮质激素或免疫抑制药物）。

五、血液中主要离子的检测

（一）血清钙离子的检测

1. EDTA 滴定检测法

络黑 T 指示剂，在 pH 值 7.4～13.5 的范围内呈蓝色，可与钙离子结合成紫红色的络合物。此络合物很不稳定，当与乙二胺四乙酸（EDTA）作用时，钙离子可与乙二胺四乙酸结合成稳定的不溶性络合物，而使络黑 T 恢复原来的蓝色。与标准钙溶液进行同样操作处理，通过计算，求得钙离子之含量。

（1）试剂

钙标准贮存液　取纯碳酸钙在 110℃烘箱中，干燥 6～10h，取出后于干燥器内放冷。精确称取 0.100 00g，置于 100ml 容量瓶中，加入蒸馏水冲洗瓶壁，放冷后，加蒸馏水至 100ml 刻度，摇匀。

钙标准应用液　吸取钙标准贮存液 25ml，放入 100ml 容量瓶内，加蒸馏水至 100ml 刻度，摇匀。

1%乙醇胺溶液　乙醇胺液 1ml，以蒸馏水稀释至 100ml。

络黑 T 液　称取络黑 T 0.5g，加入浓氨水 2ml，加蒸馏水至 50ml，放于冰箱中，可保存数周。用时吸取 0.5ml，加蒸馏水 4.5ml。

乙胺四乙酸二钠溶液　称取乙胺四乙酸二钠 0.5g，置于 1 000ml 容量瓶中，以蒸馏水溶解并加至 1 000ml 刻度，摇匀。

（2）标定

取 10ml 试管，放入钙标准应用液 0.1ml。另取管放入蒸馏水 0.1ml，作为空白对照；各加入乙醇胺溶液 0.5ml；各加入络黑 T 液 0.05ml，此时钙标准管应显红色，而空白管应显蓝色；用微量滴定管滴入，待标定的乙胺四乙酸二钠至红色刚好完全消失，与空白管颜色相同为止，记录用去的量。如空白管带红色，说明试剂不纯，可用乙二胺四乙酸二钠先滴定至蓝色，记录用去的量，在计算时应进行校正。

将乙二胺四乙酸二钠溶液校正至 1ml≌0.1mg 钙，装于玻璃瓶中保存。

（3）操作

取 15mm×150mm 试管 3 支，分别编上测定、标准、空白的记号，然后按表 9－20 进行操作。

用乙二胺四乙酸二钠溶液进行滴定标准管及测定管，使原来的紫红色消失转而使最后的颜色与空白管的颜色一致为止。分别记录所用去的乙二胺四乙酸二钠液的量（ml）。

表 9－20　血清钙离子检测操作表

	标准管（S）	测定管（R）	空白管（B）
血清（ml）	—	0.1	—
蒸馏水（ml）	—	—	—
钙标准液（ml）	0.1	—	—
乙醇胺溶液（ml）	0.5	0.5	0.5
稀络黑 T 液（ml）	0.05	0.05	0.05

（4）结果

测定管滴去量（ml）/标准管滴去量（ml）×0.01×100/0.1＝mg/dl

（5）注意事项

所用的一切玻璃仪器，都必须用硫酸清洁液浸洗。如空白管显红色，表示蒸馏水或器械不洁，含有钙离子之故，应用重蒸馏水将器械重新清洁洗涤。

如血清标本黄疸指数较高者，其滴定终点为绿色，可另取一支试管，放入血清 0.1ml，乙醇胺溶液 0.5ml，放在空白管后面作为背景，和测定管作对比。

乙二胺四乙酸二钠在碱性溶液中，能与钙离子和镁离子形成络合物，络黑 T 也能与钙镁两种离子有同样的显色反应。因此，本滴定法的滴定数量，实际上是钙离子的和镁离子的总和数值。由于镁离子在正常血清内的含量较为恒定为 2mg，故在计算中减去此数，剩下的数值可代表钙离子的实际含量。

本试验属于微量分析，操作应格外谨慎，每次实验时，标准管、测定管均应作 2 个以上的平行试验。本法如将指示剂络黑 T，改为钙红，则滴定终点会较易观察，但不论络黑 T 或钙红作指示剂，其滴定终点之观察均须十分小心，否则易造成人为误差。

2. 光电比色法

血清中钙离子在碱性环境中与核固红作用，生成红色化合物。与经同样方法处理的钙标准液比色，计算出血清中钙的含量。

（1）试剂

0.1%核固红溶液　称取核固红 0.1g，溶于 100ml 蒸馏水中，放置 48h，以定量滤纸过滤，冰箱中保存，数周有效。

核固红应用液　临用前取上述核固红溶液 10ml，加 0.1mol/L 氢氧化钠溶液稀释至 50ml（此液需临用前配，只可保存数小时）。

钙标准溶液　1ml≌0.1mg 钙。称取化学纯碳酸钙 250mg，置于 1 000ml 容量瓶中，加蒸馏水 100ml 及浓盐酸 1ml，待溶解后，以蒸馏水加至刻度。

（2）操作

取 15mm×150mm 试管 3 支，分别编上测定、标准、空白的记号，然后按表 9－21 进行操作：

表 9－21　血清钙离子检测操作表

	标准管（S）	测定管（R）	空白管（B）
血清（ml）	—	0.2	—
蒸馏水（ml）	—	—	0.2
钙标准液（ml）	0.2	—	—
核固红应用液（ml）	8.0	8.0	8.0

在 20～25℃环境中放置 15min。光电比色，用 575nm 滤光板，以空白管调零点，读取光密度读数。

（3）结果

$$测定管光密度读数/标准管光密度读数 \times 0.1 \times 0.2 \times 100/0.2 = mg/dl$$

$$R/S \times 10 = mg/dl$$

（4）注意事项

本法可进行尿钙测定，在测定血清钙时，标本轻度溶血及胆红素含量在 4mg/dl 以下者，不受影响。本试验所用的蒸馏水，必须煮沸以后才可使用。每次试验均要做标准管。

3. 临床诊断价值

宠物体内总钙的 99% 存在于骨骼中，血清钙只占 1%。血清钙的存在有 3 种形式，即离子钙、与白蛋白结合的非离子钙以及与枸橼酸盐、磷酸盐形成的复合物钙。血清中白蛋白浓度的高低常常影响血清中总钙的浓度。

宠物血清钙的正常参考值均为 9～13mg/dl。

（1）血清钙增加　见于①增加摄取，高钙食物和硬水地区、高维生素 D 血症；②增加了钙从骨骼的移出，如甲状旁腺机能亢进和伪甲状旁腺机能亢进（见于犬的多种肿瘤，猫淋巴肉瘤）。骨骼紊乱，原或转移性骨新生瘤、多发性骨髓瘤；③增加了血清携带者，高蛋白血症、高白蛋白血症。因为大部分血钙和蛋白质结合在一起，此时血清总钙量增多；④肾上腺皮质功能减退，肾衰竭（10%～15% 的犬猫增多）；⑤脂血症（人为的）。

（2）血清钙减少　一般见于①幼年宠物、妊娠和正在泌乳犬等宠物；②摄取减少，低钙饮食或低钙高磷性食物（如采食过多肉类或肝脏），低维生素 D 血症，肠道吸收不良；甲状旁腺机能减弱，降低了钙从骨骼中移出，见于手术摘除甲状旁腺和犬瘟热损伤等；③降钙素机能亢进，增加了钙在骨骼中沉积；④血清钙的携带减少，见于低蛋白血症、蛋白丢失性肠道疾病。宠物是否真正缺钙可用下列公式计算：血清钙 = 检验血清钙（mg/dl）- 0.4 × 血清蛋白（g/dl）+ 3.3；⑤增加组织内的蓄积，癫痫、犬产后搐搦症、脂肪坏死（胰腺炎）、应用肾上腺皮质类固醇治疗过多；⑥增加了钙的丢失，如慢性肾衰竭、磷过多、钙与化合物结合（如草酸）；⑦急性胰腺炎、急性氮血症、酮血症、低磷性佝偻病和低钙性佝偻病、乙二醇中毒、范康尼氏综合征；⑧溶血和实验中延长了血清与红细胞的分离。

（二）血清无机磷的检测

无蛋白血滤液中的无机磷（P）与钼酸铵结合，生成磷钼酸，再以抗坏血酸还原成蓝色化合物，与经同样处理的标准液比色，求出磷的含量。

1. 试剂

（1）10% 三氯醋酸液

（2）磷标准贮存液　精确称取已干燥的化学纯磷酸二氢钾（KH_2PO_4）0.73g，置于 1 000ml 容量瓶中，用蒸馏水溶解后，稀释至刻度，加氯仿数滴防腐。

（3）磷标准应用液（3ml≌0.02mg）　取 500ml 容量瓶，以移液管吸取上述磷标准贮存液 20ml 至上述容量瓶，加蒸馏水至刻度，加氯仿数滴防腐。

（4）抗坏血酸液　取 100mg 1 片的药用抗坏血酸片 1 片，溶于蒸馏水 50ml 中，过滤。此液必须临用时配。如抗坏血酸片已变黄或发霉，则不能用。

（5）10mol 硫酸液　取浓硫酸（比重 1.84）450ml，缓慢加入 1 300ml 蒸馏水中，搅匀。

（6）钼酸Ⅰ试剂　取钼酸铵 12.5g 溶于蒸馏水 100ml 中，加入 10mol/L 硫酸液 250ml，加入蒸馏水至 500ml，混匀。

（7）钼酸Ⅱ试剂　取钼酸铵 12.5g 溶于蒸馏水 100ml 中，加入 10mol/L 硫酸液 150ml，加蒸馏水至 500ml，混匀。

2. 操作

取 15mm × 150mm 试管 1 支，加入蒸馏水 1.5ml 及血清 0.5ml，摇匀。逐滴加入 10% 三氯醋酸溶液 4ml，边加边摇匀，放置 10min 后过滤。另取 15mm × 150mm 试管两支，分别编上标准、测定的记号，按表 9 – 22 步骤进行操作。

表 9 – 22　血清无机磷检测操作表

	标准管（S）	测定管（R）
上述滤液（ml）	—	3.0
磷标准应用液（ml）	3.0	—
钼酸Ⅰ试剂（ml）	—	1.0
钼酸Ⅱ试剂（ml）	—	1.0
抗坏血酸液（ml）	—	1.0

摇匀后，静置 10min 光电比色，用红色滤光板，以蒸馏水管调零点，读取光密度读数。

3. 结果

$$测定管光密度/标准管光密度 \times 0.02 \times 100/(0.5/6 \times 3) = mg/dl$$

$$R/S \times 8 = mg/dl$$

4. 临床诊断价值

宠物运动后血清中磷（P）下降，有时只有正常的一半，一般需经过 3h 才能恢复到正常水平，所以最好在宠物休息时采集血液样品。宠物采食大量碳水化合物后，血清中磷水平也降低。血清无机磷包括 HPO_4^{2-}、PO_4^{3-}、H_2PO_4 及磷酸盐中的磷。

宠物血清磷正常参考值为犬 2.7～5.7mg/dl，猫 4.5～8.1mg/dl。

（1）血清磷增加　多见于①幼年宠物；②食入了高磷食物、高维生素 D 血症；③肾的清除功能降低，如肾衰竭、进行性肾病。肾前和肾后性氮血症，血清无机磷在 5.0～10.0mg/dl 时，表示严重肾衰竭；超过 10.0mg/dl 时，表示病危，难以治愈；甲状旁腺机能减退、肾上腺皮质功能减退、骨折愈合期、骨质溶解转移性骨瘤、维生素 D 中毒、宠物全身麻痹、溶血或实验中人为的溶血。

（2）血清磷减少　①食入和吸收减少，见于低磷食物或钙磷比例不当、维生素 D 缺乏、严重腹泻或呕吐。②降钙机能亢进，增加了磷在骨骼中沉积。③增加了组织内蓄积，见于产后瘫痪、产后血红蛋白尿症、糖尿病、静脉注射葡萄糖、胰岛素以及碱中毒。④增加了肾的清除，减少了再吸收磷，见于原发性甲状旁腺或伪甲状腺机能亢进，液体利尿。

红细胞中含有大量无机磷，因此，溶血的样品不易使用。

（三）血清镁离子的检测

血清中的镁离子（Mg^{2+}）在碱性溶液中，与钛黄染料结合生成红色沉淀。与经同样处理的标准溶液比色，可求得血清中镁离子的含量。

1. 试剂

（1）0.1%聚乙烯醇液、7.5%氢氧化钠溶液。

（2）钛黄贮存液　称取钛黄0.5g，以蒸馏水溶解并加至100ml。

（3）钛黄应用液　称取钛黄贮存液2ml，以蒸馏水稀释至100ml刻度（临用时配）。

（4）镁标准贮存液（1ml≌0.5mg）　称取 $MgSO_4 \cdot 7H_2O$ 5.067g或 $MgCl_2 \cdot 2H_2O$ 8.458g或Mg（CH_3COO）$_2 \cdot 4H_2O$ 8.817 7g，以少量蒸馏水溶解后，置于10ml容量瓶中，加蒸馏水至1 000ml刻度。贮于塑胶瓶中，冰箱保存。

（5）镁标准应用液（1ml≌0.5mg）　取上述镁标准贮存液1ml，置于10ml容量中，加热蒸馏水至刻度。贮存于塑料瓶中，冰箱保存。

2. 操作

取15mm×150mm试管3支，分别编上空白、标准、测定的记号，按表9－23进行加样操作。

表9－23　血清中镁离子检测操作表

	空白管（B）	标准管（S）	测定管（R）
蒸馏水（ml）	3.0	2.0	2.8
血清（ml）	—	—	0.2
镁标准应用液（ml）	—	1.0	—
0.1%聚乙烯醇液（ml）	0.5	0.5	0.5
0.01%钛黄液（ml）	0.5	0.5	0.5
7.5%氢氧化钠溶液（ml）	1.0	1.0	1.0

置室温5min后；用分光光度计比色，用450nm波长，以空白管零点，读取各管光密度读数。

3. 结果

$$测定管光密度/标准管光密度 \times 0.005 \times 100/0.2 = mg/dl$$

$$R/S \times 2.5 = mg/dl$$

4. 注意事项

本法也可用于尿镁测定，但标本用量应减至0.05或0.1ml。尿中镁含量正常值为0.7～10.9mg/dl。如作全血标本镁含量测定，应用无蛋白滤液进行测定。

5. 临床诊断价值

宠物全血镁含量正常参考值为3.7～4.7mg/dl。

禽4.6～5.4mg/dl，犬2.8～3.7mg/dl，猫3.2～4.9mg/dl。

（1）血清镁增多　常见于肾功能衰竭、严重脱水、黏液性水肿、镁剂进量过多或给法不当等。

（2）血清镁减低　常见于长期胃肠液丢失、低蛋白血症、甲状腺或甲状旁腺功能亢进、醛固酮增多症等。

（四）血清钾离子的检测

血清中钾离子与四苯硼钠作用（四苯硼钠比浊法），形成不溶于水的四苯硼钾，产生的浊度与钾离子的浓度成正相关，通过计算，可求得钾离子的含量。

1. 试剂

（1）钾标准贮存液（1ml≌0.2mg） 称取纯干燥硫酸钾446mg，置于100ml容量瓶中，加入蒸馏水冲洗瓶壁，至100ml刻度，摇匀。

（2）钾标准应用液（1ml≌0.02mg） 吸取钾标准贮存液1.0ml，放入100ml容量瓶内，加重蒸馏水至100ml刻度，摇匀。

（3）1%四苯硼钠溶液 称取四苯硼钠1.0g，溶于20ml缓冲溶液中，加蒸馏水稀释至100ml。

（4）缓冲溶液 称取磷酸氢二钠（含12个结晶水）7.16g，溶于蒸馏水至100ml；称取枸橼酸2.1g，溶于蒸馏水至100ml。

应用时取前液19.45ml，加后液0.55ml，混合后即为缓冲溶液。

2. 操作

被检血清0.2ml中加入重蒸馏水1.4ml，分别加入10%钨酸钠溶液0.2ml以及3%硫酸溶液0.2ml，混匀后离心沉淀，取上清液待检。

取15mm×150mm试管3支，分别编上测定、标准、空白的记号，然后按表9-24操作。

表9-24 血清中钾离子检测操作表

	标准管（S）	测定管（R）	空白管（B）
无蛋白上清液（ml）	—	1.0	—
重蒸馏水（ml）	—	—	1.0
钾应用标准液（ml）	1.0	—	—
1%四苯硼钠溶液（ml）	4.0	4.0	4.0

混匀，5min后用520nm波长进行光电比色，以空白管校正光密度为0，分别读取各管光密度值。

3. 结果

$$测定管光密度/标准管光密度 \times 0.02 \times 100/0.1 = mg/dl$$

4. 注意事项

钾离子在红细胞内高于血清20倍，被检血清绝对不能溶血，采血后应尽快分离血清，否则检测误差较大；四苯硼钠应采用分析纯的，以溶解度高而清晰的溶液为最佳，否则会影响比色浊度。

5. 临床诊断价值

宠物血清钾的正常参考值一般为15～30mg/dl。

禽18.6～26.0mg/dl，犬14.4～23.0mg/dl，猫16.0～24.0mg/dl。

（1）血清钾增加 见于肾上腺机能不全，肠阻塞，尿毒症以及注射肾上腺素引起的血清钾升高等。

（2）血清钾减少 一般见于代谢性酸中毒，呕吐、腹泻、昏迷以及大手术后或钾离子摄入不足等。

（五）血清钠离子的检测

血清中钠离子与乙酸铀镁试剂作用（快速比色法），形成乙酸铀镁钠沉淀，然后以亚铁氰化钾与试剂中剩余的乙酸铀作用，生成棕红色的亚铁氰化铀。血清中的钠含量越高剩余的乙酸铀越少，显色越淡，反之则显色越深。根据剩余乙酸铀的多少，可以间接地计算出血清中钠离子的含量。

1. 试剂

（1）钠标准贮存液 称取分析纯氯化钠适量置于烧杯中，在110～120℃烘箱内烘干4h，干燥冷却后精确称取5.845g，置于100ml容量瓶中，加入蒸馏水冲洗瓶壁，至100ml刻度，溶解。

（2）钠标准应用液 准确吸取钠标准贮存液25.0ml，放入100ml容量瓶内，加重蒸馏水至100ml刻度，摇匀。

（3）低浓度钠标准应用液 准确吸取钠标准贮存液15.0ml，放入100ml容量瓶内，加重蒸馏水至100ml刻度，摇匀。

（4）10%亚铁氰化钾溶液、1%乙酸溶液。

（5）乙酸铀镁试剂 称取乙酸铀4.0g，乙酸镁15.0g，冰醋酸15.0ml，加入蒸馏水75.0ml。加热溶解、煮沸2min。冷却后加蒸馏水至100ml，然后移到500ml容量瓶中，加无水乙醇至500.0ml。混匀静止12h后把上清液置于棕色瓶中，冰箱中保存备用。

2. 操作

取15mm×150mm试管3支，分别编上测定、标准、空白的记号，然后按表9－25进行操作。

表9－25 血清中钠离子检测操作表

	标准管（S）	测定管（R）	空白管（B）
血清（ml）	—	0.1	—
低浓度钠标准应用液（ml）	0.1	—	—
钠标准应用液（ml）	—	—	0.1
乙酸铀镁试剂（ml）	5.0	5.0	5.0
相应试管上清液（ml）	0.2	0.2	0.2
1%乙酸溶液（ml）	8.0	8.0	8.0
10%亚铁氰化钾液（ml）	0.4	0.4	0.4

充分搅拌，使之生成沉淀，室温静止10min或离心沉淀。

混匀，5～30min后用520nm波长进行光电比色，以空白管校正光密度为0，分别读取各管光密度值。

3. 结果

250－测定管光密度/标准管光密度×100＝mmol/L

mmol/L×2.3＝mg/dl

4. 注意事项

醋酸铀镁试剂的加入量必须准确，否则检测误差较大；红细胞内的钠离子比较少，轻微的溶血对检测结果影响不显著。

5. 临床诊断价值

宠物血清钠的正常参考值一般为299～391mg/dl。

禽345.0～368.0mg/dl，犬322.0～345.0mg/dl，猫340.0～365.0mg/dl。

（1）血清钠增加　见于肾上腺皮质机能亢进以及摄入的钠盐过多引起的血清钠升高等。

（2）血清钠减少　一般见于严重的胃肠炎、胃扩张、日射病与热射病、过劳出汗等。此外，可见于代谢性酸中毒、尿毒症、呕吐、腹泻以及大手术后或钠离子摄入不足等。

（六）血清氯离子的检测

血清中氯化物（离子）用标准硝酸汞溶液滴定（汞量法），用二苯胺脲作指示剂，硝酸汞与氯化物作用生成难溶的氯化汞。当滴定到终点时，过量的硝酸汞中的汞离子与二苯胺脲作用生成紫红色络合物。根据硝酸汞的用量，通过计算可求得氯化物（离子）的含量。

1. 试剂

（1）氯化钠标准液（1ml≌0.5mg）　称取分析纯氯化钠适量置于烧杯中，在110～120℃烘箱内烘干4h，取出后放入硫酸干燥器内冷却后，精确称取250mg，置于500ml容量瓶中，加入蒸馏水冲洗瓶壁，至500ml刻度，溶解。

（2）硝酸汞标准液（1ml≌0.5mg）　称取硝酸汞0.75g，放入1 000ml三角瓶内，加1mol硝酸40ml，溶解后加蒸馏水至1 000ml。

标定：取氯化钠标准液0.2ml于大试管中，加二苯胺脲指示剂1滴，乙醚0.5ml，用新配置的硝酸汞标准液滴定，至乙醚层出现淡红色时为终点，用去的硝酸汞的量恰好为2ml，否则应调整为2ml为止。

（3）0.5%二苯胺脲溶液　称取二苯胺脲0.5g，溶于95%乙醇100ml溶液中，用棕色滴瓶保存1个月。

2. 操作

取试管1只，加被检血清0.1ml，乙醚0.5ml，二苯胺脲1滴，振荡后用1ml滴管吸取硝酸汞标准液滴定，边滴边振，至乙醚层出现淡紫红色摇振不退色时为终点，记录用去的硝酸汞溶液的量。

3. 结果

所用去硝酸汞溶液的量（ml）×0.5×100/0.1 = 所用去硝酸汞溶液的量（ml）×500
= mg/dl

4. 注意事项

本方法在弱酸或中性溶液中测定效果好。检测溶液偏碱性加入指示剂后呈肉红色，可用0.05mol/L硝酸调整（数滴）；当溶液过酸（pH值低于4.0）时，反应终点不明显。夏季乙醚易挥发，可适量增加乙醚的量。

5. 临床诊断价值

宠物血清氯的正常参考值为500～750mg/dl。

各种宠物的血清氯参考值为禽920.0～960.0mg/dl，犬780.0～840.0mg/dl，猫882.0～

936.0mg/dl。

（1）血清氯增加　见于氯化物排出减少，如急性或慢性肾小球肾炎、尿路结石、心力衰竭等，氯化物摄入过多以及静脉注射氯化钠过多或肾脏排泄功能障碍等引起的血清氯化物升高等。

（2）血清氯减少　一般见于呕吐、腹泻、多尿症等疾病。有时见于氯化物摄入不足等。

六、血浆葡萄糖的检测

无蛋白血滤液中的的葡萄糖，具有还原性，与碱性高铜混合加热后，将高铜还原成氧化低铜而呈红色沉淀，此沉淀物再被磷钼酸氧化成蓝色物质（福林－吴氏法）。与同样处理的标准葡萄糖管比色，从而求得血糖含量。

（一）试剂

1. 0.25%苯甲酸溶液

取苯甲酸2.5g，溶于煮沸蒸馏水1 000ml中。冷却后，应用时吸取上清液。本品为防腐剂，放在冷暗处，可较久的保存。

2. 葡萄糖贮存标准液（1ml≌10mg）

取少量化学纯葡萄糖，置硫酸或氯化钙干燥器内过夜后，精确称取已干燥葡萄糖1g，置于100ml容量瓶中，加0.25%苯甲酸溶液至刻度，混匀使其全溶解。

3. 葡萄糖应用标准液（1ml≌0.1mg）

取葡萄糖贮存标准液5ml,.置500ml容量瓶中，加0.25%苯甲酸溶液至刻度处混匀。此液至少可保存半年有效。

4. 碱性铜溶液

无水碳酸钠（化学纯）40g，酒石酸（化学纯）7.5g，结晶硫酸铜（化学纯）4.5g，蒸馏水加至1 000ml。先将无水碳酸钠溶于400ml蒸馏水中，酒石酸溶于300ml蒸馏水中，硫酸铜溶于200ml蒸馏水中，均加热助溶。待各液完全溶解冷却后，依次倒入1 000ml容量瓶中，混匀，补加蒸馏水至刻度。此试剂呈蓝色，不能使用。

5. 磷钼酸试剂

氢氧化钠40g，钼酸（化学纯）70g，钨酸钠（化学纯）10g，浓磷酸（浓度85%，相对密度1.71）250ml，蒸馏水加至1 000ml。将氢氧化钠溶于约800ml蒸馏水中，再加入钼酸和钨酸钠。为除去钼酸内可能的残氮，可煮沸20～50min至容器内无氮气为止。冷却后，倒入1 000ml容量瓶中，并以少量蒸馏水冲洗原容器壁，一并倒入容量瓶。加入浓磷酸，最后加蒸馏水稀释至刻度。滤过，装于棕色瓶中，避光保存备用。此液应为无色或极淡绿色溶液。如保存不当，变为黄色或蓝色，表示本身已被还原，不能再使用。

6. 10%钨酸钠溶液

此液应为中性，如过酸或过碱，可用0.1mol/L硫酸或0.1mol/L氢氧化钠液校正。

7. 硫酸溶液

取浓度2份加蒸馏水1份，混合即得。

（二）操作方法

制备无蛋白血滤液5ml，制备时常用钨酸钠法，其步骤是，取小烧杯或大试管1支，先盛蒸馏水7ml，再加入新鲜抗凝血1ml，充分混匀，使之溶血。然后，加入10%钨酸钠溶液1.0ml，混匀。最后，徐徐加入2∶1硫酸溶液1ml，随加随摇，充分混匀。放置5～10min后，用优质滤纸过滤或离心沉淀，即可获得无色清亮无蛋白血滤液。此法所得无蛋白血滤液近中性，还可用于非蛋白氮、尿素氮、肌酐等的测定。

取血糖测定管3支，分别标明测定管、标准管及空白管，按表9-26操作。

表9-26　血浆葡萄糖检测操作表

	步　骤	测定管	标准管	空白管
1	无蛋白标准滤液（ml）	2.0	0	0
	葡萄糖标准应用液（ml）	0	2.0	0
	蒸馏水（ml）	0	0	2.0
	碱性铜溶液（ml）	2.0	2.0	2.0
2	混合后，在沸水中煮沸8min（严守时间），取出后浸于冷水中2～3min（不可摇动）			
3	磷钼酸试剂（ml）	2.0	2.0	2.0
4	混合后，于室温下静置2min			
5	蒸馏水加置（ml）	25.0	25.0	25.0
6	混匀，待管内二氧化碳逸出后比色，选用620nm滤光板比色，读取各管光密度			

（三）计算

全血血糖含量（mg/dl）=测定管光密度/标准管光密度×0.2×100/0.2

（四）注意事项

血糖测定管必须符合标准，否则不能应用。试剂若已变质应废弃，重新配制。例如，碱性硫酸铜溶液有黄色沉淀或磷钼酸试剂变为蓝色，则意味着已变质，应重新配制。血液标本必须新鲜，不能放置过久，否则血糖易分解，致使血糖含量偏低。如不能及时测定，应先制成无蛋白血滤液后，在冰箱内保存。

（五）临床诊断价值

宠物血浆葡萄糖的正常参考值一般为40～200mg/dl。

各种宠物的血清氯参考值为禽152.0～182.0mg/dl，犬70.0～165.0mg/dl，猫60.0～145.0mg/dl。

1. 葡萄糖增高

血糖增高是由于肝糖分解的加速或组织对葡萄糖利用的减低所致。

（1）病理性血糖增高　多见于糖尿病及内分泌疾病，如：甲状腺功能亢进、肾上腺皮质功能亢进、肾上腺嗜铬细胞瘤等。

（2）暂时性血糖增高　多见于全身麻醉后、肺炎、肾炎、颅内压增高、颅脑外伤、中枢神经感染、缺氧窒息等。

2. 葡萄糖降低

血糖减低是由于肝糖原分解减低或组织对葡萄糖的利用增加所致。

（1）病理性血糖减低　多见于胰岛素分泌过多症、胰腺癌、胰岛细胞瘤、严重贫血、肾功能衰竭的慢性肾炎、肾上腺皮质功能减退、甲状腺功能减退、脑垂体功能减退等。

（2）生理性血糖减低　多见于长时间剧烈运动之后、过分饥饿、哺乳期等。

七、血液非蛋白氮的检测

（一）尿素氮的检测

血浆中的尿素在氯化铁－磷酸溶液中与二乙酰－肟和硫氨脲共煮后，而发生分解，二乙酰－肟分解成二乙酰和羟胺，二乙酰与样品中的尿素反应，缩合成红色的二嗪衍生物，称为 Fearon 反应，反应中加入硫氨脲和硫酸镉，可提出高反应的灵敏度和显色的稳定性（二乙酰－肟法）。

1. 试剂

（1）酸性试剂　在三角烧杯中加蒸馏水约 100ml，然后加入浓硫酸 44ml 及 85% 磷酸 66ml。

冷却至室温，加入硫胺脲 50mg 和硫酸镉 2g，溶解后用蒸馏水稀释至 1L，置棕色瓶内，冰箱稳定保存半年。

（2）二乙酰－肟溶液　称取二乙酰－肟 20g，加蒸馏水约 900ml，溶解后加蒸馏水稀释至 1L，置棕色瓶中冰箱保存，可半年不变质。

（3）尿素标准贮存液（0. 1mol/L）　称取干燥的纯尿素 600mg，加蒸馏水至 100ml 溶解，加 0. 1g 叠氮钠防腐，冰箱保存可半年不变质。

（4）尿素标准应用液（5mmol/L≌14mg/dl）　取上述尿素标准液 5. 0ml，用蒸馏水稀释至 100ml。

2. 操作方法

血清尿素氮测定操作步骤如表 9－27。

表 9－27　血清尿素氮测定操作步骤表

	步　骤	测定管	标准管	空白管
1	二乙酰－肟溶液（ml）	0. 5	0. 5	0. 5
	血清（ml）	0. 02	0	0
	尿素标准应用液（ml）	0	0. 02	0
	蒸馏水（ml）	0	0	0. 02
	酸性试剂（ml）	5. 0	5. 0	5. 0
2	混匀，置沸水浴中加热 12min。以空白管校正光密度至 0 点			

混匀后立即进行光电比色，用 440nm 或蓝色滤光板，读取各管光密度读数。

3. 计算

血清尿素氮含量（mmol/L）= 测定管光密度/密度光密度 ×5

4. 临床诊断价值

血清尿素氮含量正常参考值为 0. 6～18. 5mmol/L。

各种宠物血清氮参考值为禽 0.6～2.6mmol/L，犬 1.75～10mmol/L，猫 5.0～11.45mmol/L。

（1）血液尿素氮含量增高

肾前性尿素氮增加 最重要的原因是失水，引起血液浓缩，肾血流量减少，肾小球滤过率降低，使血中的尿素潴留。

影响肾前性尿素氮因素：蛋白质饲料吸收增加；分解代谢加强，如高热、外伤、烧伤、感染、增加肌肉分解代谢、坏死和应激等；继发于肾性甲状腺机能亢进，或甲状腺药引起的；伪甲状腺机能亢进（如新生瘤）；药物治疗，如皮质类醇、氨基糖苷、两性霉素B、四环素等；胰腺炎、高氨血症等。

肾性尿素氮增加 多见于急性肾衰竭时肾功能轻度受损。如肾小球性肾炎、肾淀粉样变、间质肾炎、肾盂肾炎、肾病、高血钙性肾病、肾的新生瘤、肾皮质萎缩等。

肾后性尿素氮增加 因尿道狭窄、尿道结石、膀胱肿瘤等致使尿道受压，引起的少尿和无尿，引起本症的发生。

（2）血液尿素含量减少

一般多见于进行性肝病、肝瘤、肝硬化、肝脑病、门腔静脉分路沟通（大量血不通过肝脏）、低蛋白性食物和吸收紊乱，用葡萄糖治疗的长期厌食；以及黄曲霉素中毒、液体治疗、严重的多尿症和烦渴等。

（二）肌酐检测

无蛋白血滤液内的肌酐（CREA）与碱性苦味酸盐作用，生成黄色的苦味酸肌酐，然后与同样处理的肌酐标准液比色，而求得其含量。

无蛋白血滤液内的肌酸经酸和高热的处理后转成为肌酐，测定其肌酐及由肌酸转成肌酐的总含量，再减去原有的肌酐量，乘以肌酸转换因数 1.16 即得肌酸量。

1. 试剂

（1）苦味酸饱和液

称取精致的苦味酸约 15g，放入 1 000ml 蒸馏水中，加温溶解，贮于瓶中放在暗处，使用上层清液，必要时可进行滴定。

（2）10% 氢氧化钠溶液

（3）肌酐标准贮存液（1ml≌1mg）

精确称取肌酐 0.100g，用 0.1mol/L 盐酸溶液溶解，置于 100ml 容量瓶中并稀释至 100ml 刻度，加入甲苯或二甲苯数滴作防腐剂。

（4）肌酐标准应用液（1ml≌0.02mg）

用奥氏吸管吸取肌酐标准贮存液 2ml，放入 100ml 容量瓶中，用 0.1mol/L 盐酸液稀释至刻度，加入甲苯或二甲苯数滴防腐。

2. 操作

无蛋白血滤液的制备：取 100ml 三角瓶，放入血液 2ml，加蒸馏水 14ml、0.334mol/L 硫酸液（慢慢滴入）2ml、10% 钨酸钠液 2ml，摇匀后放置至转变为褐色，离心或过滤，得无蛋白血滤液。取试管 3 支分别编上空白、标准及肌酐的记号，然后按表 9－28 进行操作。

表 9-28 血清肌酐检测操作表

	空白管（B）	标准管（S）	肌酐（R）
无蛋白血滤液（ml）	—	—	5.0
肌酐标准应用液（ml）	—	1.0	—
蒸馏水（ml）	5.0	4.0	—
苦味酸饱和液（ml）	2.0	2.0	2.0

每管加入10%氢氧化钠溶液0.5ml。摇匀，在20～25℃室温中放置，经过10～15min后进行光电比色，用520nm或绿色滤板，以空白管调零点，读取各管光密度读数。

3. 结果

肌酐测定管光密度/标准管光密度 ×0.02 ×1.0 ×100/(2/20 ×5) = R（肌酐）/S ×4
= mg/dl

4. 注意事项

单独测定肌酐，制备无蛋白血滤液时可将血量减少，即用血液1ml，0.334mol硫酸液1ml，蒸馏水7ml，10%钨酸钠溶液1ml。血清、血浆或部分凝固的血液不能作肌酸测定。显色与温度、时间关系较大，需放在20～25℃的水浴内，10～15min比色。

5. 临床诊断价值

血清肌酐（CREA）是由骨骼肌代谢产生的肌酐和外源性肌酐组成。它一般很少像尿素氮那样受年龄、性别、发热、毒血症、感染、饮食、机体内水分和蛋白质分解代谢的影响，所以，用肌酐检验肾脏疾患比BUN还好。肌酐主要由肾小球过滤，肾小球不再重吸收，然后从尿中排出体外。有部分肌酐从胃肠道排出。

宠物正常血清中肌酐小于150μmol/L。

（1）肌酐增多

肾前性的CREA增多 过度疲劳、大面积肌肉损伤、乙二醇中毒，肾的血液灌流降低（脱水、休克）、肾上腺皮质功能降低、甲状腺功能亢进、心血管病和垂体机能亢进。

宠物一般增多不明显，在严重的脱水和心衰竭时，肌酐浓度可达250μmol/L。

肾脏严重损伤的CREA增多 严重的肾炎、中毒性肾炎、肾衰竭末期、肾淀粉样变、间质肾炎和肾盂肾炎等。

一般肾单位损伤超过75%时，血清肌酐量才增多。肌酐在177～422μmol/L，表示中度肾衰竭，此时尿比重1.010～1.018。肌酐在442～884μmol/L时，表示严重肾衰竭。

肾后性的CREA增多 尿道阻塞或膀胱破裂时血清CREA可达1 000μmol/L以上。

预后 肌酐一般增加到442μmol/L（5mg/dl）或更多，一般预后不良；超过884μmol/L（10mg/dl）时，宠物将死亡（曾有过病犬达1 900μmol，仍存活了多日）。

（2）肌酐减少 见于恶病质和肌肉萎缩时。

第七节 常见毒物检验技术

毒物检验为中毒性疾病的诊断提供重要依据。目前，对有些毒物还缺乏可行的检验方法，而有些毒物的检验方法则较复杂，有待于改进。

一、样品的采集、包装及送检

根据需要对毒物检验样品进行采取，一般采取胃肠内容物、剩余饲粮、可疑饲粮约500g；发霉饲粮采取1 000～1 500g；呕吐物全部；饮水、尿液100ml；血液50～100ml，肝1/3或全部；肾脏1只。对所取样品无条件自行检验时，应分装于（不能相混）清洁玻璃容器或清洁无损的塑料袋内，严密封口，贴上标签，即时送检。送样时，要同时附送临床检查和尸检报告，并尽可能提出要求检验的可疑毒物或大体范围。

二、亚硝酸盐的检验

（一）样品处理

取胃内容物、呕吐物、剩余饲料等约10.0g，置于小烧瓶内，加适量蒸馏水及10%醋酸溶液数毫升，使成酸性，搅拌成粥状，放置15min后过滤，所得滤液供定性检验用。如检验颜色过深，可加少量活性炭脱色或用透析法提取。

（二）定性检验

1. 格瑞斯氏反应

（1）原理　亚硝酸盐在酸性溶液中，与对氨基苯磺酸作用产生重氮化合物，再与α－甲萘胺耦合时产生紫红色耦氮素。

（2）试剂　格瑞斯氏试粉（α－甲萘胺1.0g，对氨基苯磺酸10.0g，酒石酸89.0g，共同研磨成粉末，置于棕色瓶中备用）。

（3）操作方法　将适量格瑞斯氏试粉置于白瓷反应板凹窝中，加入被检液数滴，如出现紫红色，即为阳性。

2. 联苯胺冰醋酸反应

（1）原理　亚硝酸盐在酸性溶液中，将联苯胺重氮化成醌式化合物，呈现棕红色。

（2）试剂　联苯胺冰醋酸试剂（取联苯胺0.1g，溶于10.0ml冰醋酸中，加蒸馏水到100ml，过滤，贮存于棕色瓶中备用）。

（3）操作方法　取被检液1滴置白瓷反应板凹窝中，再加联苯胺冰醋酸液1滴，呈现棕黄色或棕红色，即为阳性反应。

3. 注意事项

格瑞斯氏反应十分灵敏，只有强阳性反应才能证明为亚硝酸盐中毒，反应微弱时，需用灵敏度较低的方法检验，且两种方法测定均呈阳性时，才能证明为亚硝酸盐中毒。

三、氢氰酸和氰化物的检验

（一）原理

氰离子在碱性溶液中与亚铁离子作用，生成亚铁氰复盐，在酸性溶液中，遇高价铁离子即生成普鲁士蓝。

（二）试剂

10%氢氧化钠溶液，10%盐酸溶液，10%酒石酸溶液，20%硫酸亚铁溶液（临用前配置）。

（三）操作方法

硫酸亚铁－氢氧化钠试纸制备，用定性滤纸一块，在中心部分依次滴加20%硫酸亚铁溶液及10%氢氧化钠溶液（临用前配制）。

取检材5～10g，切碎，置烧瓶内，加蒸馏水调成粥状，再加10%酒石酸溶液适量，使之成酸性，立即在瓶口盖上硫酸亚铁－氢氧化钠试纸，用小火徐徐加热煮沸数分钟后，取下试纸，在其中心滴加10%盐酸，如有氢氰酸钠或氰化物存在，则呈现蓝色斑。

四、有机磷农药的检验

（一）检样处理

取胃内容物适量，加10%酒石酸溶液使之成弱酸性；再加苯浸泡半天，并经常搅拌，过滤，残渣中再加入苯提取一次，合并苯液于分液漏斗中，加2%硫酸液反复洗去杂质并脱水。将苯液移入蒸发皿中，待自然挥发近干，再向残渣中加入无水乙醇溶解后供检验用。

（二）几种有机磷农药的检验

1. 1605的检验

（1）原理　1605的检验（硝基酚反应法）是在碱性溶液中溶解生成黄色的对硝基酚钠，加酸可使黄色消失，加碱可使黄色再现。

（2）试剂　10%氢氧化钠、10%盐酸。

（3）操作方法　取被检液2ml置小试管中，加10%氢氧化钠0.5ml，有1605存在即显示黄色，水浴中加热黄色更明显。再加10%盐酸黄色消退，再加10%氢氧化钠又出现黄色，如此反复3次以上显黄色者为阳性，否则即为假阳性。

2. 内吸磷（1059）等的检验

（1）原理　1059等（用亚硝酰铁氰化钠法）含硫有机磷农药在碱性溶液中溶解生成硫化物，与亚硝酰铁氰化钠作用产生稳定的红色络合物。

（2）试剂　10%氢氧化钠溶液，1%亚硝酰铁氰化钠溶液。

（3）操作方法　取检液2ml，待自然干燥后加蒸馏水溶于试管中，加10%氢氧化钠0.5ml，使之呈碱性，在沸水浴中加热5～10min，取出冷却。再沿试管壁加入1%亚硝酰铁氰化钠溶液1～2滴，如在溶液界面上显红色或紫红色为阳性。

3. 敌百虫和敌敌畏的检验

（1）原理　敌百虫和敌敌畏的检验（间苯二酚法）是在碱性条件下分解成二氯乙醛，与间苯二酚缩合成红色产物。

（2）试剂　5%氢氧化钠乙醇溶液（现配），1%间苯二酚乙醇溶液（现配）。

（3）操作方法　取3cm×3cm定性滤纸一块，在中心滴加5%氢氧化钠乙醇溶液1滴和1%间苯二酚乙醇溶液1滴，稍干后滴加检液数滴，小火微微加热片刻，如有敌百虫或敌敌畏存在时，则呈粉红色。

（4）敌百虫与敌敌畏的鉴别　于点滴板上加一滴样品，待自然干后，于残渣上加甲醛硫酸试剂（每毫升硫酸中加4%甲醛1滴），若显橙红色为敌敌畏，若显黄褐色为敌百虫。

（三）有机磷农药薄层层析检法

1. 原理

利用吸附剂和溶剂对不同有机磷农药吸附力和溶解力强弱的不同，当用一定溶剂展开时，不同化合物在吸附剂和溶剂之间发生连续不断的吸附、解吸附、再吸附、再解吸附，从而达到分离鉴定的目的。

2. 器材和试剂

（1）器材　玻璃（16cm×8cm或14cm×7cm）、玻璃层析槽（可用消毒盘或玻璃板代替）、制膜器（用直径0.3～0.5cm，长15cm玻璃棒，两端套以直径0.2～1.0mm的圈套制成）、显色器（人用喉喷雾器或自制玻璃喷头）、紫外线灯、干燥箱及药筛。

（2）试剂

吸附剂　定性检验用氧化铝（化学纯）制成软板，如需定量，可用氧化铝C或硅胶C制成硬板。

展开剂　正乙烷∶丙酮（4∶1）；石油醚（沸点60～90℃）∶丙酮（4∶1）；苯∶丙酮（9∶1）。

显示剂　称取氯化钯0.1～0.5g溶于10%盐酸100ml内，用于含硫有机磷农药的检验。

标准对照液　将各种有机磷农药，用苯或甲醇配成浓度为300μg/ml的溶液。

3. 操作方法

（1）氧化铝软板法　将层析用氧化铝倾于玻板上，调好玻璃棒（软板制膜器）两套圈之间的距离，使之比玻璃板宽度小约1cm，用两手拇指、食指抓住玻璃棒两端，使套圈均等地压于玻璃板两侧边上，每边压住约0.50cm，然后以均匀的速度推进玻璃棒，反复数次，直至氧化铝铺成厚度一致的平坦薄层。

（2）硅胶硬板法　取硅胶30.0g，加入60～90ml蒸馏水，滴加少量乙醇，在乳钵中调成均匀糊状，在4min内完成铺层（时间太长会凝固），室温干燥后，置于干燥器内保存，临用前在105℃活化30min。有时不经活化，也能获得良好效果。

（3）点样　薄层板制好并活化后，即可在距离板的一端20～30mm处作为起始线加样品。在同一板上进行多点点样时，各点之间，以及距薄层两侧的距离，均不应小于1.5mm，点样的直径一般不超过0.3cm。如需定量，则需用微量吸管或微量进样器准确地控制所有滴量。一般每点供点样0.01ml。用于定性时，将检样和标准对照分别在同一块薄层板上，以便对比及判定结果。

（4）展开　用苯∶丙酮液，总量25～30ml，倾入展开槽内，将薄层板点有样品的一端起始线下部分浸入展开剂内（勿使样点浸入展开剂内），展开剂即沿薄层向前推进，推进到离薄层上缘约1cm处（至少推进10cm以上）即取出显色。展开方式，通常用上行法，但不加黏合剂的薄层板只能用做近水平的上行法。

（5）显色 可用喷雾显色法。即对软板的显色是在薄层展开结束后，趁溶剂尚未挥发，板面仍处于湿润状态时，立即喷雾显色，当板面开始干燥时，必须立即停止喷雾。硬板的显色是在薄层展开后，取出干燥，将显色剂直接喷洒于板面上。

①检验含硫的有机磷农药时，在展开后立即用0.1%氯化钯稀盐酸溶液喷雾。如有含硫有机磷存在时，很快出现黄色斑点。但含有硝基苯的1605，在喷雾后需在100℃干燥箱中加热30min左右，才出现褐色斑点，含量较低者，加热时间宜更长些。

②检验含氯有机磷农药时，在展开后立即用0.5%邻联苯胺乙醇溶液喷雾，并在紫外线灯或日光灯下照射数分钟。如有含氯有机磷农药敌百虫存在时，先呈现蓝色后变为黄色斑点，而有敌敌畏存在时，则呈现橘黄色斑点，二者原点均呈蓝色。

4. 结果判定

根据各种有机磷农药在薄层层析中斑点所显示颜色以及Rf值（比移值）的不同而进行鉴别，如果检样与已知对照的斑点，Rf值均一致，即可判定是同一有机磷农药。

Rf＝样品原点中心到斑点中心距离（cm）/样品原点中心到展开剂前沿距离（cm）

常见有机磷农药薄层层析结果判定见表9－29。

表9－29 常见有机磷农药薄层层析结果判定表

名 称	显色剂	展开剂	斑点颜色	检出限量（μg）	Rf值	备 注
1059	氯化钯	A	黄色	0.8	0.32	喷雾后即显色
		B		0.8	0.15	
		C		0.8	0.50	
1605	氯化钯	A	褐色	0.8～1.0	0.60	喷雾后100℃加热30min显色
		B		0.8～1.0	0.40	
		C		0.8～1.0	0.95	
乐果	氯化钯	A	黄色	1.0	0.03～0.05	喷雾后即显色
		B		1.0	0.03	
		C		1.0	0.01～0.15	
3911	氯化钯	A	橙黄色	0.5	0.80	喷雾后即显色
		B		0.5	0.53	
		C		0.5	1.00	
4049	氯化钯	A	黄色	2.0	0.65	喷雾后即显色
		B		2.0	0.28	
		C		2.0	0.80～0.90	
敌百虫	邻联甲苯胺	A	蓝－橘黄色	0.5	0.01	喷雾后紫外线灯下显色
		B	—	—	—	
		C	蓝－橘黄色	0.5	0.05	
敌敌畏	邻联甲苯胺	A	橘黄色	1.0	0.10	喷雾紫外线灯下显色
		B	—	—	—	
		C	橘黄色	1.0	0.26	

五、磷化锌的检验

磷化锌的检验必须分别进行磷化氢和锌离子的检验，两者均为阳性才能证明有磷化锌的存在。

（一）磷化氢的检验

1. 溴化汞试纸法

（1）试剂 10%盐酸，溴化汞试纸（将滤纸浸于5%溴化汞乙醇溶液中约1h，取出后于暗处晾干，保存于棕色瓶中备用）。

（2）操作方法 取125ml锥形瓶一个，瓶口盖有装玻璃管的软木塞，管上口的细玻璃管部有溴化汞试纸条。取被检样5～10g放入瓶内，加水搅成糊状，再加10%盐酸5ml，立即塞上瓶盖，30min后观察溴化汞纸条的颜色变化，如呈黄色或棕黄色为阳性反应。

2. 硝酸银试纸法

（1）试剂 1%硝酸银溶液，10%盐酸，碱性乙酸铅棉（5%乙酸铅溶液加入50%氢氧化钠，直至刚好生成沉淀又溶解为止）。

（2）操作方法 取125ml锥形瓶一个，瓶口盖有装玻璃管的软木塞，管上口的细玻璃管部有硝酸银试纸条。玻璃管下装有加水的醋酸铅棉。取检材10g放入三角瓶中，加水搅拌成糊状，再加10%盐酸5ml，立即塞上装有试纸的瓶塞，50℃水浴加热30min，若有磷化物存在，硝酸银试纸变黑。

（二）锌检验（显微结晶法）

1. 原理

锌在微酸性溶液中与硫氰汞铵作用生成白色硫氰汞锌十字形和树枝形结晶。

2. 试剂

硫氰汞铵试剂（取氰化汞8g、硫氰汞铵9g，加水到100ml）。

3. 操作方法

取检液1滴（测磷用的检液可直接过滤经蒸发浓缩后使用）在载玻片上蒸发近干，冷却后加1滴硫氰汞铵试剂，在显微镜下观察，如有锌存在立刻生成硫氰汞锌结晶，呈特殊的十字形或树枝状突起。

（白景纯）

第八节 自动生化分析仪及其应用

一、血液自动生化分析仪及其应用

血液分析仪（HA）是目前临床血液检验常用检测仪器。使用手工操作显微镜计数方法，由于操作过程的随机误差、实验器材的系统误差和检测方法的固有误差，使显微镜法细胞计数检验结果的精确性、准确性受到很大影响。尤其在检查大批量标本时，难于及时做出报告。20 世纪 40 年代后期，美国人库尔（W. H. Coulter）发明并申请了粒子计数技术专利；50 年代初期，电子血细胞计数仪开始应用于临床。随着医学的发展，高科技的应用，特别是计算机技术的应用，血液分析仪研究水平不断提高，检测原理不断完善，测量参数逐渐增多。检测速度快、精确度高、操作简便是血液分析仪的优势。各种型号血液分析仪的问世，不断为临床提供更有用的实验指标，对疾病的诊断与治疗有着重要的意义。

目前，各类血液分析仪主要完成两大功能，即细胞计数功能和细胞分类功能。血液分析仪检测原理主要是应用电阻抗法。

（一）电阻抗法血液分析仪器的组成

电阻抗法仪器的主要组成部分包括：

1. 信号发生器

通过小孔的各种血液细胞都能产生电阻信号，信号电平的高低与细胞的大小成正比。

2. 放大器

血细胞通过小孔时产生的脉冲信号非常弱，需要通过电子放大器，将微伏级信号放大为伏级脉冲信号，才可触发电路。

3. 阈值调节

在计数不同细胞时，应调节阈值电平，以给出合适的阈值度，使计数结果尽量符合实际水平。

4. 甄别器

各种微粒（血细胞、细胞碎片、杂质）通过小孔时均可产生相应脉冲信号；甄别器则根据阈值提供的参考电平，将低于参考电平的各种非计数目标的假信号去掉，以提高计数的准确性。

5. 整形器

经放大和甄别后的细胞脉冲信号，波形不一致，必须经过整形器调整为一致标准的平顶波形后，才可触发计数电路。

6. 计数系统

血细胞产生的脉冲信号，经过放大、甄别、整形后，送入计数系统；仪器对大小不同的脉冲进行选择，区分出不同类型的细胞并分别进行计数。

（二）电阻抗法检测原理

根据血细胞相对非导电的性质，悬浮在电解质溶液中的血细胞颗粒，在通过计数小孔时可引起电阻的变化为基础，对血细胞进行计数和体积测定，这便是电阻抗原理，又称库尔特原理。

将等渗电解质溶液稀释的细胞悬液置入不导电容器中，将小孔管（也称传感器）插进细胞悬液中。小孔管是电阻抗法细胞计数的重要组成部分，其内充满电解质溶液，并有一个内电极，小孔管的外侧细胞悬液中有一个外电极。接通电源后，位于小孔管两侧的电极产生稳定的电流；混悬细胞的稀释液可从小孔管外侧通过小孔管壁上宝石孔（直径<100nm，厚度约75nm）向小孔管内部流动。此时孔周围充满了具有导电性的液体，其电子脉冲是稳定的。如果提供的电流（I）和电阻（R）都有是稳定的，根据欧姆定律，小孔的电压也是不变的（V = IR）。但当细胞通过小孔时，在电路中小孔感应区内电阻增高，于是瞬间引起电压变化而出现一个脉冲信号。脉冲信号变化的程度取决于非导电性细胞体积的大小，细胞体积越大产生的脉冲振幅越高，测量脉冲的大小即可测出细胞体积大小，记录脉冲的数量就可测定细胞的数量。这些脉冲信号经过放大、阈值调节、甄别、整形、计数及自动控制保护系统，最终可打印出数据报告。

1. 白细胞计数和分类计数原理

根据电阻抗的原理，不同体积的白细胞通过小孔时产生的脉冲大小有明显的差异，依据这些脉冲的大小，可对白细胞进行分群。仪器可将体积为35～450fL的细胞，分为256个通道，每个通道为64fL，根据细胞大小分别置于不同的通道中，从而显示出白细胞体积分布直方图。

经溶血素处理后脱水血细胞的体积大小，取决于脱水后细胞内有形物质的多少。淋巴细胞为单核细胞，细胞颗粒少，一般为35～98fL；中性粒细胞核分叶多，颗粒多，胞体大，多为135～350fL；单核细胞、嗜酸性粒细胞、嗜碱性粒细胞以及原始细胞、幼稚细胞等，多为98～135fL，称为中间型细胞。因此，根据细胞体积大小，可初步确认相应的细胞群：

第一群（35～90fL） 小细胞区，主要分布的淋巴细胞；

第二群（39～160fL） 是单核细胞区，也称作中间细胞，主要包括单核细胞、嗜酸性粒细胞、嗜碱性粒细胞，核左移有各个阶段幼稚或白血病细胞；

第三群（160fL以上） 是大细胞区，主要是中性粒细胞。

分析仪器根据各亚群占总体的比例，计算出白细胞各亚群的百分率；如果白细胞各亚群的百分率与同一标本的白细胞总数相乘，即得到各亚群细胞的绝对值。可见电阻抗法血液分析仪白细胞分类只是根据细胞体积大小，将白细胞分成几个群体。在一个群体中可能以某种细胞为主（如小细胞区主要是淋巴细胞），但由于细胞体积间交叉，可能还存在其他细胞。

2. 电阻抗法红细胞检测原理

（1）红细胞计数和血细胞比容测定　目前，大多数血液分析仪都是用电阻抗法进行红细胞计数和血细胞比容测定，其检测原理同白细胞计数相似。当红细胞通过计数小孔时，产生相应大小的脉冲，脉冲的高低代表每个红细胞的体积，脉冲的多少即为红细胞的数目，脉冲高度叠加经换算得出血细胞比容。稀释血液中含有白细胞，当血液进入红细胞检测通道时，红细胞检测的各项参数中均含有白细胞因素。正常时，血液红细胞与白细胞的比例为（500～750）:1。因此，白细胞因素可忽略不计。但当病理情况下，如白血病时，白细胞数明显增高，同时又伴有贫血时，使所得红细胞参数可产生明显误差，血细胞比容通常用红细胞体积（MCV）与红细胞数相乘得到。

（2）血红蛋白测定　当稀释血液中加入溶血剂后，红细胞溶解并释放出血红蛋白，血红蛋白与溶血剂中的某些成分结合形成一种血红蛋白衍生物，进入血红蛋白测试系统，在特定的波长（一般在530～550nm）下进行比色；吸光度的变化与稀释液中血红蛋白含量成正比，仪器通过计算可显示出血红蛋白的浓度。

二、自动生化分析仪及其应用

自动系列化分析仪是一种把生化分析中的取样、加试剂、去干扰、混合、恒温、反应、检测、结果处理，以及清洗等过程中的部分或全部步骤进行自动化操作的仪器。它完全模仿并代替了手式操作，实现了临床生化检验中的主要操作机械化、自动化。

自动生化分析仪的结构分为分析部分和操作部分，二者可分为两个独立单元，也可组合为一个机体。分析部分主要由检测系统、样品和试剂处理系统软件，控制仪器的运行和操作并进行数据处理。

（一）检测系统

检测系统（光度计）由光学系统和信号检测系统组成，是分析部分的核心。它的功能是将化学反应的光学变化转化成电信号。

1. 光学系统

光学系统由光源、光路系统、分光器等组成。作用是提供足够强度的光束、单色光及比色的光路。

（1）光源　自动生化分析仪的光源一般采用卤素灯，多为12W，20V，提供波长范围为340～800nm的光源，寿命为800h左右。

（2）光路系统　光路系统包括从发出光源的信号到接收的全部路径，由一组透镜、聚光镜、光径（比色杯）和分光元件等组成。有直射式光路和集束式光路系统及前分光和后分光之分。

前分光的光路与一般分光光度计相同，即光源—分光元件—样品检测器。

后分光的光路是光路—样品—分光元件—检测器。

将一束白光（混合光）先照射样品杯，然后通过光栅分光，再用检测器检测任何一个波长的吸光度，后分光的优点是不需移动仪器的任何部件，可同时选用双波长或多波长进行测定，降低了噪声，提高了分析的精度和准确度，减少了故障率。

目前的全自动生化分析仪多采用后分光的光路，半自动生化分析仪也有少数采用后分光光路原理的。

直射式光路由于光束较宽，难于减少所测试反应液的体积。集束式光路则是通过一个透镜使光束变窄，可检测低至180μl的反应混合体，使生化分析仪的超微量检测成为可能。近年来又出现了点光源技术。它的光束更小，照射到样品杯时仅为一个点，可使反应液的量降至120μl。

（3）分光元件　分光元件有滤片、全息反射式光栅和蚀刻式凹面光栅3种形式，均为紫外—可见光。

全息反射式光栅是在玻璃上覆盖一层金属膜后制成，有一定程度的相差，且易被腐蚀；蚀刻式光栅是将所选波长固定刻制在凹面玻璃上（1nm内可以蚀刻4 000～10 000条线），有耐磨损、抗腐蚀、无相差等优点。滤光片均为干涉滤光片，有插入式和可旋转式滤光片槽、滤光片盘两种。插入式是将要用的滤光片盘是将仪器配备的滤光片都安装在此盘中，使用时旋转至所需滤光片处即可，滤光片多在半自动生化分析仪中使用。

（4）光径比色杯　光径是指比色杯的厚度，比色杯的厚度有1cm、0.6cm和0.5cm 3种。光径小的可以节省试剂，减少样品用量，目前较常用。光径小于1cm时，仪器能自动校正为1cm。其比色方式有两种类型：

流动式比色　通过吸液器将试管内的有色溶液吸入固定的比色杯，进行比色后再吸出，此为单通道比色系统。这种比色杯也称流动比色池。半自动生化分析仪的比色系统都采用这种流动比色方式。

反应杯比色　反应杯兼作为比色杯，它以不同形式逐个连接在一起，按一定顺序通过光路，进行连续比色。近年来出现了一种袋式自动生化分析仪，它的反应杯是一种用特殊塑料制成的试验袋，比色方式也属于反应杯连续比色。

2. 信号检测器（系统）

信号检测器的功能是接收由光学系统产生的光信号，并将其换成电信号并放大，再把它们传送至数据处理单元。信号接收器一般为硅（矩阵）二极管，信号传送方式有光电信号传送和光导纤维传送两种，光导纤维传送技术更先进，可消除电磁波对信号的干扰，传送速度更快。

（二）样品、试剂处理系统

该系统包括放置样品和试剂的场所、识别装置、机械和加液器。功能是模仿人工操作识别样品和试剂，并把它们加入到反应器中。

1. 样品架（盘）

样品架是放置样品管的试管架。试管架有分散式、通过轨道运输。轨道有单通路轨道和双通路轨道两种，后者可与样品前处理系统连接，实现实验室的全自动化。样品盘是圆形的，可以放置样品管或样品杯，通过圆周的机械运动传送样品。样品箱供放置样品盘用，一般为室温。有些大型仪器已设计了具冷藏功能的放置标准物的圆形样品盘，以供随时进行标准和质控的测定。

2. 试剂盘

用于放置实验项目所用的试剂。试剂箱供放置试剂盘用，可有1～2个，并多有冷藏装置（4～15℃）。

3. 识别装置

识别样品和试剂的一种方法是根据样品的编号及在样品架或盘上所处位置来识别；另一种则是条形码识别装置。条形码识读器是通过条形码对样品试剂进行识别。

4. 机械臂

机械臂的功能是控制加液器的移动，根据仪器的指令携带加液器运动至指定位置。自动生化分析仪可有2～4个机械臂，它们分别是样品臂和试剂臂。

5. 加液器

因吸量注射器是用特殊的硬质玻璃或塑料制成，包括阀门注射器和阀门。早期分立式生化分析仪的加油器由采样器和加第一试剂的加液器组合而成，也称稀释器。

现代的加液器都是采用各自的管路和加样针进行样品和试剂的添加，加上特殊的冲洗技术减少了交叉污染。目前较为先进的定量吸取技术是采用脉冲数字同步定位，定位准确，故障率低。如果加脱气装置，又可防止样品和试剂间的交叉污染，提高了加样的精度。加样针与静电液面感应器组成一体化探针，具有自我保护功能，遇到障碍能自动停止并报警，可防止探针损坏。该系统可从特定的地点准确地吸取样品或试剂，并转移到指定的反应杯中。

6. 搅拌器

由电机和搅拌棒转动组成，速度可达每秒数万转，使反应液充分混匀。搅拌棒的下端是一个扁金属杆，表面涂有一层不粘性材料（如特力伦），也有采用特殊的防粘清洗剂，其作用是减少携带率，从而使交叉污染率降至最低水平。

（三）反应系统

反应系统由反应盘和恒温箱两部分组成。反应盘是生化反应的场所，有些兼作比色杯，置于恒温箱中。

自动生化分析仪通过温度控制系统保持温度的恒定，以保证反应的正常进行，其保持恒温的方式有3种。

干式恒温加热式　方便，速度快，不需要特殊防护，但稳定性的均匀性不足。

水浴式循环加热式　特点是温度准确，可达±0.1℃，但需要特殊的防腐剂才能保证水质洁净。

恒温液循环间接加热式　它的结构原理是在比色杯周围流动着一种特殊的恒温液，具有无味、无污染、不变质、不蒸发等特点，在比色杯与恒温液之间又有一个几毫米的空气夹缝，恒温液通过加热夹缝的空气达到恒温。其均匀性、稳定性优于干式，又有升温迅速、不需要特殊保养的优点恒温控制器可以对25℃、30℃和37℃ 3种温度进行恒温，根据需要任意选择，半自动生化分析仪恒温器属于这种。

全自动生化分析仪的温度控制器一般只能控制37℃一种温度，少数也有可以控制30℃和37℃两种温度的。

1. 清洗机构

清洗装置一般由吸液针、吐液针和擦拭块组成。可有5～9段清洗不等，段就是清洗的步骤。清洗的工作流程为吸出反应液—吐入清洗剂—吸干—吐入去离子水—吸干—擦干。

清洗剂可有碱性和酸性两种：吐入的去离子水在一些大型仪器上可以加热成温水，并且可反复清洗2～3次，有些还可以风干。这些功能有效地提高了洗涤效果，减少了交叉污染的程度，降低了测定的精密度的准确度。

2. 数据处理系统

随着计算机技术的进步，全自动生化分析仪的数据处理系统功能日趋完善，主要表现在具有各种较准方法、测定方法、多种质量监控方式、项目间结果计算、各种统计功能、多种报告打印方式、数据贮存和调用。

三、尿液分析仪及其临床的应用

尿液分析仪是用于化学方法检测尿中某些成分，有半自动和全自动两大类。干化学分析诞生于1956年，美国的Alfred Free发明了尿液分析史上第一条试带测试方法，为尿液自动检测奠定了基础。这种“浸入即读”的干化学试剂带条操作方便，测定迅速，结果准确，且因为这种方法既可以目测，也可以进行大批量自动化分析，因而得到了迅速的发展。随着高科技及计算机技术的高度发展和广泛应用，尿液分析已逐步由原来的半自动分析发展到全自动分析，检测项目由原来的单项分析发展到多项组合分析。

（一）尿液分析仪组成

尿液分析仪通常由机械系统、光学系统、电路系统3部分组成。

1. 机械系统

在微电脑的控制下，将待测的试带传送到预定的检测位置，检测后将试带传到废物盒中。不同厂家、不同型号的仪器可能采取不同的机械装置，如齿轮传输、胶带传输、机械臂传输等。全自动的尿液分析仪还包括自动进样传输装置、样本混匀器、定量吸样针。

2. 光学系统

光学系统一般包括光源、单色处理、光电转换3部分。光线照射到反应物表面产生反射光，光电转换器件将不同强度的反射光转换为电信号进行处理。尿液分析仪的光学系统通常有发光二极管（LED）系统、滤光片分光系统和电荷耦合器件（CCD）。

（1）发光二极管系统　采用可发射特定波长的发光二极管作为检测光源，两个检测头上都有3个不同波长的LED，对应于试带上特定的检测项目分为红、橙、绿单色光（波长660nm、620nm、555nm），它们相对于检测面以60°角照射在反应区上。作为光电转换的光电二极管垂直安装在反应区的上方，在检测光照射的同时接收反射光。因光路近，无信号衰减，使用光强度较小的LED也能得到较强的光信号。以LED作为光源，具有单色性好、灵敏度高的优点。

（2）滤光片分光系统　采用高亮度的卤钨灯作为光源，以光导纤维传导至两个检测头。每个检测头有包括空白补偿的11个检测位置，入射光以45°角照射在反应区上。反射光通过固定在反应区正上方的一组光纤传导至滤光片进行分光处理，从510～690nm分为10个波长，单色化之后的光信号再经光电二极管转换为电信号。

（3）电荷耦合器件系统　以高压氙灯作为光源，采用电荷耦合器件动技术进行光电转换，把反射光分解为红、绿、蓝（波长610nm、540nm、460nm）3种原色，又将三原色中的每一种颜色细分为2 592色素。这样，整个反射光分为7 776色素，可精确分辨颜色由浅到深的各种微小变化。

3. 电路系统

将转换后的电信号放大，经模数转换后送中央处理器（CPU）处理，计算出最终检测结果，然后将结果输出到屏幕显示并送打印机打印。CPU的作用不仅是负责检测数据的处理，而且要控制整个机械系统、光学系统的动作，并通过软件实现多种功能。

（二）尿液分析仪试剂带

单项试带是干化学发展初期的一种结构形式，也是最基本的结构形式。它以滤液为载体，将各种试剂成分浸渍后干燥，作为试剂层，再在表面覆盖一层纤维膜，作为反射层。

尿液浸入试带后与试剂发生反应，产生颜色变化。

多联试带是将多种检测项目的试剂块，按一定间隔、顺序固定在同一条带上的试带。使用多联试带，浸入一次尿液可同时测定多个项目。多联试带的基本结构采用了多层膜结构：第一层尼龙膜起保护作用。防止大分子物质对反应的污染；第二层绒制层，包括碘酸盐层和试剂层，碘酸盐层可破坏干扰物质，试剂层与尿液所测定物质发生化学反应；第三层是固有试剂的吸水层，可使尿液均匀、快速地浸入，并能抑制尿液流到相邻反应区；最后一层选取尿液不浸润的塑料片作为支持体。有些试带无碘酸盐层，但相应增加了一块检测试剂块，以进行某项目的校正。

不同型号的尿液分析仪使用其配套的专用试带，且测试项目试剂块的排列顺序不同。通常情况下，试带上的试剂块要比测试项目多一个空白块，有的甚至多一个参考块，又称固定块。各试剂块与尿液中被检测尿液成分的反应呈现不同颜色变化。空白块的目的，是为了消除尿液本身的颜色在试剂块上分布不均等所生测试误差，以提高测试准确性；固定快的目的是在测试过程中，使每次测定试剂块的位置准确，减低由此而引起的误差。

（三）尿液分析仪检测原理

尿液中相应的化学成分，使尿多联试带上各种含特殊试剂的模块发生颜色变化，颜色深浅与尿液中相应物质的浓度成正比；将多联试带置于尿液分析仪比色进样槽，各膜块依次受到仪器光源照射并产生不同的反射光，仪器接收不同强度的光信号后将其转换为相应的电信号，再经微处理器计算出各测试项目的反射率，然后与标准曲线比较后校正为测定值，最后以定性或半定量方式自动打印出结果。

尿液分析仪测试原理的本质是光的吸收和反射。试剂块颜色的深浅对光的吸收、反射是不一样的。颜色越深，吸收光量值越大，反射光量值越少，反射率也越小；反之，颜色越浅，吸收光量值越小，反射光量值越大，反射率也就越大。换而言之，特定试剂块颜色的深浅与尿样中特定化学成分浓度成正比。

尽管不同厂家的尿液分析仪对光的判读形式不同，但不同强度的反射光都需经光电转换器转换为电信号进行处理却是一致的。

1. 采用发光二极管光学系统的尿液分析仪

检测头含有三个 LED，在特定波长下把光照射到试带表面，引起光的反射，反射光被试带上方的探测器（光电二极管）接收，将光信号转换为电信号，经微处理器转换成浓度值。

2. 采用滤光片光学系统的尿液分析仪

以高亮度的卤钨灯为光源，经光导纤维将光传导到两个检测头上，再经滤光片分光系统将光单色化处理，最后由光电二极管转换为电信号，由此来检测试剂的块颜色变化。试带无空白块，仪器采用双波长来消除尿液颜色的影响。所谓双波长，是指一种光为测定光，是被测试剂块敏感的特征光；另一种光为参考光，是被测试剂块不敏感的光，用于消除背景光和其他杂散光的影响。

3. 采用电耦合器件光学系统的尿液分析仪

由尖端光学元件 CCD 来对测试块的颜色进行判读。CCD 的基本单元是金属一氧化物—半导体（MDS），它最突出的特点是不同于其他大多数器件以电流或电压为信号，而是以电荷为信号。当光照射到 CCD 硅片上时，在栅极附近的半导体内产生电子对，其多数载流子被栅极电压排开，少数载流子则被收集形成信号电荷。将一定规则变化的电压加到 CCD 各电极上，电极上电子或信号电荷就能沿着半导体表面按一定方向移动形成电信号。CCD 的光电转换因子可达 99.7%，光谱响应范围从 0.4～1.1nm。即从可见光到近红外光。CCD 系统检测灵敏度较 LED 系统高 2 000 倍。

（郝景峰）

第十章　临床诊断的步骤与思维方法

第一节　症状的概念、种类及其评价

症状是患病宠物的临床表现，是提示诊断的出发点，也是建立诊断的重要依据。

一、症状的概念

疾病是在病原因素作用于宠物体的情况下发生的，因此，疾病就是机体与一定病因相互作用而产生的损伤与抗损伤的复杂斗争过程。在这一过程中，机体的机能、代谢和形态结构发生异常，各器官系统之间以及机体与外界环境之间的协调、平衡关系发生改变。

一般把疾病过程所引起的机体或机体的某些器官系统机能紊乱现象称为征候；而所表现的机体形态、结构变化称为症状。

在医学临床上有主观症状（如头痛、恶心）与客观症状（肿胀，溃疡）的区分，而动物医学临床由于动物不能用语言表达其自身的感受，需要根据客观的检查来发现与揭示，所以，把宠物的机能紊乱现象与形态结构的变化统称为症状。

二、症状的种类及评价

由于致病原因、宠物机体的反应能力、疾病经过的时期等的区别，疾病过程中症状的表现千变万化。从临床诊断的观点出发，一般可把症状分为以下几点。

（一）全身症状与局部症状

全身症状，一般系指机体对病原因素的刺激所表现的全身性反应，如多种发热性疾病所呈现的体温升高、脉搏和呼吸增数，食欲减退和精神沉郁等。

局部症状，是指某一器官疾病时，局限于病灶区的一些症状，如肺炎时胸部叩诊的浊音区，炎症部位的红、肿、热、痛等。

从宠物机体的完整性来看，局部症状只是全身病理过程在局部的表现，不能孤立地看待和理解，局部症状也可引起全身性的反应。例如，便秘，本来是肠管的阻塞，但经常可引起心跳加快，呼吸增数，尿量减少，姿势异常，以及水盐代谢紊乱和血液成分的改变。

（二）主要症状和次要症状

主要症状，是指某一疾病时表现的许多症状中的对诊断该病具有决定意义的症状。如心内膜炎时，可表现为心搏动增强，脉搏加快，呼吸困难，静脉淤血，皮下浮肿和心内性杂音等症状，其中，只有心内性杂音可作为心内膜炎诊断的主要根据，故称其为主要症状。其他症状相对来说则属于次要症状。

在临床上能分辨出主要症状和次要症状，对准确的建立诊断具有重大意义。

（三）示病症状或特有症状

示病症状或特有症状，是指仅某种疾病才出现的症状。见到这种症状，一般即可联想到这种特定的疾病，从而直接提示某种疾病的诊断。如纤维素性胸膜炎的胸膜摩擦音，渗出性心包炎的心包击水音，破伤风的木马样姿势等。

示病症状也常因疾病的时期、程度的不同或受个体因素及其他条件的影响而发生变化，应加以注意。

（四）早期症状或前躯症状

早期症状或前躯症状，是指某些疾病的初期阶段，在主要症状尚未出现以前所表现的症状。早期症状常为该病的先期征兆，可据此提出早期诊断，为及时地采取防治措施提供有利的启示。如幼小宠物的异嗜现象，常为矿物质代谢扰乱的先兆等。

（五）综合征候群

在许多疾病中，某些症状相互联系，同时或相继出现，把这些症状称为综合症状或综合征候群。如发热性疾病的体温升高，精神沉郁，呼吸、心跳及脉搏加快，食欲减少等症状互相联合出现，称为发热综合征候群。各种综合征候群在提示某一器官、系统疾病或明确疾病的性质上均具有重要的临床诊断价值。

临床上很多疾病没有示病症状，而某些局部症状又不是某一疾病的特有表现，为此，收集症状后，应加以归纳，组成综合征候群，对提示诊断或鉴别诊断，也具有非常重要的临床诊断意义。

第二节　诊断疾病的步骤

临床诊断的实质是宠物医生把所获得的各种临床资料经过分析、评价、整理后，对宠物所患疾病提出的一种符合临床思维逻辑的判断。如果这种逻辑判断符合疾病的客观存在，诊断就应该是正确的。如果不符合客观存在，则诊断就是错误的。诊断疾病是宠物医生最重要也是最基本的临床实践活动之一。诊断疾病的过程是一个逻辑思维过程，也是宠物医生认识疾病、认识疾病客观规律的过程。只有正确的诊断，才可能有正确的治疗。能否正确及时地诊断疾病，是反映宠物医生水平、能力和素质的一个标志。

临床诊断疾病的程序一般分为 4 个步骤，即搜集临床资料；分析、评价、整理资料；

提出初步诊断；确立及修正诊断。

一、搜集临床资料

（一）病史

临床症状是病史的主体，症状的特点及其发生发展与演变的情况，对于形成诊断起重要作用。详尽而完整的病史可解决近半数的临床诊断问题。但症状不是疾病，宠物医生应该透过症状这个主观感觉的异常现象，结合宠物医学知识和临床经验，认识、探索客观存在的疾病特点。病史搜集要全面系统、真实可靠，病史要反映出疾病的动态变化及个体特征。

（二）体格检查

在病史搜集的基础上，应对患病宠物进行全面、有序、重点、规范和正确的体格检查，所发现的阳性体征和阴性表现，都可以成为诊断疾病的重要依据。

在体格检查过程中要注意核实和补充病史资料。因此，应边检查边询问，边检查边思索，使获得的临床资料具有完整性和真实性。

（三）实验室及其他检查

在获得病史和体格检查资料的基础上，选择一些基本的、必要的实验室检验和其他辅助临床检查，无疑会使临床诊断更准确、更可靠。在选择检查时应注意考虑几个问题：①检查的目的和临床诊断价值（意义）；②检查的时机；③检查的敏感性和特异性；④检查的安全性；⑤医疗成本与效果分析等。

二、分析、评价、整理资料

对病史、体格检查、实验室检验以及其他辅助临床检查，所获得的各种临床资料进行分析、评价和整理，是非常重要又常常容易被忽视的一个环节。疾病表现是复杂多样的，同时对患病宠物的诊断也受宠物所处的环境因素、宠物的驯养情况以及主人的文化素质、心理状态、知识层次等社会因素的影响，宠物主人所述的病史常常是琐碎、凌乱、不确切、主次不分、顺序颠倒、甚至有些虚假、隐瞒或遗漏等现象。因此，宠物医生必须对病史资料进行分析、评价和整理，使病史具有真实性、系统性和完整性，只有这样的病史才能为正确的临床诊断提供可靠的依据。

对实验室检验和其他辅助临床检查结果，必须与病史资料和体格检查结果结合起来进行分析、评价和整理，切不可单靠某项检查结果诊断疾病。由于临床检查的时机和技术因素等影响，临床出现一两次阴性结果，往往不足以排除疾病的存在。因此，在分析、评价结果时必须考虑以下几个问题：①假阴性和假阳性问题；②数据误差的大小；③有无影响检查结果的因素存在；④检查结果与其他临床资料是否相符、如何解释等。

通过对各种临床资料的分析、评价和整理以后，宠物医生应对疾病的主要临床表现及特点、疾病的演变情况以及治疗效果等，有一个清晰、明确的认识，为提出初步临床诊断打下基础。

三、对疾病提出初步诊断

在对各种临床资料进行分析、评价和整理以后，结合宠物医生所掌握的医学知识和临床经验，把可能性较大的几个疾病排列出来，逐一进行鉴别，形成初步临床诊断。

初步临床诊断带有主观臆断的成分，这是由于在认识疾病的过程中，宠物医生只发现了某些自己认为特异的疾病征象。由于受到病情发展的不充分性、病情变化的复杂性和宠物医生的认识水平的局限性等影响，这些疾病的征象在临床诊断疾病中的作用常常受到限制，这是导致临床思维方法片面、主观的重要原因。因此，初步临床诊断只能为疾病进行必要的治疗提供依据，为确立和修正临床诊断奠定基础。

四、确立及修正诊断

临床上认识疾病不是一次就能完成的，初步临床诊断是否正确，还需要在临床实践中加以验证。因此，提出初步临床诊断之后首先给予必要的治疗；然后进一步客观细致地观察病情，并对某些临床检查项目进行复查，必要时选择一些特殊临床检查等，为验证诊断、确立诊断和修正诊断提供可靠的依据。

临床上常常需要严密观察病情，随时发现问题，随时提出问题，查阅有关医学文献资料解决问题，或是开展临床病例讨论等，这在一些疑难病例的诊断和修正诊断的过程中将发挥重要作用。

诊断疾病不能撒大网，必须按照诊断疾病的步骤进行，这种认识疾病的程序不能遗漏，不能跨越，一般情况下不容颠倒。在临床诊断疾病的过程中，思维程序应该成为宠物医生自觉的临床实践活动和临床思维方法。

第三节　临床诊断的思维方法

临床诊断的思维方法，是宠物医生认识疾病、判断疾病和治疗疾病等临床实践活动，所采用的一种逻辑推理方法。临床诊断疾病过程中的临床诊断思维，就是把宠物疾病发生的一般规律，应用到判断特定宠物个体所患疾病的思维过程。

一、临床思维的两大要素

（一）临床实践

通过各种临床诊疗活动，如病史搜集、体格检查和诊疗操作等工作，细致而周密地观察病情，要发现问题、分析问题和解决问题。

（二）科学思维

临床科学思维就是对具体的临床问题有一个比较、推理、判断的过程，在此基础上建立疾病的临床诊断。即使是暂时诊断不清，也应该对各种临床问题的属性、范围做出相对正确的临床判断。这一过程是任何仪器设备都不能代替的思维活动。宠物医生通过临床检查实践获得的资料越翔实，知识越广博，经验越丰富，这一思维过程就越快捷，越切中要害，越接近实际，就越能做出正确的临床诊断。

临床思维方法在兽医学教科书中论述的较少，课堂上很少讨论，常常经过多年的临床实践后逐渐领悟其意义，感到“觉悟”恨晚。如果使学生能更早地认识到它的重要性，能够从接触临床开始的实践活动中就注重临床思维方法的基本训练，无疑将事半功倍，受益终生。

二、临床诊断的几种思维方法

（一）临床诊断推理

临床诊断中的推理，是宠物医生在获取临床资料或诊断信息之后到形成结论的中间思维过程。

推理分为前提和结论两个部分。推理不仅是一种思维形式，也是一种认识各种疾病的方法和表达临床诊断依据的手段。推理可帮助宠物医生明确认识疾病与诊断疾病的依据之间的关系，从而正确认识疾病、提高临床诊断的思维能力。

1. 演绎推理

演绎推理是从带有共性或普遍性的原理出发，来推论对个别事物的认识并导出新的结论的过程。临床诊断的结论是否正确，取决于所获临床资料的真实性。演绎推理所推导出的临床初步诊断结论，常常是不全面的，有其局限性。

2. 归纳推理

归纳推理是从个别和特殊的临床表现中，导出一般性或普遍性临床诊断结论的一种推理方法。宠物医生对所搜集的每个临床诊断依据都是个别的，根据这些个别的临床诊断依据而归纳推理、提出的临床初步诊断。归纳推理就是由个别上升到一般，由特殊性上升到普遍性的临床诊断过程，最后得出临床诊断结果。

3. 类比推理

类比推理是宠物医生诊断、认识疾病的重要方法之一。类比推理是根据两个或两个以上疾病在临床上表现的某些相同或相似症状或不同症状进行类比推理而做出的临床诊断。对两个或两个以上疾病临床表现的不同之处，要经过比较、鉴别、推论，最后确定出其中一个疾病。临床上常常应用鉴别诊断来认识疾病的方法就是类比推理。

（二）根据发现的临床诊断线索和信息寻找更多的临床诊断依据

对获得的临床资料中有价值的临床诊断信息，经过较短时间的分析产生一种较为可能的临床诊断印象，根据这一印象再进一步去分析、评价和搜集临床资料，可获取更多的有助于证实临床诊断的依据。

（三）根据临床表现去对照疾病的诊断标准和诊断条件

对宠物典型的、特异的临床表现逐一与疾病的临床诊断标准进行对照，这也是形成临床诊断的一种方法。

“博于问学、明于睿思、笃于务实”是临床诊断中的座右铭。广博的宠物医学知识、科学灵活的思维方法、符合逻辑的分析和评价，是建立正确临床诊断的必要条件。

（四）经验再现

宠物医生在临床实践过程中积累的知识和技能称为临床经验，临床经验在临床诊断疾病的各个环节中都起着重要作用。在临床诊断疾病的过程中，经验再现的例子很多，但应注意“同病异征”和“同征异病”的现象。经验再现只有与其他临床诊断疾病的思维方法结合起来，才能更好地避免临床诊断失误。

对具体的宠物病例诊断，也有人提出了以下的临床诊断思维程序。

①从宠物解剖学的观点，有何结构的异常？

②从生理学的观点，有何功能改变？

③从病理生理的观点，提出病理变化和发病机制的可能性。

④考虑几个可能的致病原因。

⑤考虑病情的轻重，勿放过严重情况。

⑥提出1～2个特殊疾病的假说，并检验该假说的真伪，权衡支持与不支持的临床症状依据。

⑦寻找特殊的临床症状综合征，进行疾病的鉴别诊断。

⑧尽可能的缩小临床诊断范围，考虑确定一个或几个临床诊断的最大可能性。

⑨提出进一步检查及处理措施。

这一种临床诊断思维过程看似烦琐机械，但对初学者来说，经过多次反复，可以熟能生巧、得心应手、运用自如。

三、诊断思维中的基本原则

（一）现象与本质

宠物的任何症状，都是其内在病理改变在临床表象上的反映，所有的症状都与其体内的病理改变一一对应，而体内所有的病理改变却不一定在临床症状中一一表现出来。现象是指宠物疾病时的临床表现，而本质则为疾病的症状所对应的病理改变。临床诊断的目的就是要建立症状与病理改变亦即现象与本质的直接对应联系，并且要在诸多的病理改变中区分出主要的病理改变，抓住主导环节和原发的病理改变，从而认识疾病的本质以达到确诊的目的，做到透过现象看本质。因此，在临床诊断分析过程中，要求现象能反映本质，现象要与本质统一。

（二）主要与次要

临床诊断中面对诸多的临床表现，首先要区分出主要和次要症状，进而在引发同一症状的诸多病理改变中区分出主要病理改变。同时，要关注次要症状和次要病理改变的变化，因为疾病的发生发展不是静止的、一成不变的，而是动态变化着的。因此，要注意整个疾病过程中次要症状和次要病理改变的转化问题。

临床上患病宠物的表现比较复杂，所获得的临床资料也较多，在分析这些资料时，要分清哪些临床资料是反映疾病的本质，反映疾病本质的是主要临床资料，缺乏这些资料则临床诊断就不能成立。次要资料虽然不能作为主要的临床诊断依据，但可为确立临床诊断提供旁证。

（三）局部与整体

宠物是由各组织、器官和系统组成的有机整体，不是各组织器官的简单堆积。任何局部都是整体的局部，任何局部组织器官的机能和代谢都受整体的调控。同时，局部又反过来影响着整体，任何局部的病理变化都是整体疾病在局部的反映，是整体调控的结果，离开整体的疾病是不存在的。应当看到局部疾病也会给整体带来严重的影响，甚至危及整个宠物生命。因此，在临床诊断中应当正确处理好局部与整体的关系。

宠物疾病的局部病变可引起全身改变，全身改变也可引起局部的病理变化。在临床诊断中观察局部变化的同时，也要注意全身的机能状况，切不可在诊断过程中“只见树木，不见森林”。

（四）典型与非典型

大多数宠物疾病的临床表现易于识别，所谓的典型与不典型是相对而言的。一般造成临床表现非典型的因素有：①老龄、体弱的患病宠物；②疾病晚期的患病宠物；③临床治疗的干扰；④多种疾病的相互干扰影响；⑤幼龄宠物；⑥宠物医生的临床知识、认识疾病的水平等。

四、诊断思维中应注意的问题

在疾病的临床诊断过程中，必须注意以下几个问题。

①首先考虑常见病与多发病。在选择第一诊断时首先要选择常见病、多发病。疾病的发病率可受多种因素的影响，不同的年景、不同地区的动物所患的疾病也不同。在几种临床诊断的可能性同时存在的情况下，要首先考虑常见病的诊断，这种选择原则符合概率分布的基本原理，有其数学、逻辑学的依据，在临床诊断上可以大大减少诊断失误的机会。

②应考虑和首选正在当地流行和发生的动物传染病与地方病。

③尽可能以一种疾病去解释多种临床表现，若患病动物的临床表现确实不能用一种疾病解释时，可再考虑有其他疾病的可能性。

④应考虑器质性疾病的存在。在器质性疾病与功能性疾病鉴别诊断有困难时，首先考虑器质性疾病的诊断，以免延误治疗。如表现为腹痛的肠套叠动物，早期诊断可手术根

治，否则当作急性肠炎进行治疗则失去救治的良机。有时器质性疾病可能存在一些功能性疾病的症状，甚至与功能性疾病并存，此时亦应重点考虑器质性疾病的诊断。

⑤应考虑可治性疾病的诊断。当诊断有两种可能时，一种是可以治疗而且疗效好，而另一种是目前尚无有效治疗且预后甚差。此时，在诊断上应首先考虑前者。如患病动物的胸片显示肺阴影诊断不清时，应首先考虑肺结核的诊断，有利于对疾病的及时处理。当然，根据动物主人的要求，对不可医治或预后不良的疾病也不能忽略。这样可最大限度地减少诊断过程中的周折，减轻动物主人的负担。

⑥动物医生必须实事求是地对待临床资料的客观现象，不能仅仅根据自己的知识范围和局限的临床经验任意取舍，亦不应把临床现象牵强附会地纳入自己理解的框架之中，以满足不切实际的所谓临床诊断的要求。

⑦以患病动物为整体，要抓准重点、关键的临床表现。这对急诊重症病例的诊断特别重要，只有这样才能使患病动物得到及时恰当的临床诊断和治疗。

五、临床诊断思维误区——常见诊断失误的原因

由于各种临床诊断的主、客观原因，临床诊断往往与疾病的本质发生偏离而造成诊断失误，一般表现为误诊、漏诊、病因判断错误、疾病性质判断错误以及延误诊断等。

（一）误诊

临床误诊就是错误的临床诊断，可分为以下几个方面。

1. 诊断错误

诊断错误分误诊和漏诊两种。把无病宠物诊断为有病的宠物称为误诊；把有病的宠物诊断为无病的宠物称为漏诊；把一种疾病诊断为另一种疾病，对前者来说为漏诊，对后者来说为误诊。

2. 延误诊断

临床上延误诊断就是临床诊断和治疗不及时。常见的临床诊断延误多为长时间不能确诊、治疗措施不当、丧失时机；有时也是宠物主人发现宠物的病情较晚造成的。

3. 漏误诊断

漏误诊断是指临床诊断结果不完全，在宠物并发或继发某些疾病时漏诊和误诊了主要疾病。多见于临床诊断中出现了次要疾病而忽视了对主要疾病的临床诊断；临床诊断出了并发的某一疾病而忽略了并发的其他疾病的临床诊断。

4. 病性判断失误

对疾病的病因和发生部位判断正确，但对疾病的性质临床诊断错误，可造成治疗方法或用药的错误。如对宠物后肢跛行临床诊断为关节炎，而进一步临床诊断实际是关节痛风。

5. 病因判断错误

对疾病的性质和发生部位判断正确，对病因判断错误，临床中常发生对症不对因、治标不治本的错误。

（二）临床常见诊断失误的原因

①病史资料不完整、不确切，未能反映疾病的进程和动态以及个体的特征，因而难以作为诊断的依据。也可能由于资料失实，分析取舍不当，导致误诊、漏诊的发生。

②观察不细致或检查结果误差较大。临床观察和检查中遗漏关键症状，不加分析地依赖临床某一检查结果或对检查结果解释错误，都可能得出错误的结论，也是误诊的重要因素。

③先入为主，主观臆断，妨碍了客观而全面地搜集、分析和评价临床资料。某些个案的经验或错误的印象占据了思维的主导地位，致使判断偏离了疾病的本质。

④宠物诊疗知识不足，缺乏临床经验。对一些病因复杂、临床罕见疾病的知识匮乏，经验不足，未能及时有效地学习各种知识，是构成误诊的另一种常见原因。

⑤其他原因，如病情表现不典型，诊断条件不具备以及复杂的社会原因等，均可能是导致临床诊断失误的因素。

从某种角度来讲，宠物是活的有机体，任何一种疾病的临床表现都各不相同。我们应当从实践中积累临床经验、从误诊中得到教益。只要我们遵照临床诊断疾病的基本原则，运用正确的临床思维方法就会减少临床诊断失误的发生。

六、临床治疗错误

临床治疗失误严重影响诊治宠物的医疗质量，有时会发生医疗事故或医疗纠纷，给宠物医疗事业造成损害和影响。实际上临床中只要有诊断和治疗，就会有诊疗失误。目前，《临床诊疗失误学》已作为一门新的学科，来研究临床中错误的诊断和错误的治疗所发生的规律和防范措施，它与宠物临床诊断学和宠物临床治疗学相对应，从另一个方面揭示不能获得正确的临床诊断和治疗的原因。

（一）治疗方案错误

临床诊断正确而治疗方案错误。如细菌性腹泻，治疗方案应为抗菌消炎、补液排毒、调理胃肠机能，如果按止泻方案就会造成细菌在肠道内产生大量毒素。

（二）药物选择错误

临床诊断和治疗方案正确，药物选择错误。

（三）用药方法错误

如用青霉素口服治疗消化道疾病，在肠道内快速降解失效；又如硫酸镁口服是泻剂，静脉注射是镇静剂。

（四）配伍禁忌

主要是物理、化学、生物学的颉颃作用。

（丁岚峰）

第十一章　综合征候群及其诊断要点

第一节　循环器官系统疾病

循环器官系统是由心脏及血管（动、静脉与毛细血管）组成。循环器官疾病的综合征候群，主要是宠物表现无力、多汗、气喘、可视黏膜发绀、静脉淤血及皮下浮肿等。这一综合征候群，是提出循环器官疾病的重要启示。

依据疾病主要侵害的部位、性质及程度不同可见有：心率加快与脉搏增多；心音的强度与性质的改变；心律与脉搏不齐；心脏的听诊杂音及叩诊浊音区的变化等。这些症状现象，是判断循环器官疾病的部位及性质的基本根据。

由于循环器官机能障碍引起的内脏淤血，主要表现为肺脏淤血而引起肺泡呼吸音增强、减弱或出现湿性啰音；肝脏淤血而使肝容积肿大及可视黏膜黄疸色；肾脏淤血而出现蛋白尿、皮下浮肿、体腔积水及少尿现象；胃、肠淤血而致消化功能障碍（食欲减少、便秘与腹泻等）等一系列附属症状。这些附属症状，可作为临床诊断的参考。

循环器官疾病的常见原因多为运动过劳、营养物质缺乏与不足以及继发于多种传染病及中毒性疾病。循环器官系统疾病的临床检查应着重于：

①详细的问诊及调查、了解，以发现致病的原因（如过度运动及饲养的失宜）、并明确无力、多汗等表现的有无。

②在整体及一般检查中，注意皮肤、黏膜的发绀、皮下浮肿的程度、表在静脉的充盈度以及有无气喘的变化。

③注意检查动脉脉搏及心脏的病理学变化。

④根据临床需要，选择地运用特殊或实验室检验等辅助检查方法。如动、静脉血压及中心静脉压的测定，心电图及心音图的描记、X 线检查，血液学及心包穿刺液的实验室检验等。

一、心包疾病的综合征候群及其诊断要点

临床触、叩诊时的心区敏感、疼痛反应（呻吟，躲闪、反抗），是心包炎的早期症状；听诊的心包摩擦音或心包击水音，是建立诊断的主要根据；心区叩诊的浊音区扩大，听诊心音微弱，脉搏与心率加快、黏膜发绀、表在静脉淤血及皮下浮肿等症状，是临床诊断的

重要参考条件。

为临床确诊的目的，在必要时可进行 X 线特殊辅助临床检查。

二、心内膜疾病的综合征候群及其诊断要点

（一）综合征候群

在气喘、发绀、静脉淤血及皮下浮肿等综合征候群的启示下，心脏听诊的心内性器质性杂音，是诊断心内膜病，特别是慢性心内膜炎的特征性症状。

（二）诊断要点

为确定心瓣膜病的主要病变部位（哪个瓣膜与心孔）及其性质（瓣膜闭锁不全或瓣膜孔狭窄）应注意检查：

①首先要明确杂音的最佳听取部位，此部位与各瓣膜口音最佳听取点相一致。

②要确定杂音的分期性，是收缩期杂音还是舒张期杂音，依血液流经病变部位空隙的时间的转移，收缩期杂音可见于房室瓣闭锁不全及动脉口狭窄，舒张期杂音则见于房室口狭窄及动脉瓣的闭锁不全。

③某些心瓣膜病兼有某种特定的特异性症状，如阳性（心缩期的）颈静脉搏动为三尖瓣闭锁不全的特征。

心内膜的病变，多继发于一般的化脓性、感染性、败血性疾病或某些传染病（如败血症等)。当诊断时常须考虑其原发病的临床特点，对慢性心内膜病，更应详细了解病史。

心内性杂音虽然是心内膜病的主要诊断根据，但如仅有心内性杂音而无明显的其他症状，诊断时应谨慎，要经过一定时间病程经过的观察，以排除机能性杂音的可能性。

三、心肌病的综合征候及其诊断要点

心肌病是心肌组织结构的改变及其营养、代谢紊乱的病理过程，是心脏机能不全、心脏机能障碍的病理基础。

（一）心肌的病理过程

心肌的炎症是以肌纤维的变质性变化（变性、坏死）与间质的渗出、白细胞浸润、增生性变化为特征；心肌的营养不良或变性，主要表现为心肌的原发性变性与坏死；心肌硬化与纤维化，表现为间质的结缔组织增生与肌纤维的萎缩；由于在实际病例中，上述的几种病变错综复杂，且常随病程经过的不同阶段而有不同的病变转化。所以，临床上一般多用心肌损害或心肌病概括之。

（二）心脏损害后的变化

①肌源性扩张并进一步发展为心肥大，临床上表现为心容积增大的体征（触诊心冲动增强，叩诊心浊音区扩大)。

②心肌兴奋性与传导机能的改变，从而，在临床上表现有心律不齐与脉律紊乱。

③心肌的收缩力量减弱，心排血量减少，动脉血压下降，静脉血压上升，并反射地引起心率加快与脉搏数增多，以及心音的强度的相应变化，静脉淤血及皮下浮肿。

据此，在具有一般性的循环障碍综合征候群的基础上，心脏容积扩大及明显的心律不齐（如期外收缩或传导阻滞），常为提示心肌病的重要根据。

心肌损害经常是某些传染病的并发症，可见于传染性胸膜肺炎、血孢子虫病及某些化脓性感染等病理过程。

原发性的心肌变性，可由全身性代谢紊乱引起，常见于营养不良或衰竭症、各类型贫血，特别是幼犬猫及观赏鸟的维生素 E－硒缺乏症时。

警犬的急、慢性运动过量而致心肌劳损，慢性心瓣膜病或肺气肿时，心肌的长时间负荷增加，是心肌损伤的一个致病条件。

临床诊断中应经常注意引起心肌损害的病因条件及其发病的临床特点，是提示心肌病临床诊断的重要线索。

某些特殊检查法，特别是心电图的描记，对临床诊断和鉴别心肌疾病，常能提供出重要的资料。

四、心脏功能不全的综合征候群及其诊断要点

心脏机能不全是由于心肌收缩力量减弱而使心脏排空困难，心排血量减少而动脉血压下降，静脉血回心受阻而致使静脉淤血，并引起全身的代谢及机能发生紊乱的病理过程。

心包、心内膜，尤其是心肌的疾病，都会导致心脏机能不全。

根据起病的缓急和病程的长短，可分为急性心力衰竭和慢性心力衰竭。

（一）急性少力衰竭

1. 综合征候群

（1）心动过速、脉搏显著增多（犬常达 150 次/min 以上），心冲动过强并伴有明显的心悸，第一心音过强而第二心音显著减弱乃至消失，脉搏细弱甚至不感于手或呈心律不齐或脉律紊乱。

（2）表在静脉充血、怒张，黏膜发绀，呼吸急促、浅表而困难，肺泡呼吸音普遍增强，当伴发肺水肿时，可见有大量混有泡沫的鼻液。

（3）精神兴奋或惊恐不安，有时沉郁呈苦闷状，有时兼有体温升高，重则步态不稳、共济失调乃至倒地、痉挛并呈昏迷状态。

2. 常见病因

（1）急性过劳，如长途奔跑、负载过重等。

（2）并发于某些急性传染病，如血液寄生虫病、犬瘟热等。

（3）急性中毒或内中毒。

（4）不适宜的静脉注射，如输液量过大、药液过凉、质量不佳或应用钙制剂等强烈刺激药物时，可突然引起发病。

（5）慢性心力衰竭的急性发作，即在慢性心脏衰弱或心肌损害的基础上，经不适宜的

剧烈运动，使心脏负担过重而发病。

综上所述，急性心力衰竭的综合征候群，起病急、发展经过快及发病原因 3 个条件，是提示诊断的主要根据。

（二）慢性心力衰竭

1. 综合征候群

慢性心力衰竭又称慢性心脏衰弱，主要征候群为精神沉郁、瘦弱、乏力、易疲劳，气喘等整体状态变化；心音低沉与混浊，第一心音亢进，第二心音减弱，或有心音分裂，心内性杂音、心律不齐，脉搏微弱、脉数增多或减少、脉律不齐等，并伴有由于肝、肾、肺、胃肠道淤血而引起的相关器官系统机能障碍等附属症状，共同组成了慢性心力衰竭的临床综合征候群。

2. 病理改变

慢性心力衰竭起病徐缓、病程拖长，在慢性、长期的病程经过中，可见病情好转、恶化或交替出现，是临床诊断的一个重要条件。

以临床综合征候群为基础，参照病程经过及病理改变，综合其原发病（如衰竭症或各型贫血，幼小宠物的硒缺乏症等）的临床特征，一般诊断并不困难。

五、血管机能不全的综合征候群及其诊断要点

急性血管机能不全，多突然发生，临床表现虚脱或休克状态，或称为周围（或外围）循环衰竭。

（一）主要综合征候群

可视黏膜苍白或发绀，体温下降的同时末梢皮肤厥冷；精神状态呈短暂的惊恐状后，继而出现共济失调（散脚、打晃等）甚至倒地、昏迷、痉挛等变化；动脉血压下降的同时，心率过快与脉搏增数，第一音增强而第二音微弱甚至消失，脉搏微弱而不感于手，或有心律不齐等一系列心、血管系统症状。

（二）常见致病原因

严重的创伤，伴有剧痛的手术；大量失血或失水；继发感染；胃、肠破裂及某些过敏反应（如药物过敏）等。

在突然发生上述综合征候群的启示下，结合常见的致病原因与条件而做出诊断。

（三）急性心力衰竭与血管机能不全的鉴别

急性心力衰竭和血管机能不全，在临床症状的表现方面有很多相似之处，但治疗方法却大不相同，故必须注意加以区别。

心排血量减少、动脉血压下降并引起全身各组织、器官（特别是大脑中枢）的供血不足以及由此而出现的一系列症状现象是二者的共同点。

造成心排血量减少的根本病因不同。血管机能不全，是由于失血、失水所致循环总血

量减少或微血管扩张时致使血管容积与循环血量不相适应，使静脉回心血量不足，无静脉系统的淤血现象，有时可见表在大静脉管的萎陷；急性心力衰竭，主要是因为心肌收缩力量减弱而使心脏排空困难，静脉血回心受阻，从而伴有静脉系统血液淤滞、表在大静脉管的充盈为其特征。

据此，依据表在静脉的充盈程度，皮肤黏膜的颜色变化，并参考其他症状、现象（体温、末梢部位的皮温低下以及急性脑贫血的神经症状等），综合可查明的致病原因等条件而鉴别。

确切的诊断可依据动脉压、静脉压以及中心静脉压的测定数值而分析之，特别是中心静脉压的数值，在区别心功不全与血管功能不全上，常可提供可靠的根据。

第二节　呼吸器官系统疾病

呼吸系统是由上呼吸道（鼻、喉、气管）、支气管、肺、胸廓、胸膜腔及胸肌所组成。

一、呼吸器官疾病的综合征候群

呼吸活动的加强与加快；不同类型及不同程度的呼吸困难；呼吸形式和呼吸节律的改变，黏膜发绀并伴有咳嗽和鼻液等组成呼吸器官系统的一般综合征候群。这一综合征候群，是提示呼吸器官疾病的共同基础。

二、呼吸器官疾病的常见原因

外界气候条件的突然变化，是引起该器官疾病的外因，秋末、春初的气候骤变季节，多见呼吸器官疾病的发生。

很多主要侵害呼吸器官的传染病（流行性感冒，鸟的传染性上呼吸道疾病等），某些侵害呼吸器官的寄生虫病，从临床症状的表现上，与非传染性的呼吸器官疾病有很多相似之处，应注意发病情况及流行病学特点，并在必要时配合进行某些特殊的或特异性的诊断方法加以鉴别。呼吸器官疾病的临床检查应着重于：

①在一般检查中，注意黏膜发绀、气喘、咳嗽、鼻液等一般性征候群的发现，并应特别注意明确呼吸困难的类型及鼻液的数量、性状、颜色与混有物。

②详细检查上呼吸道（鼻、附鼻窦、喉、气管等），对胸部、肺脏更应配合应用触、叩、听诊的方法，进行全面的检查，并综合检查的结果而判断肺脏及胸膜腔的物理状态。

③必要时可选择地配合应用某些特殊检查方法。如 X 线检查，胸腔穿刺，胸腔穿刺液及血液常规等实验室检验等。

④有关流行病学调查，必要时配合进行针对某种传染病的特异性诊断法（如结核菌素反应及其他细菌、血清学诊断等），在确定或鉴别诊断上常有重要的临床诊断价值。

此外，对病死的宠物或典型病例进行病理解剖或病理组织学诊断，常能补充临床诊断的不足，特别是对群发疾病的诊断，具有很重要的临床诊断价值。

三、上部呼吸道病的综合征候群及其诊断要点

（一）综合征候群

鼻腔及附属窦、喉、气管等上部呼吸道的疾病，通常表现有喷嚏或咳嗽、鼻液增多及吸入困难为主的呼吸紊乱以及有关的局部病变，黏膜发绀及其他较为轻微的全身变化等征候群。

（二）诊断要点

1. 当有喷嚏、鼻液，轻微的吸气困难的同时，并见有鼻黏膜的潮红、肿胀等局部病变，可提示鼻炎的诊断。

观赏鸟流鼻液喷嚏与吸气困难，如有流行性，应注意于传染性鼻炎。

2. 呈单侧脓性鼻液，兼有鼻道狭窄、吸气困难的病例，应注意检查附属窦，如有颌面部肿胀、变形，局部敏感，可提示窦炎或其蓄脓症。

但应注意区别佝偻病以及骨软症，此时也可见有颌面部变形、肿胀，鼻道狭窄及吸气困难等症状，但通常无明显的鼻液，同时可有全身及四肢骨骼、关节变形的特征性变化。

3. 频繁、剧烈的咳嗽，常是喉炎的特征，同时咽喉局部多伴有肿胀及热、痛反应。

观赏鸟咳嗽、吸气困难（张口、伸颈），应注意于喉炎，直接检视喉腔，可见黏膜潮红、肿胀、渗出物或附有黄、白色伪膜；当有流行性发生时，还应考虑传染性病（如传染性喉气管炎，主要发生于幼鸟的传染性支气管炎，慢性经过的慢性呼吸道病等）。

咳嗽、气喘并伴有吞咽障碍，且鼻液中混有唾液，饲料残渣等混有物，则为咽喉炎的特征。由于咽喉黏膜之间炎症的相互蔓延，在临床实践中，常有咽炎与喉炎并发的病例。

四、支气管及肺部疾病的综合征候群及其诊断要点

（一）综合征候群

鼻液、咳嗽，气喘、发绀等一般性症状，肺部听、叩诊的明显的理学检查所见，较为明显的整体状态变化，共同组成肺部疾病的综合征候群。

（二）诊断要点

①以一定数量的浆液性鼻液与湿性咳嗽为基础，以肺部听诊的明显的水泡音为特征，伴有中等的发热及精神沉郁、食欲减退等一般症状而组成的综合征候群，提示支气管炎的临床诊断。

支气管炎与肺炎的区别，主要在于前者没有肺部的浸润、实变区，从而听诊不见局限性的肺泡音消失区、叩诊缺少局限性浊音区，并且整体状态的变化一般较后者轻微。

②肺部听诊有成片或局限性肺泡音减弱甚至消失区域，而其余部位却见肺泡音的代偿性增强；叩诊出现与前者相适应的成片或局限性的浊音或半浊音区，X 线的透视或摄影可见相应的阴影变化；组成肺浸润、实变的特征性征候群。

以肺组织的浸润、实变的综合症状为基础，结合鼻液、咳嗽、气喘、发绀等一般性症状，有较重的整体性变化（如高热、沉郁、消化紊乱等），提示为肺炎。

散在性的局限性浸润、实变区，是小叶性肺炎的特点，成片的实变区，则为大叶性肺炎。

同时具有大量脓性鼻液，可据以推断为化脓性肺炎或肺脓肿。

同时伴有呼出气息的腐败臭味，有大量红褐色并混有组织碎块的鼻液，是肺坏疽的临床特征。为了确诊，可做鼻液中弹力纤维的检查，从调查了解中，查明有误咽或呛药史的病因，以提供病因诊断根据。

③在肺脏听诊有小水泡音及叩诊浊鼓音的基础上，伴有严重的呼吸困难及大量的混有小泡沫状的浆性（有时稍带红褐色）鼻液，同时具有心力衰竭的临床症状，多提示肺充血或肺水肿。

肺充血或肺水肿常作为急性过劳、日射病或热射病的并发症，应通过调查查明致病原因与条件（如急性过劳或夏季长期日晒病史，起病急、发展快的病程经过特点等）。

明显的呼气困难伴有肺部叩诊的鼓音或“空匣音”与叩诊区的明显扩大，提示肺气肿，病程多为慢性经过。

五、胸膜疾病的综合征候群及其诊断要点

（一）综合征候群

在呼吸困难、咳嗽，黏膜发绀等一般性症状的基础上，如有胸壁敏感、叩诊的水平浊音或听诊的胸膜摩擦音等典型症状，可作为胸膜疾病的综合征候群。

（二）诊断要点

胸膜炎时的呼吸困难，多为混合性，单纯的胸膜炎，咳嗽多为干性或呈带痛性，并无鼻液，胸壁敏感以病的初期为最明显；叩诊的水平浊音，其上界高度依胸腔积液的数量为转移，而摩擦音出现与否，则视胸膜渗出的特点与病期而定。此外，胸肺部的叩诊与听诊结果的相互关系，在判断胸腔积液的变化上，常有验证作用。以叩诊水平浊音的上线为界，其下部肺泡音消失而其上部则呈普遍地、显著增强为特征。

胸腔积水虽亦呈上述胸腔积液的特征变化，但缺少胸壁敏感与体温升高的症状并多伴有由于重度贫血或心机能障碍的病因而引起的其他症状、变化（如可视黏膜的重度苍白、心血管系统的变化以及全身的皮下浮肿等）。胸腔积水与胸膜炎的确切鉴别，可进行胸腔穿刺并采取穿刺液进行实验室检验而判断之。

严重的呼吸困难并伴有单侧或双侧（上部）的叩诊鼓音与相应的肺泡音的减弱甚至消失，可提示气胸的诊断。常见病因是胸壁穿透创，宜从临床检查或病史中注意发现和了解。

临诊工作中，对主要侵害呼吸器官的传染病，应给予特别的注意。

对表现有大量浆液性鼻液及多量流泪的同时，呈稽留高热及较重的全身变化的病例，应注意流行性感冒的可疑。流行性感冒有在宠物群中迅速传播并造成大批流行的流行病学

特征，应综合临床所见及发病情况调查结果，必要时参考病理解剖学变化而分析之。

第三节　消化器官系统疾病

消化系统由口腔、咽、食管、胃、肠及肝脏所组成。

一、消化器官疾病的综合征候群

消化功能障碍是消化器官疾病的重要示病性症状。通常可见有饮食欲的减少或废绝，采食方式的异常与咀嚼困难或费力，吞咽障碍；呕吐、便秘或腹泻，或见于口黏膜或牙齿的变化而组成消化器官疾病的综合征候群。在这一综合征候群的基础上，结合对消化器官各部位的局部检查所见，通常可推断病变主要侵害的器官和部位。

二、消化器官疾病的基本原因

饲养管理不当，饲料品质不佳，外界气温的突变以及宠物牙齿的疾病等。

某些主要侵害消化器官的传染病（如犬瘟热、细小病毒病、鸽新城疫等）、寄生虫病（如蛔虫症、球虫症等）以及某些中毒病时，常表现有消化功能扰乱为主的临床综合征候群，应予以注意。

三、消化器官疾病的临床检查要点

①详细询问病史及饲养条件、饲喂制度等，便于发现常见的由于饲养失宜而引起的致病因素以及患病宠物所表现的消化功能障碍的现象和经过；

②对整个消化道（口腔、咽、食管及胃、肠）以及肝脏等各器官、部位，进行全面的、系统的临床检查；

③根据需要选择地配合应用辅助检查方法，如食管探诊，直肠检查，腹腔穿刺，肝脏功能试验，粪便、胃液、前胃内容物、呕吐物的实验室检查，寄生虫学检查及有关传染病的特异诊断法的应用。

（一）口腔、咽、食管疾病的综合征候群及其诊断要点

1. 综合征候群

采食与咀嚼的障碍，兼有流涎或口腔分泌增多，同时口黏膜潮红、肿胀或有疹疱、溃烂，是组成口腔炎的基本征候群。

2. 诊断要点

口黏膜的溃疡病变，有时位于舌下，应注意检查；长期的、顽固性的咀嚼障碍，常由于牙齿及颌骨的疾病，尤应注意骨软症及氟中毒。偶蹄宠物的大量牵缕性流涎，兼有口黏膜的结节、疹疱、溃疡病变，应特别注意口蹄疫。该病多呈迅速传播、大批流行的流行病

学特征，并因蹄趾部病变而常伴发跛行。

当吞咽时表现伸颈、摇头，试图吞咽而感疼痛或在吞咽时引起咳嗽，同时有唾液、饮水或饲料残渣经鼻返流等征候群，可作为提示咽炎的特征。触诊咽喉部多有局部热感、疼痛，肿胀或其周围淋巴结肿胀的现象。

临床中咽炎常并发或继发喉炎而伴有咳嗽症状。

吞咽障碍如于采食过程中突然发生，并伴有流涎或唾液、饮水、饲料残渣的经鼻返流现象，兼有摇头、惊恐，疼痛不安与气喘，提示食管梗塞。

梗塞部位如在颈部食管，触诊可发现梗塞物如其上部食管扩张并贮积液体，触诊有波动感。

食管探诊及 X 线诊断，对梗塞部位的判定及最后确诊，常能提供可靠的根据。

（二）胃肠疾病的综合征候群及其诊断要点

狗和猫的呕吐，常是胃部疾病的启示，同时触诊胃区可有压痛反应。

食欲减少并因胃肠弛缓而便秘，通常可反映胃的机能障碍；而确切的诊断指标，要抽取胃液并做实验室分析，依其总酸度、游离盐酸、蛋白酶的含量等而判断其消化功能。

胃液中混有多量黏液、脱落上皮及白细胞，可提示胃卡他，慢性胃卡他常有异嗜现象；胃炎多与肠炎并发而表现为胃肠炎，以腹泻为主要临诊特征。

肠蠕动机能紊乱与便秘或腹泻，是提示肠炎的基本根据。频繁的下痢而且肠音高朗、连绵，是急性肠炎的一般特征；肠音不整或低沉，兼有便秘与腹泻的交替出观，是慢性肠炎的特点。

粪便的性状、颜色及混有物，是判断肠炎类型的重要根据，临床诊断中应予特殊注意。

粪便松软、混有黏液是肠卡他的特点；混有脓汁提示化脓性肠炎；粪便混有血液是出血性肠炎的特征，色暗且混合均匀系前段出血的标志，鲜红色血液附于粪便表面则反映出血部位在后段肠管。粪便中混有脱落肠黏膜，是伪膜性炎症的特征。

肠音亢进似流水声，频繁而剧烈的腹泻，粪便稀薄如水或混有脓、血，宠物呈现轻度的腹痛不安，兼有发热、失水、内中毒等较重的整体变化，多提示急性胃肠炎。

主要侵害胃肠道的传染病，常表现有腹泻为主征候群，应结合流行病学特点并依特异性诊断方法的结果而确诊。

观赏鸟的下痢应考虑是沙门氏菌病；混血性的下痢主要提示球虫症；鸟较重的下痢，兼有严重的整体变化，呈流行性并大批死亡，多疑为禽流感、新城疫，如其他动物均有流行，常为霍乱的特征。

四、腹膜及肝病的综合征候群及其诊断要点

（一）腹膜炎的综合征候群及其诊断要点

腹壁紧张，触诊敏感有疼痛反应，不愿卧地或卧下时小心，肠音频繁或兼有腹泻，有发热及全身变化，可提示腹膜炎的诊断。

腹围扩大、下垂并向两侧匀称的扩展，触诊有波动感与振荡音，是腹腔积液的特征。典型病例诊断不难，腹腔穿刺，根据取得的病理性积液的特性，并参考病因（肝硬化、重度贫血、心脏病、膀胱破裂等）而综合确诊。

（二）肝病的综合征候群及其诊断要点

皮肤、黏膜的黄疸色，是肝、胆疾病的启示性症状，通常以巩膜、瞬膜，舌系带等处最为明显。

触诊肝区的压痛（敏感反应）与肝脏边缘的肿胀，叩诊肝浊音区的扩大，是提示肝炎诊断的重要依据。

食欲减退、精神沉郁以及由于胆色素代谢紊乱而致胆血症所引起的心动徐缓与心律不齐等变化，可做肝病诊断的参考。

为了确诊的目的应进行肝功试验，血、尿中胆红质的定性、定量测定，肝脏穿刺及组织学检查，超声诊断以及放射性同位素的应用等特殊方法。

肝硬化时可伴有皮下浮肿或体腔积水；肝破裂时可见可视黏膜急剧苍白、腹痛不安以及失血、虚脱等一系列症状、变化；二者的区别可通过腹腔穿刺进行确诊。

第四节　泌尿、生殖器官系统疾病

一、泌尿、生殖器官系统疾病的综合征候群

排尿活动异常，同时泌尿功能障碍、尿液数量及性质的改变，泌尿器官检查有相应的整体状态变化是组成泌尿器官疾病的综合征候群。

二、临床诊断要点

1. 仔细观察排尿活动、姿势及尿量、尿色的变化。
2. 在全面、系统的临床检查的基础上，详细地检查泌尿器官。
3. 尿液的实验室检验。
4. 根据需要进行某些特殊检查，如尿道探诊，直肠检查，肾功试验，X线诊断，膀胱镜的应用等等。

三、尿道和膀胱疾病的综合征候群及其诊断要点

屡呈排尿姿势、活动，仅有少量尿液滴流，排尿时伴痛苦、不安现象，是尿路受刺激的征候群，可见于尿道炎、膀胱炎以及尿结石等。

有尿路刺激征候群，尿液混浊或混有脓、血，触诊膀胱呈敏感反应，提示膀胱炎。必要时可做尿液的实验室检验，某些宠物可应用膀胱镜诊断。

排尿失禁或淋漓，触诊膀胱膨大，尿液贮留，压之而尿液被动地流出，应当考虑膀胱

麻痹。

宠物呈屡屡排尿姿势与动作，排尿困难或尿闭，伴有轻度腹痛不安，应注意尿路结石、尿道阻塞或膀胱括约肌痉挛。尿道探诊与X线诊断，可提供重要根据。

长期不排尿而且患病宠物腹围逐渐增大，应注意膀胱破裂。腹腔穿刺与直肠检查可助诊断。

红色尿液，在排除因药物引起者外，则为血尿或血红蛋白尿的标志。两者可根据放置或离心后有否红细胞沉淀而区别。血尿常为肾、膀胱或尿路出血的结果，而血红蛋白尿则主要因溶血性疾病而引起。

四、肾脏疾病的综合征候群及其诊断要点

尿少、色深或混有脓、血，同时触诊肾区敏感，兼有皮下浮肿，动脉血压升高，主动脉口第二心音加重，常提示急性肾炎。尿液的实验室检验（血尿、蛋白尿、尿沉渣中的红、白细胞、特别是尿管型等），可做确诊根据，肾功能试验可做诊断参考。

肾区局部症状明显，多尿，尿沉渣中见有少量的上皮细胞与透明管型，应注意肾病，特别是有助于对慢性肾病的确定。

有肾脏功能高度障碍的病史和表现，精神由沉郁转为昏迷，食欲废止兼有呕吐或腹泻，有时呈阵发性痉挛，提示尿毒症的可疑。

五、生殖器官疾病的综合征候群及其诊断要点

雄性宠物睾丸肿胀、硬结，伴有热、痛反应，体温升高、精神沉郁、食欲减退，运步时后肢强拘，是睾丸炎的特征。

雌性宠物阴道分泌物增多，或混有脓、血并有恶臭，如同时阴道黏膜潮红、肿胀或有溃疡，是阴道炎的特征。

在阴道流出脓性分泌物的同时，子宫颈口弛缓甚至开张，直肠检查感知子宫体增大并有波动感，全身反应明显（如发热、沉郁、减食等），提示化脓性子宫炎或子宫蓄脓症。

乳房呈红、肿、热、痛的局部反应，泌乳量减少，乳汁易凝固，呈絮状或混有脓、血，是乳腺炎的特征。急性重症病例，可见明显的全身反应。慢性病例，伴有乳房淋巴结慢性肿胀，应注意乳腺结核、慢性乳腺炎的可能。

第五节　神经系统疾病

一、神经系统疾病综合征候群

兴奋、狂躁或沉郁，昏睡、昏迷等精神状态的异常；盲目运动或共济失调的行为表现，痉挛与麻痹等运动机能障碍，是组成神经系统疾病综合征候群的基础。

二、神经系统疾病诊断要点

1. 深入观察神经机能障碍的表现及其特点。

2. 在进行系统的临床检查的基础上，配合进行必要的辅助检查法，如感觉、反射功能的检查，脊髓穿刺及脑脊液的检验；血、尿常规及某些生物化学的分析等。

3. 当有传染病或中毒病的可疑时，详细调查流行病学情况及引起中毒的可能机会与条件，并配合应用相应的特异性诊断方法。

三、脑及脑膜疾病的综合征候群及其诊断要点

患病宠物出现兴奋、狂躁，沉郁、昏迷以及两者的交替出现，伴有盲目运动或共济失调现象，多为脑病的综合征候群。

1. 脑的循环紊乱，可表现为脑贫血、脑充血或脑出血。

宠物突然站立不稳、走路摇摆、共济失调，进而倒地、昏迷，伴有痉挛现象，可提示急性脑贫血。如可视黏膜迅速苍白，心动疾速、第一心音亢进而第二心音微弱甚至消失，脉搏不感于手，多为急性大失血的所见。如无创伤出血的原因和创伤痕迹可查，尚应考虑内脏（肝、脾等）破裂的可能。应注意有无致病条件（如跌落、摔倒等突然的外力作用），必要时做腹腔穿刺，根据穿刺液的特性而判定。

脑充血多为征候性表现而并非独立性疾病。脑出血如系弥漫性则迅速昏迷甚至可急死，而局限性脑出血则常因出血部位的不同，可表现为单瘫、偏瘫等局灶性症状，应查明致病原因或病史。

以急性脑充血所致的多表现为兴奋、昏迷与共济失调；急性肺充血所致的呼吸困难；急性心力衰竭所致的心动疾速等组成的综合征候群，同时兼有大量出汗、黏膜发绀、静脉充盈及高热等症状，应注意日射病、热射病的可能。炎热夏季，日光的长期直晒或在闷热天气的环境中运动、运输、驱赶等是特定的致病条件。上述临床症状和条件具备，容易明确诊断。

2. 以临床慢性经过为主的、表现为某种盲目运动的反复出现或在长期的病程经过中，有反复出现的癫痫样发作的病例，提示颅脑内有占位性病变（脑肿瘤、脑脓肿、脑血肿或脑脊髓寄生虫病等）。

3. 脑与脑膜的炎症多表现为兴奋、狂躁与昏迷的交替出现，并伴有某种盲目运动为主要症状，同时兼有体温变化、心动紊乱或心律不齐、呼吸活动与节律改变等附属症状。通常应明确病原或其原发病。

应该特别注意主要侵害中枢神经系统的传染病与寄生虫病（如狂犬病、乙型脑炎、伪狂犬病、犬瘟热等）。为此，对神经系统疾病，应详细调查流行病学情况并配合进行相应的特异性检查，以综合判定。

四、脊髓疾病的综合征候群及其诊断要点

脊髓疾病一般以运动机能障碍及感觉、反射机能的失常为主要临床特征。

腰背敏感、脊柱僵硬，步态强拘，以至后肢的轻瘫，应考虑脊髓膜炎；如有腰荐部的挫伤、震荡等致病原因可查，应提示脊髓挫伤，此时，后肢轻瘫甚至可呈截瘫，同时多伴有后躯的感觉、反射机能障碍以及排尿、排粪功能的紊乱。

应注意某些营养缺乏与代谢紊乱性疾病时，也可呈现类似后肢轻瘫的现象。如幼小宠物的白肌病、骨软症或佝偻病等。在这些疾病的临床综合征候群中，除后肢运动障碍以外，还应具有作为疾病诊断根据的其他症状和条件（如白肌病时的心肌损害，骨软症时的骨骼形态学变化等），以资参考。

五、外周神经疾病的综合征候群及其诊断要点

外周神经疾病，依据病变的神经而有不同的征候群。

三叉神经、面神经的麻痹，以耳、上眼睑、鼻翼、口唇的单侧弛缓、下垂及头面部歪斜为特征。

舌咽神经麻痹，主要表现为咀嚼、吞咽机能紊乱。

四肢的外周神经麻痹，则表现为肢体运动机能障碍的特有症状——跛行。

第六节　血液及造血系统疾病

血液及造血系统疾病时，依据其病变性质而呈不同的征候群。

贫血，以皮肤、黏膜的苍白为特征；溶血性疾病，在皮肤、黏膜苍白发黄的同时，常有血红蛋白尿；出血性素质则可见皮肤、黏膜的出血点。

血液及造血器官疾病的诊断，除上述临床症状作为提示的线索外，通常必须进行血液学的实验室诊断才能明确其原因、类型及程度等特点。所以，应在临床检查的基础上，进行必要的实验室检验。

1. 血液物理性质的检查

出血时间及其凝固性，红细胞沉降速率的测定，红细胞脆性试验等。

2. 血液化学成分的分析

血红蛋白含量的测定，胆红素的定性、定量检查，凝血酶原的测定以及其他某些血液化学成分的检验等。

3. 血液细胞的形态学检查

红细胞、白细胞、血小板、网织红细胞的计数及白细胞分类测定等。

对某些病例应在进行外周血液检验的同时，对造血器官（骨髓、淋巴结、脾脏等）进行检查（如穿刺等）。在临床检验及其他补助检查的基础上，综合分析提示诊断。

一、贫血性疾病的综合征候群及其诊断要点

皮肤、黏膜的明显苍白，是提示贫血性疾病的出发点，同时，可伴有心搏动增强与心率加快，呼吸增多以及机体的衰弱等症状和现象。如有引起失血的原因可查，则为失血性

贫血。

如有起病急、发展快的特点，应提示急性失血性贫血的可能。临床多伴有心动疾速、第一心音亢进而第二心音减弱甚至消失、脉搏微弱而不感于手等症状，重则可见因急性脑贫血而致的共济失调、昏迷、痉挛等神经症状。

如呈慢性经过，则应考虑为慢性出血性贫血，同时整体逐渐衰竭，瘦弱，应注意引起失血的原因及病变部位（如鼻、肺、肾、膀胱、胃、肠道的出血性疾病等等），以便明确病因诊断。

因某些传染病、寄生虫病（吸虫症，蛔虫症等）而引起继发性或消耗性贫血，应根据其疾病的临床特点及特异性检查结果而区别诊断。

二、溶血性疾病的综合征候群及其诊断要点

因红细胞大量被破坏而引起的贫血称为溶血性贫血。红细胞大量被破坏后，同时可引起胆色素的代谢紊乱，表现为皮肤、黏膜的黄疸。所以，在皮肤、黏膜苍白带黄色的基础上多伴有血红蛋白尿为其特征。

新生宠物溶血病，可依据出生之后（出生后的数日以内）的特定发病阶段而提示诊断；停止吃母乳或寄乳于其他宠物后，有好转、恢复的经过，可做验证。

值得注意的是某些传染病（钩端螺旋体病等）以及溶血性毒物的中毒病等，也具有溶血性贫血的临床特征，应加以鉴别。对传染病应考虑其流行病学特点、特异性检查结果而判定。中毒性疾病应注意其毒物的来源和中毒机会，必要时借助于毒物分析。

三、伴有出血性素质疾病的综合征候群及其诊断要点

皮肤、黏膜的出血点，常是提示出血性素质的线索。

伴有出血性素质的传染病，皮肤、黏膜的出血点，仅为疾病的一个症状，应依其相应的主要症状和流行病学条件而区别诊断。

有某些传染性或感染性原发病史（流行性感冒等），可做诊断参考。

四、造血器官疾病的综合征候群及其诊断要点

造血器官疾病中常见有白血病，临床以体表淋巴结的普遍肿大为特征，血检时白细胞数显著增多，并可见贫血、肝脾肿大与营养逐渐消瘦。必要时应参考淋巴结穿刺和病理组织学检查的结果而诊断。应注意临床的贫血现象及血检的白细胞增多外，主要根据剖检变化的特征而确诊。

第七节　物质代谢紊乱性疾病

宠物的营养消瘦与发育迟滞，异嗜与消化功能紊乱，同时伴有生产能力的降低及运动

机能障碍，常为代谢病的综合征候群的基础。

一、矿物质代谢紊乱疾病的综合征候群及其诊断要点

临床表现以骨骼的形态学改变（头面部膨隆、下颌枝肥厚、四肢弯曲、关节粗大、脊柱变形等）及四肢的运动机能障碍（转移性的或多肢的跛行，运步强拘、后躯摇摆，起立困难或不能起立等）为主而组成的综合征候群，提示为矿物质营养代谢障碍的骨质病（如骨软症，佝偻病等）。

异嗜多为代谢病初期的先兆，可作为早期诊断的线索。代谢病多为幼小宠物或妊娠前、后期及产前与产后期的发病特点，常伴有咀嚼障碍、便秘或下痢以及消化紊乱，易兴奋或发生痉挛，消瘦、贫血以及发育迟滞等一系列症状表现。

血液的生物化学分析（磷、钙及碱性磷酸酶含量的测定等）、骨质的X线诊断、额骨硬度穿刺试验等可辅助诊断。

周密地调查了解饲料的组成、矿物质补料的供应情况，饲养、运动、光照等卫生学条件，可明确疾病的原因。

应该注意，由于氟中毒所引起的骨质病变，在临床表现上多与因代谢障碍而引起者相近似，所以要仔细地调查病区的环境、条件，是否有引起氟中毒的原因可查，必要时进行病料的分析，以资确定。

二、维生素缺乏症的综合征候群及其诊断要点

维生素缺乏症的征候群，依维生素种类的不同而异。

夜盲症、角膜混浊、结膜炎等是维生素A缺乏症的主征，常伴发下痢及呼吸道感染，营养消瘦、发育停滞。

皮肤粗糙、落屑，肌肉的强直与痉挛，消化功能紊乱等症状，宜考虑复合维生素B缺乏症的可能。鸽的维生素B缺乏，主要表现背头扭颈、痉挛麻痹等神经症状。贫血与消瘦，是维生素B_{12}缺乏症的基本征候。

皮肤、黏膜的出血性素质，齿龈出血、发炎、坏死等变化，是缺乏维生素C的典型临床症状。

肌肉发育不良或萎缩，四肢运动机能障碍，雌性宠物不孕等，可提示维生素E缺乏症。维生素E与硒缺乏，常表现为以心肌、肝脏、骨骼肌的变性、坏死为主要病变的综合征候群，即所谓白肌病。主要发生于幼小宠物。

维生素缺乏或不足的诊断，应在临床表现的基础上，通过对饲料、饲养情况的了解，从不全价的饲养条件中，查明其致病的因素。补给所缺乏的营养物质（维生素制剂或富含维生素的饲料），可收到预期良好效果的防治实践，可以验证诊断。

维生素的不足与缺乏，可表现为多种复合性的维生素缺乏病，有时或与矿物质、微量元素的代谢紊乱合并发生。某些中毒性疾病（蕨类中毒，其他中毒病等），由于可引起维生素B_1（硫胺素）的相对不足（被大量破坏），在临床上也表现有维生素B_1缺乏的征候群。

三、微量元素缺乏症的综合征候群及其诊断要点

根据所缺乏的微量元素的种类，而表现不同的征候群。呈地方性发生的甲状腺肿，是碘缺乏的特征。在严重贫血的同时，有异嗜、拒食、消化紊乱与急剧的消瘦，应注意于钴缺乏症。

幼小动物临床表现有心律不齐；皮肤、黏膜的黄疸；运动障碍的综合征候群，是提示白肌病（维生素 E－硒缺乏症）的重要根据。在临床综合征候群的启示下，通过病理解剖学的特征性变化，即心肌、骨骼肌、肝脏的变性、坏死性变化，一般可以确诊。

应用补给微量元素硒（或配合应用维生素 E），可收到明显的防治效果，可进一步验证诊断。

微量元素缺乏病，由于其病原条件与机体生物化学代谢有紧密的关联，因而多呈地方性发生，疾病有一定的地区常在性。在疾病的常在地区，尤其是幼小动物常大批发生，但无传染性，是其发生的特点。

根据上述特点，以临床征候群、病理解剖学特征变化为基础，结合疾病的地方性及幼龄动物群发的特点，参考有针对性防治措施的临床实践效果，是取得综合诊断的基本根据。

四、代谢紊乱性疾病的综合征候群及其诊断要点

出生之后至 1 周龄内的新生幼犬，呈痉挛、昏迷的神经症状，伴有下痢、低体温及皮肤冷汗黏腻，提示为仔犬低血糖症。血液生物化学分析结果，血糖含量显著降低（50mg/dl 以下），可作为诊断的主要根据，补给葡萄糖制剂（如葡萄糖溶液的静脉或腹腔注入）后病情的好转与恢复，可以验证。

在活动能力逐渐下降的同时，患病动物逐渐地消瘦甚至呈恶病质，各器官功能减退并呈低体温等一系列症状表现，并组成衰竭症（包括营养不良症）的综合征候群。

如有营养物质不足与饲料单一，幼龄动物的母乳不足或饲养管理失宜等原因有据可查，并没有足以引起营养、代谢障碍的其他病因，则可认为是原发性的衰竭症。此时，大量补给营养物质一般均可得到改善。但应特别注意某些慢性传染病（犬结核病等）、寄生虫病、长期的消化紊乱等原因所引起的继发性营养不良，可根据其原发病的固有症状及病程经过特点而加以区别。

第八节　中毒性疾病

一、中毒病的一般临床综合征候群

不同种类和不同性质的毒物，可引起不同的症状和表现，然而作为中毒性疾病的一般性综合征候群，通常表现为：

（一）消化系统症状

由于毒物多系经消化道而摄入，所以，首先并且直接地作用、刺激消化道，从而引起一系列的消化功能紊乱，可见有食量减少甚或绝止，流涎、呕吐，咀嚼或吞咽障碍，腹泻并粪中混有黏液、脓血等。

（二）神经系统症状

毒物被吸收并随血液循环而作用于神经系统，多数可引起神经中枢的机能紊乱，从而表现兴奋、狂躁或昏迷，痉挛或麻痹，共济失调或盲目运动等症状。有时这些症状交替出现，有时则可转化。

（三）心脏、肾脏机能的变化

毒物作用于心脏，常引起心率改变或心律不齐；毒物刺激肾脏、影响泌尿机能，可见多尿、少尿甚至尿闭，或有血尿或血红蛋白尿。

（四）循环与呼吸机能

血液循环障碍或血红蛋白变性，呈现呼吸困难，皮肤、黏膜可见明显的发绀，或因损害肝脏功能，或因伴有溶血而表现为黄疸。

（五）低体温

一般体温不高或呈低体温，这是区别于多数发热性传染病的一个重要条件。

由以上一系列症状所组成的综合征候群，是提示中毒性疾病诊断的基础。

二、中毒病的一般性发生规律

中毒性疾病多以群发、无传染性并多与饲料相关联为特征。

1. 在宠物群中突然有大批宠物同时或相继发生相同的疾病，同槽饲喂或得到相同饲料的宠物均可发生，急性中毒可在食后即开始发病，常有体格健壮、善于抢食且食量多的个体最先发生，而且有病势较重的特点。

2. 如停喂有毒的饲料，则病势不再发展或可停息。

3. 某些中毒病常呈现一定的地区性、季节或时间性，这显然是与引起中毒的原因、条件有关。如有毒植物中毒，则依有毒植物的分布地区为转移，而饲料中毒又常取决于地区的饲料来源、组成、调制方法和饲喂习惯。工业三废中毒则受饲养的环境中有否受三废（废气、废水或废渣等）污染的条件所影响。

无传染性而与饲料相关联的群发病规律，是中毒性疾病诊断的重要条件。

三、引起中毒的常见原因、机会和条件

周密地调查有关饲养管理情况，从中发现引起中毒的原因、机会和可能的条件，是中

毒性疾病诊断的病原根据。

1. 由于误食有毒植物而引起的中毒，在幼小的宠物常有可能；宠物因饥饿而贪食时，多容易发生。此外，混入有毒植物的饲料可引发中毒病，应该对本地区常见的易混入食物中的毒植物给以特别注意。

2. 由于饲喂腐败发霉的饲料而引起中毒，如发霉的谷物、霉玉米等，应根据所提示的可能性，详细检查饲料的质量。

3. 由于饲料的调制、贮存方法不当，而使之形成有毒物质，如白菜、萝卜叶等青绿饲料，进行文火盖锅闷煮可形成亚硝酸盐而引起中毒。

4. 由于大量或长期饲喂含毒量很少的饲料而引起中毒，如发芽马铃薯，亚麻籽饼，冷榨的棉籽饼等，这些只能少量地混同其他饲料而应用，当大量饲用并超过限量时，即可引起中毒病。此外，食盐虽是宠物必需的营养物质，但如调配过量或喂给大量含盐过多的食堂废物等，则可引起食盐中毒。

5. 由于宠物食入喷洒过农药的谷物植物收割的籽实并用做饲料而引起农药中毒。

6. 由于用盛过农药的用具（如麻袋、箱子、车子等），并未经彻底清扫而继之用以盛装饲料，混进有毒物质而引起中毒；或用拌过农药的残余种子并未经过处理而用做饲料以致发病。

7. 由于农药、鼠药、化肥的放置、保管不当，宠物误食或舔食而发生中毒，特别是平时对宠物的矿物质补料不足而引起其异嗜时，更应注意。

8. 由于防治疾病用药的剂量过大或方法不当（如外用、内服、注射或饮水驱虫时），而引起药物中毒。

9. 因工业的废气、废水中含有毒性物质并污染环境（牧地、饲料、水源、空气等）而引起中毒（如氟中毒、汞中毒等），应对周围工厂生产情况及其废物处理，进行仔细的调查、了解。

10. 宠物被毒蛇咬伤而引起中毒，一般比较少见。此外，对有人恶意的投毒事件也应注意。

综上所述，从中毒病的一般性临床综合征候群与饲料食物相关联的群发性发病规律以及可查明的中毒原因、机会与条件 3 方面的资料，是提示和建立诊断的主要线索和基本根据。

某些情况下，还应综合病理剖检变化（上消化道特别是胃、小肠的潮红、肿胀、出血、溃烂等变化，肝、肾实质器官的变性、出血性变化，血色改变或凝血不全，胃肠道中存有含毒饲料残渣等），或进行毒物分析（饲料食物、血液或胃内容物等）以及生物学饲喂试验等特殊方法的检查结果，以做出明确诊断。

对于毒物种类的确定，主要应根据某种毒物引起的特有症状，明确的具体致病原因和条件以及毒物分析结果等进行判定。

第九节 皮肤疾病

皮肤疾病的主要临床表现有脱毛、落屑，皮肤增厚并缺乏弹性，皮肤、黏膜的发疹或形成疱疹（红斑、结节、丘疹，水疱或脓疱等），出现溃疡、烂斑、结痂或龟裂等表被病变；多数伴有痒感，从而啃咬病变部位，将病变部向周围物体（墙壁、木桩、树木或用具等）上摩擦。同时有整体状态及某些内脏器官的变化。

皮肤疾病的病因十分复杂。

机体的物质代谢紊乱或内源性毒物（如当胃肠道疾病或肝、肾疾病时）中毒，可引起湿疹、皮炎或荨麻疹等非传染性皮肤病。

某些富含感光物质的植物（如荞麦等）所引起的中毒病，可表现为感光过敏性皮肤病。

某些吸血昆虫（如蚊、虻、蝇、虱等）、皮肤寄生虫（特别是疥螨）的侵袭，可引起寄生虫性皮肤病。

某些霉菌也可引起皮肤病（如癣病等）。

某些主要侵害皮肤、黏膜的传染病，常在皮肤、黏膜上表现呈一定特征或经过的皮肤病变（如痘、坏死杆菌病等）。

皮肤、黏膜上的表在性病变发现并不困难，但这只是提示诊断的出发点。而皮肤疾病的诊断，则应注意判断皮肤、黏膜病变的性质、特征及其病程经过的特点；详细检查整体及各器官系统的伴随症状、表现，结合问诊、流行病学调查以了解致病原因，有无传染性以及其他有关发病情况，以进行综合分析。必要时，应进行寄生虫学检查（如刮取皮屑以检查疥螨等）、微生物学检查等特异性诊断手段，以求确诊。

一、普通性皮肤病的综合征候群及其诊断要点

以皮肤的被毛稀疏部位多发的小红斑、结节、粟粒大小的丘疹或继发水泡为特征的病变，如伴有较轻度痒感，皮肤污秽不洁，舍或床潮湿、饲养管理失宜等致病原因可查，多提示湿疹。皮肤病无传染性，除去病因一般常规疗法可收到疗效等条件，可做验证诊断的参考。

二、感光过敏性皮肤病的综合征候及其诊断要点

感光过敏性皮肤病，常发生于白色皮毛的宠物，有饲喂养麦等富含感光物质的饲料或植物的病史可查；须经日光长期直晒而发病，主要表现在头部、颈、背部出观红斑、结节甚至水疱。停止饲喂上述饲料后疾病即停息；将患病宠物放于阴暗处、防止日光直晒，可见病情减轻、恢复。同时黑色毛皮的宠物个体或花色皮肤部分不见有病变等发病情况的特征，可做验证诊断的根据。

三、寄生虫性皮肤病的综合征候群及其诊断要点

吸血昆虫的叮咬、蜇刺而致的皮肤病，根据蚊、虻条件及地区、季节和皮肤病变表现，诊断并不困难。

疥螨所引起的皮肤病，在表现呈头面、颈侧、躯干部的局限性或成片性脱毛、落屑、皮肤变厚且硬化、或呈龟裂、出血、结痂的特征性变化的同时，剧烈的痒感是重要特征，有在宠物群中因相互感染而大批发生的流行病学特点，是提示诊断的重要条件。刮取皮屑（在健、病交界处的皮肤部位，深刮后取刮取物）进行显微镜检查，证明有病原体是确诊的根据，特效药物的良好治疗效果，也可以验证诊断。

（易本驰、丁岚峰）

第十二章　宠物临床诊断实训

一、实训的目的与任务

根据宠物医学专业的教学计划内容，结合本课程专业特点制定的宠物实训内容。目的和任务是掌握宠物临床检查的基本方法，特别是消化、呼吸和循环系统的临床检查。掌握必要的临床辅助检查、特殊临床检查和常规临床检验的方法及应用，同时培养学生的动手能力，培养学生临床诊断的基本技术和技能。

二、实训内容和要求

（一）实训的内容

1. 宠物临床的一般检查

了解宠物临床检查的基本方法，掌握宠物临床的一般检查内容。

2. 消化器官的临床检查

了解消化器官临床检查的顺序，掌握消化器官临床检查的方法。

3. 呼吸器官的检查

了解呼吸器官检查的顺序，掌握呼吸器官检查的方法。

4. 心脏的听诊

掌握心脏听诊的位置及方法，了解正常心音产生原理和音响。

5. 泌尿器官的检查

了解泌尿器官检查的顺序，掌握泌尿器官检查的方法。

6. 实验室检验

了解和掌握实验室检验项目的检验方法和步骤，掌握化验室的检验技术和技巧。

7. X 线检查

掌握 X 线操作技术和方法，熟练掌握 X 线照片的读片、判定疾病的技能。

（二）实训的要求

1. 突出实践能力

在教学实训中要按实训内容进行，注意学生的能力培养和实用性，切实把培养学生的实践能力放在突出位置。

2. 实现自主参与能力

在实训中按照学生形成实践能力的客观规律，让学生自主参与实验实训活动，注重多做、反复练习。

3. 培养兴趣、强化诊断思维

要注意学生的态度、兴趣、习惯、意志等非智力因素的培养，注重学生在实训过程中的主体地位，培养学生的观察能力、分析能力和动手能力。

4. 理论联系实际

教师在实验实训准备时要紧密结合生产实际的应用，对实训目标、实训用品、实训方法和组织过程进行认真设计和准备。

5. 实验实训结束必须进行实训技能考核。

三、实训学时分配

根据宠物临床诊断的实验实训内容合理安排实训课时，实训学时分配见表 12－1。

表 12－1　实训课时分配表

序号	实训内容	学时
1	宠物的接近与保定及基本临床检查方法	2
2	宠物的病史调查及一般检查	2
3	宠物的体温、脉搏和呼吸数的测定	2
4	血液常规检验	4
5	尿液常规检验	4
6	血液生化检验	6
7	胸腹腔液检验	2
8	脑脊液检验	2
9	真菌及螨的检验方法	2
10	X 线检查	2
11	技能考核	2
	总计	30

四、实训技能考核

根据实训的内容，结合本学院的实际情况，选其中任何一项的一个内容和完成时间进行考核，未列入实训技能考核中的实训内容，在理论考试内容中予以考试或考查。

（一）操作技术

操作技术实训技能考核见表 12－2。

表 12－2　操作技术实训技能考核表

考核内容	评分标准		考核方法	熟练程度	时限
	分值	扣分依据			
宠物保定	20	任选保定方法，缺项扣 5 分	单人操作考核	熟练掌握	30min
胸腔穿刺	20	部位不对扣 10 分；不消毒扣 5 分；方法不当扣 5 分			
腹腔穿刺	20	部位不对扣 10 分；不消毒扣 5 分；方法不当扣 5 分			
宠物采血	20	操作不当扣 10 分；采不出血扣 10 分			
完成时间	20	根据实际情况，超时 2min 扣 2 分，直至 10 分			

（二）心音、呼吸音、胃肠音听诊技术

心音、呼吸音、胃肠音听诊技术考核见表 12－3。

表 12－3　心音、呼吸音、胃肠音听诊技术考核表

考核内容	评分标准		考核方法	熟练程度	时限
	分值	扣分依据			
肠的听诊	20	肠音听诊位置有误扣 5～20 分	单人操作考核	熟练掌握	15min
心音听诊	20	心音听诊位置有误扣 5～20 分			
呼吸音听诊	20	肺音听诊位置有误扣 5～20 分			
正常声音判定	20	声音判定有误扣 10～20 分			
完成时间	20	每超时 2min 扣 2 分，直至 10 分			

（三）实验室检验技术

各实验室检验部分内容参见表 12－4 进行考核。

表 12－4　实验室检验技术考核表

考核内容	评分标准		考核方法	熟练程度	时限
	分值	扣分依据			
血红蛋白检验	25	操作有误扣 10 分；判定错误扣 15 分	单人操作考核	熟练掌握	40min
红细胞压积检测	25	操作有误扣 10 分；判定错误扣 15 分			
血细胞分类记数	50	操作有误扣 10 分；判定错误扣 15 分			

实训一　宠物的接近与保定及基本临床检查方法

【目的要求】

掌握临床检查时常用的接近与保定和检查宠物的基本方法，并能运用这些方法，进行临床检查。

【实训内容】

1. 犬、猫及鸽子的接近和保定法。

2. 问、视、听、叩、触和嗅诊的基本方法。

【实训设备】

动物：犬、猫、鸽子。

器材：保定绳、口笼、棍套保定器、伊丽莎白圈、猫支架保定器、犬体壁支架保定器等。

【实训方法】

一、犬、猫及鸽子的接近与保定

（一）接近宠物的方法

接近宠物时，一般应由宠物的主人协助进行，以免被宠物咬伤或抓伤。宠物医生接近宠物时应以温和的呼声，先向宠物发出要接近的信息，然后从宠物的前侧方向徐徐地接近宠物。接近后可用手轻轻地抚摸宠物的头部、颈部或背部，使其保持安静和温顺的状态，便于进行临床检查。

（二）接近宠物的注意事项

宠物医生应熟悉宠物的习性，特别对宠物表现的惊恐、攻击人的行为和神态要了解（如犬低头龇牙、不安低声惊吼、低头斜视；猫惊恐低匐、眼直视对方、欲攻击的姿势等）。要向宠物的主人了解宠物平时的性情，注意了解宠物有无易惊恐、好咬人或挠人的恶癖等。

（三）犬保定方法

1. 扎口保定法

（1）长嘴犬扎口保定法

（2）短嘴犬扎口保定法

2. 口笼保定法

3. 徒手犬头保定法

4. 站立保定法

（1）地面站立保定法

（2）诊疗台站立保定法

（四）猫的保定方法

1. 布卷裹保定法

2. 猫袋保定法

3. 扎口保定法

4. 保定架保定法

（五）鸽子及鸟的保定方法

小型的观赏鸟多在笼中饲养，捕捉时轻轻打开笼门，用一只手的食指和拇指抓住鸟的颈部、以手掌和其余手指握捉鸟的翅膀和躯体，注意不要握的太紧，以免发生窒息。有时可借用毛巾或毯子将鸟包裹后捕捉，捕后将鸟的头颈伸出。保定后可进行一般的检查和投药。

二、临床基本检查方法

（一）问诊

1. 基本情况调查

包括年龄、体重、性别，是否驱过虫，是否注射过狗病疫苗，有无与病犬接触史，生活环境与食物种类等。

2. 病史调查

何时发病，病初情况，病情发展情况，有无呕吐、腹泻、疼痛症状，摄食与饮水情况、体温、呼吸变化，有无排便排尿，是否流涎，有无抽搐症状，是否让人触摸等。

3. 治疗情况

在哪里看过病，诊断结果，用过什么药物，用药方式与药量，用药后效果如何，用药时间等。

（二）视诊

视诊包括对犬猫全身情况的检查和对病症有关局部的检查。

（三）触诊

触诊包括徒手检查、器械触诊、叩诊和听诊等。常用的有浅表触诊法和深部触诊法。

1. 浅表触诊法

主要检查皮肤弹性、厚度时，常用手指将皮肤捏成皱褶，进行检查。检查皮肤的状况及肿胀或肿物的大小、形状、软硬度、敏感性和移动性等时，用手指加压、触摸、揉捏。触诊时，如果宠物表现回顾、躲闪、反抗，常是敏感、疼痛的表现。

2. 深部组织触诊法

要掌握和领会双手深触诊法、插入诊疗法、冲击触诊法、直肠内触诊法的要领和应用目的。深入理解触诊时的注意事项。

（四）叩诊

要掌握直接叩诊法与间接叩诊法。注意了解体会影响叩诊效果的因素。明确心脏、肺脏叩诊的界限及其临床诊断价值。

（五）听诊

听诊是听取患病宠物循环器官、呼吸器官、消化器官在活动时所发生的声音，借此以判断其病理变化的方法。分直接听诊法与间接听诊法。注意了解体会影响听诊效果的因素。

熟练掌握心脏的听诊、肺脏的听诊及肠音的听诊方法，掌握心脏听诊、肺脏听诊及肠音听诊的临床诊断价值。

（六）嗅诊

嗅诊是借助嗅觉检查患病宠物的分泌物、排泄物、呼出气及皮肤气味的一种方法。呼出气体带有尸臭气味，见于肺坏疽；皮肤有汗带有尿臭气味，见于尿毒症。

【复习思考题】

1. 试述进行犬猫保定的体会。
2. 试述临床诊断的方法及其注意事项。

实训二　宠物的病史调查及一般检查

【目的要求】

熟悉患病宠物的登记、病因病史调查的内容、病历记录及一般检查的方法。为临床工作打下基础。

【实训内容】

①宠物登记及病历记录法。

②病因病史调查。

③全身状态的观察。

④被毛和皮肤的检查。

⑤眼结膜的检查。

⑥浅表淋巴结的检查。

【实训设备】

动物：犬、猫、鸽子。

器材：病历表、临床诊断检查用各种器材等。

【实训方法】

一、宠物登记及病历记录法

（一）宠物登记

宠物登记就是系统地记录就诊宠物的标志和特征。登记的目的在于明确宠物的个体特征，以便于识别，同时也为诊疗工作提供一些参考条件。登记时，把登记项目按病志表的要求填写在病历表内。登记项目有畜主姓名、畜别、种类、品种、年龄、体重、外部特征、性别、毛色、用途和初诊日期等。

（二）病历记录法

病历记录除记录患病宠物的登记材料和病史材料外，主要记录从受诊开始到转归为止的一切材料。这个记录材料不仅对疾病的诊断和防治有重要价值，而且对总结经验积累资料，指导临床实践等均有积极的意义。因此，在整个临床诊疗过程中，自始至终，必须认真填写，妥加保存。同时，还应附上该病历的附件，如体温曲线表、临床化验单及其他特殊检查卡片等。

病例记录的内容与检查的步骤基本相同。患病宠物登记，病因病史调查，临床上的一般检查，各系统检查，特殊检查。记录病历时，要把该记录的内容填写在病历表内。

为了能够做到全面记录，不出遗漏，要按一定顺序记录，其顺序如下：由问诊所得来病史材料；体温、脉搏、呼吸数；一般检查所得的材料；心血管系统检查所得的材料；呼吸器官系统检查所得的材料；消化器官系统检查所得的材料；泌尿、生殖器官检查所得的材料；神经系统检查所得的材料；附上实验室检查及其他特殊检查卡片；诊断及治疗措施。

病历填写的原则是全面详细、系统科学、具体肯定、通俗易懂。

二、病因病史调查

（一）病因调查

主要从发病时间、病后表现、发病经过及诊治情况、宠物主人所能估计到的发病原因、发病情况等方面深入了解现病例的病因情况，便于分析、建立正确的临床诊断。

（二）既往病史

指患病宠物或饲养群过去发病情况。即是否发生过类似疾病，其经过和结局如何；预防接种的内容和实施时间、方法、效果如何；特别当有传染病可疑和群发现象时，要详细调查了解当地疫病流行、防疫、检疫情况及毒物来源等。这些资料在对确定当前疾病与过去的关系以及对传染性疾病的诊断都的重要意义。

（三）饲养管理、使役情况

重点了解饲料的种类、数量、质量、配方、加工情况、饲喂制度及宠物卫生、环境条件、使役情况、生产性能等。

三、全身状态的观察

（一）体态检查

对就诊的宠物，用不同的检查方法进行检查时，所接触的第一个内容就是一般检查，通过此内容的检查可进一步的为下一步的检查提供证据。并为诊断提供有利的证据。所接触的第一个内容即是体态的检查。

全身状态观察，主要掌握体格发育情况、营养程度、精神状态、习性、姿势及运动的检查等内容。

（二）黏膜的检查

宠物的黏膜检查是指动物的可视黏膜的检查。主要有眼结膜、口黏膜、鼻黏膜、阴道黏膜等可视黏膜。但是在这些可视黏膜中，以眼结膜的检查为主。

（三）被毛、皮肤的检查

被毛和皮肤检查主要掌握被毛整洁，有光泽。皮肤检查注意皮肤的温度、湿度、颜色以及皮肤的弹性和皮肤的气味。

（四）浅在淋巴结的检查

对宠物常检查腹股沟淋巴结。必要时采用穿刺检查方法。主要注意其位置、形态、大小、硬度、敏感性及移动性等。

【病志报告】

记录检查的各项结果，并与教材中的各项生理指标比较。病志报告的写作要求：

①注明班级、姓名、病志报告完成的时间；

②要求写出实验的目的、所用器材；

③操作过程要熟练。

实训三　宠物的体温、脉搏及呼吸数的测定

【目的要求】

熟悉患病宠物的体温、脉搏及呼吸数的测定的方法。为临床诊断工作打下基础。

【实训内容】

①宠物的体温测定。

②宠物的脉搏（心跳）测定。

③宠物的呼吸数测定。

【实训设备】

动物：犬、猫、鸽子。

器材：临床诊断检查用体温计、听诊器等各种临床检查器材。

【实训方法】

一、体温的测定

在正常生活条件下，健康宠物的体温通常保持在一定范围内，一般清晨最低，午后稍高，一昼夜间的温差一般不超过1℃。如果超过1℃或上午体温高、下午低，表明体温不正常。

体温的测定要掌握宠物的体温测定方法，热型变化的临床诊断价值，掌握健康宠物的体温数值。

二、脉搏数的测定

临床上应用触诊的方法检查宠物的动脉脉搏。一般可在后肢股内侧检查股动脉。宠物

过肥、患有皮炎，以及有其他妨碍脉搏检查的情况时，可用听诊心搏动数来代替。

脉搏的测定要掌握宠物的脉搏测定方法，脉搏变化的临床诊断价值，掌握健康宠物的脉搏（心跳）数值。

三、呼吸次数的测定

检查者站于宠物一侧，观察胸腹部起伏动作，一起一伏即为一次呼吸；在冬季寒冷时可观察呼出气流；还可对肺进行听诊测数。观赏鸟可观察肛门周围羽毛起伏动作计数。注意健康犬为胸式呼吸。

要掌握宠物的呼吸数测定方法，呼吸数变化的临床诊断价值，掌握健康宠物的呼吸数值。在熟练呼吸类型的基础上，重点掌握呼吸困难的临床诊断价值。

【复习思考题】

1. 熟记宠物的体温、脉搏和呼吸数。
2. 掌握测定方法和注意事项。

实训四　血液常规检验

【目的要求】

通过实训掌握血液常规检验方法。

【实训内容】

①血样的采集、抗凝与处理。

②红细胞沉降速率（ESR）的检测。

③红细胞压积容量的测定。

④血液凝固时间的测定。

⑤血细胞计数。

⑥血红蛋白的测定。

【实训器材】

详见教材实验室检验技术等有关内容。

【实训方法】

一、血样的采集、抗凝与处理

（一）血样的采集

根据检验项目及需要血液量的多少，可选在颈静脉、前肢的头静脉、后肢的隐静脉等处采血。

（二）血液的抗凝

血检项目不需要血液凝固的，都应加入一定量的抗凝剂。

（三）血样的处理

不能立即检验的血样，首先应把血片涂好并予以固定，其余血液放入冰箱冷藏。需要血清的，应将凝固血液放于室温或37℃恒温箱内，待血块收缩后，分离出血清，并将血清冷藏。需要血浆的，将抗凝的全血及时电动离心，分出血浆冷藏。

二、红细胞沉降速率的检测

熟练掌握实验器材的准备、试剂的配制及实验方法，掌握实验操作的注意事项。最后得出所测定的数据。

三、红细胞压积容量的测定

熟练掌握实验器材的准备、试剂的配制及实验方法，熟记实验操作的注意事项及最后得出所测定的数据。

四、血液凝固时间的测定

1. 器材

载玻片、注射针头、刻度小试管（内径8mm）、秒表、恒温水浴箱。

2. 方法

（1）玻片法　正常值为10min，但不及试管法准确。颈静脉采血，见到出血后立即用秒表记录时间。取血1滴，滴在载玻片的一端，随即载玻片稍稍倾斜，滴血的一端向上。此时未凝固的血液自上而下流动，形成一条血线，放在室温下的平皿内（防止血液中水分蒸发）静置2min，以后每隔30s用针尖挑动血线1次，待针头挑起纤维丝时，即停止秒表，记录时间，这段时间就是血凝时间。

（2）试管法　适用于出血性疾病的诊断和研究。采血前准备刻度小试管3支，并预先放在25～37℃恒温水浴箱内。颈静脉采血，见到出血后立即用秒表开始计时。随之将血液分别加入3支小试管内，每支试管各加1mm，再将试管放回水浴箱。从采血经放置3min后，先从第一管做起，每隔30s逐次倾斜试管1次，直到翻转试管血液不能流出为止，并记录时间。3个管的平均时间即为血凝时间。

（3）注意事项　采血针头的针锋要锐利，要一针见血，以免钝针头损伤组织，使组织液混入血液而影响结果的真实性；血液注入试管时，让血液沿管壁流下，以免产生气泡。

五、血细胞计数

（一）红细胞计数

熟练掌握实验器材的准备、试剂的配制及实验方法，掌握实验操作的注意事项。最后得出所测定的数据。红细胞记数的技能考核标准如表12－5。

表12－5 红细胞记数的技能考核标准表

考核内容及分数分配	操作环节与要求	评分标准		考核方法	熟练程度	时限
		分值	扣分依据			
试管稀释计数法（100分）	加红细胞稀释液	10	加入量不准确扣5分	单人操作考核	熟练掌握	10min
	稀释血液	20	稀释不准确扣5分			
	找计数室	5	找不到或错误扣5分			
	充液	5	出现气泡扣5分			
	静置1～2min	10	静置时间不足扣5分			
	计数	10	计数不准确扣5分			
	计算	10	计算错误扣10分			
	规范程度	10	欠规范者酌情扣2～5分			
	熟练程度	10	欠熟练者酌情扣2～5分			
	完成时间	10	每超1min扣2分，直至10分			

（二）白细胞计数

有自动血球计数仪法及试管法两种。主要进行试管法。熟练掌握实验器材的准备、试剂的配制及实验方法，掌握实验操作的注意事项并最后得出所测定的数据。白细胞记数的技能考核标准如表12－6。

表12－6 白细胞记数的技能考核标准表

考核内容及分数分配	操作环节与要求	评分标准		考核方法	熟练程度	时限
		分值	扣分依据			
试管稀释计数法（100分）	加白细胞稀释液	10	加入量不准确扣5分	单人操作考核	熟练掌握	12min
	稀释血液	20	稀释不准确扣5分			
	充液	10	出现气泡扣5分			
	静置1～2min	10	静置时间不足扣5分			
	计数	10	计数不准确扣5分			
	计算	10	计算错误扣10分			
	规范程度	10	欠规范者，酌情扣2～5分			
	熟练程度	10	欠熟练者，酌情扣2～5分			
	完成时间	10	每超时1min扣2分，直至10分			

（三）血小板计数

1. 器材

同白细胞计数（试管法）。

2. 稀释液

血小板计数所用的稀释液种类很多，其中复方尿素稀释液为：尿素10g，枸橼酸钠0.5g，40%甲醛溶液0.1ml，蒸馏水加至100ml。待上述试剂完全溶解后，过滤，置冰箱可保存1～2周，在22～32℃条件下可保存10d左右。当稀释液变质时，溶解红细胞的能力就会降低。

3. 方法

①吸稀释液0.4ml置于小试管中；②用沙利氏吸血管吸取末梢血液或用加有EDTA Na_2 抗凝剂的新鲜静脉血液至 $20mm^3$ 刻度处，擦去管外黏附的血液，插入试管，吹吸数次，轻轻振摇，充分混匀。静置20min以上，使红细胞溶解；③充分混匀后，用毛细吸管吸取1小滴，充入计数室内，静置10min，用高倍镜观察；④任选计数室的1个大方格（面积为 $1mm^2$，按细胞计数法则计数。在高倍镜下，血小板为椭圆形、圆形或不规则的折光小体。

4. 计算

$$X \times 200 = 血小板个数/mm^3$$

式中：X为1个大方格中的血小板总数。在填写检验单时，用血小板数 $\times 10^9/L$ 作为血小板的单位，例如，50万/mm^3，换算后应为 $500 \times 10^9/L$。

5. 注意事项

稀释液必须新鲜无沉淀；采血要迅速，以防血小板离体后破裂、聚集；滴入计数室前要充分振荡，使红细胞充分溶解，但不能过久或过剧烈，以免血小板破坏；血小板体积小、质量较轻，不易下沉，常不在同一焦距的平面上，计数时要利用显微镜的细调节器调节焦距，才能看清楚。

（四）血细胞形态学的检查

血片制作完成后有瑞氏染色、姬姆萨氏染色和瑞—姬氏复合染色法3种，可任选一种。熟练掌握实验器材的准备、试剂的配制及实验方法，掌握实验操作的注意事项。最后得出所测定的数据。白细胞分类记数的技能考核标准如表12－7。

表12－7　白细胞分类记数的技能考核标准表

考核内容及分数分配	操作环节与要求	评分标准		考核方法	熟练程度	时限
		分值	扣分依据			
白细胞分类计数（100分）	血片制作	20	涂片薄厚不匀扣5分；重复涂片扣10分	单人操作考核	掌握	15min
	血片染色	30	染色时间有误扣5分；水洗不当扣5分；染色过深或过浅扣5分			
	计数	20	计数时未划区计算扣10分			
	规范程度	10	欠规范者，酌情扣2～5分			
	熟练程度	10	欠熟练者，酌情扣2～5分			
	完成时间	10	每超时1min扣2分；直至10分			

六、血红蛋白含量测定

血红蛋含量测定，常规方法为沙利氏目视比色法、光电比色法、测铁法、相对体积质量（比重）法、血氧法及试纸法。国际推荐氰化高铁血红蛋白法。本实验采用沙利氏目视比色法。

熟练掌握实验器材的准备、试剂的配制及实验方法，熟记实验操作的注意事项及最后得出所测定的数据。实验考核见表12－4。

【复习思考题】

1. 试述进行血液常规检验的体会。
2. 试述血液常规检验的注意事项。
3. 试述血液常规检验的临床诊断价值。

实训五　尿液常规检验

【目的要求】

通过实训掌握尿常规检验技术。

【实训内容】

①尿液的采集方法。

②尿液的物理学检验。

③尿液的化学检验。

【实训器材】

详见教材实验室检验技术等有关内容。

【实训方法】

一、尿液的采集

可用清洁容器，在犬、猫排尿时直接接取。也可用塑料或胶皮制成接尿袋，固定在公犬、公猫阴茎的下方或母犬、母猫的外阴部，接取尿液。必要时也可人工导尿。

二、尿液的物理学检验

熟练掌握实验器材的准备、试剂的配制及实验方法，熟记实验操作的注意事项及最后得出所测定的数据。

掌握检查尿的混浊度即透明度、尿色、气味、相对密度等方法。

三、尿液的化学检验

熟练掌握实验器材的准备、试剂的配制及实验方法，掌握实验操作的注意事项。最后得出所测定的数据。

熟练掌握尿的pH值测定、蛋白质定性试验、尿液中血液及血红蛋白检查、尿的肌红蛋白检查、葡萄糖检查、尿胆原检查、尿沉渣的显微镜检查方法。

【复习思考题】

尿沉渣的显微镜检查报告书

注意：细胞成分按各个高倍视野内最少至最多的数值报告，管型及其他结晶成分，按偶见、少量、中等量及多量报告。偶见为整个标本中仅见几个；少量为每个视野见到几个；中等量为每个视野数十个；多量为占据每个视野的大部，甚至布满视野。

实训六 血液生化检验

【目的要求】

通过实训掌握常用血液生化项目检验技术。

【实训内容】

①血糖的测定。

②血清钾、钠、钙、镁及无机磷的测定。

③血清酶活性的测定。

【实训器材】

详见教材实验室检验技术等有关内容。

【实训方法】

一、血糖的测定

熟练掌握实验器材的准备、试剂的配制及实验方法，熟记实验操作的注意事项及最后得出所测定的数据。理解血糖变化的临床诊断价值。

二、血清钾、钠、钙、镁及无机磷的测定

熟练掌握实验器材的准备、试剂的配制及实验方法，熟记实验操作的注意事项及最后得出所测定的数据。

理解血清钾、钠、钙、镁及无机磷的变化的临床诊断价值。

三、血清酶活性的测定

熟练掌握实验器材的准备、试剂的配制及实验方法，熟记实验操作的注意事项及最后得出所测定的数据。

理解血清碱性磷酸酶含量、血清谷丙转氨酶活力、血清谷草转氨酶活力、血清胆红质、血液中非蛋白氮含量变化的临床诊断价值。

【复习思考题】

①掌握常用血液各项生化检验的注意事项。

②理解各项血液生化指标的临床诊断价值。

实训七　胸、腹腔液检验

【目的要求】

通过实训掌握胸腹腔液检验的要领。

【实训内容】

①胸、腹腔穿刺液的采取。

②胸、腹腔穿刺液检验。

【实训器材】

详见教材实验室检验技术等有关内容。

【实训方法】

一、胸、腹腔穿刺液的采取

宠物横卧保定，在第5～7肋间后位肋骨前缘，胸外静脉上方。术部剪毛消毒，一只手将术部皮肤稍向前方移动，另一只手持穿胸套管针，在紧靠肋骨前缘处垂直慢慢刺入，至感到无抵抗时。一手固定套管，另一手将内针发出，如胸膜腔有积液时，即有液体沿套管流出。用量筒接取流出的液体备检。操作完毕，将内针插入，拔出套管针，术部涂以碘酊。

部位在脐的稍前方白线上或侧方。术部剪毛消毒。用注射针头与腹壁垂直刺入2～4cm，腹膜腔有积液时，即见液体从针孔流出，或用注射器抽吸，盛于试管或量筒内供检查用。操作完毕，拔出针头，术部碘酊消毒。

二、胸、腹腔液的检验

（一）胸、腹腔液物理学检验

胸腹腔液的物理学检验，是从穿刺液的颜色、透明度、气味、相对密度、凝固性等方面鉴别是漏出液还是渗出液。

（二）胸、腹腔液化学检验

取15～25cm大试管1支，加入蒸馏水50～100ml，加入冰醋酸1～2滴，充分混合。滴加穿刺液1～2滴，如沿穿刺液下沉经路显白色云雾状混浊，并直达管底的为阳性反应，是渗出液；无云雾状痕迹，或微有混浊，且于中途消失的为阴性反应，是漏出液。本方法为浆液黏蛋白定性试验（Rivalta反应）

（三）胸、腹腔液显微镜检验

取新鲜穿刺液，置于盛有EDTA－Na_2抗凝剂试管中，离心沉淀，上清液分装于另一试管中。取1滴沉淀物放于载玻片上，覆以盖玻片，在显微镜下观察间皮细胞、白细胞及红细胞等。需要作白细胞分类时，则取沉淀物作涂片，染色镜检。

1. 漏出液与渗出液的判定

漏出液细胞较少。主要是来自浆膜腔的间皮细胞（常是8～10个排成一片）及淋巴细胞，红细胞和其他细胞甚少。少量的红细胞，常由于穿刺时受损伤所致。多量红细胞则为出血性疾病或脏器破损伤所致。大量的间皮细胞和淋巴细胞，见于心、肾等疾病。

渗出液细胞较多。中性白细胞增多，见于急性感染，尤其是化脓性炎症。在结核性炎症（结核性胸膜炎初期）时，反复穿刺可见中性白细胞也增多。淋巴细胞增多，见于慢性疾病，如慢性胸膜炎及结核性胸膜炎等。间皮细胞增多，为组织破坏过程严重之征象。

2. 细菌检验

将胸、腹腔液，按每5ml胸、腹液加入10%的EDTA－Na_2 0.1ml，混合均匀，2 000r/min离心5min，取沉渣抹片。革兰氏染色法染色（抹片经火焰固定后滴加结晶紫染液，静置1min，水冲洗染液。加碘染液1min，水冲去碘染液。加3%盐酸酒精脱色液，不时摇动30s，至紫色脱落为止，不冲洗。加沙黄水溶液复染30s，清水冲洗。干后镜检）。油镜观察，若有紫色细菌为革兰氏阳性菌，若有红色细菌为革兰氏阴性菌。

胸、腹腔液检验的技能考核标准如表12－8：

表12－8　胸、腹腔液检验的技能考核标准表

考核内容及分数分配	操作环节与要求	评分标准		考核方法	熟练程度	时限
		分值	扣分依据			
渗出液与漏出液检验（100分）	向量筒加蒸馏水	20	加水量不准确扣5分	单人操作考核	掌握	15min
	滴冰醋酸并混匀	10	混合不匀扣2分			
	滴加穿刺液	20	偏离中央扣2分			
	结果判定	20	判定错误扣10分			
	规范程度	10	欠规范者扣2～5分			
	熟练程度	10	欠熟练者扣2～5分			
	完成时间	10	每超时1min扣1分，直至5分			

【复习思考题】

1. 胸腹腔液采取及检验的注意事项。
2. 渗出液与漏出液的区别。

实训八　脑脊髓液检验

【目的要求】

通过实训，掌握脑脊髓液的采取及其检验技术。

【实训内容】

①脑脊髓液的采取。

②脑脊髓液的检验。

【实训器材】

脑脊髓穿刺针、小型尿比重计或特别比重管、试管、试管架、血细胞计数板。饱和硫酸铵液、10% EDTA－Na_2、抗凝剂、碘氏染色液。

【实训方法】

一、脑脊髓液的采取

脊髓穿刺针、器械及容器用前均须煮沸或高压灭菌消毒。犬猫准备穿刺之前，应对犬猫作检查。横卧保定，注意将后肢尽量向前牵引。术部剪毛，用苯及酒精充分涂擦脱脂及消毒。

（一）颈椎穿刺

在第一、二颈椎间穿刺。在颈椎棘突正中线与两寰椎翼后角的交叉点，垂直皮肤刺入针头。针头进入肌肉层时阻力稍大，在穿过脊髓硬膜后阻力突然消失，再稍推进2～3mm，达蛛网膜下腔，拔出针芯，即有水样的脑脊髓液滴出。穿刺后，术部涂擦碘酊或火棉胶封盖。第二次穿刺须隔2d以上。

（二）腰椎穿刺

在腰椎孔穿刺。在腰椎棘突正中线与髋结节内角连线的交叉点垂直皮肤刺入针头。用编好1，2，3号的3支试管接取穿刺所得的脑脊髓液。第一管，最初流出的脑脊髓液可能含有红细胞，供细菌学检验。第二管供化学检验。第三管供细胞计数用。

二、脑脊髓液物理学检验

脑脊液颜色的检查最好利用背向自然光线观察。观察透明度时，应以蒸馏水作对照。注意脑脊液的气味异常状况。相对密度要用特制比重管，于分析天平上先称0.2ml蒸馏水的重量，再称0.2ml脑脊髓液的重量，则脑脊髓液的相对密度等于脑脊髓液的重量除以蒸馏水的重量。脑脊髓液的量有大于10ml时，可采用小型尿比重计，直接测定其相对密度。

掌握脑脊液物理学检验的临床诊断价值。

三、脑脊髓液化学检验

（一）蛋白质检查

1. 试剂

饱和硫酸铵液：取硫酸铵（G.P）85g，加蒸馏水100ml，水浴加热使之溶解，冷却后过滤备用。

2. 方法

取1ml脑脊髓液于试管中，加饱和硫酸铵液1ml，颠倒试管使之混合，于试管架上放置4～5min。

3. 结果判定

＋＋＋＋显著混浊；＋＋＋中等度混浊；＋＋明显乳白色；＋微乳白色；－透明。

（二）葡萄糖检查

脑脊髓液中的葡萄糖检查同尿中葡萄糖的检查。

（三）脑脊髓液显微镜检验

1. 细胞计数

做细胞计数的脑脊髓液，在采集时按每5ml脑脊髓液加入10%的EDTA－Na_2抗凝剂0.05～0.1ml，混合均匀后备检。脑脊髓液白细胞与红细胞计数方法与血细胞计数法相同。

2. 细胞分类

（1）直接法　在白细胞计数后，换用高倍镜检查，此时白细胞的形态，如同在新鲜尿标本中的一样。可根据细胞的大小、核的多少和形态来区分。

（2）瑞氏染色法　将白细胞计数后的脑脊髓液，立即离心沉淀10min，将上清液倒入另一洁净试管，供化学检验用。把沉淀物充分混匀，于载玻片上制成涂片，尽快地在空气中风干。然后滴加瑞氏染色液5滴，染1min后，立即加新鲜蒸馏水10滴，混匀，染4～6min，用蒸馏水漂洗，干燥后镜检。

3. 细菌学检查

细菌检查与胸、腹腔液细菌检查相同。

脑脊液检验的技能考核标准如表12－9。

表12－9　脑脊液检验的技能考核标准表

<table>
<tr><th rowspan="2">考核内容及分数分配</th><th rowspan="2">操作环节与要求</th><th colspan="2">评分标准</th><th rowspan="2">考核方法</th><th rowspan="2">熟练程度</th><th rowspan="2">时限</th></tr>
<tr><th>分值</th><th>扣分依据</th></tr>
<tr><td rowspan="6">1. 显微镜的主要部件名称
2. 显微镜提取
3. 调光
4. 置片
5. 观察切片
6. 显微镜还原、装箱（100分）</td><td>部件名称准确</td><td>15</td><td>每说错或少说1个部位扣4分</td><td>口试</td><td rowspan="6">熟练掌握</td><td rowspan="6">5min</td></tr>
<tr><td>显微镜的提取</td><td>10</td><td>操作时，每错一步扣3分</td><td rowspan="5">单人操作考核</td></tr>
<tr><td>调光置片</td><td>10</td><td>操作不规范时，每个步骤扣5分</td></tr>
<tr><td>切片观察与还原</td><td>35</td><td>物像不清晰扣10分，方法错误扣10分，还原方法错误扣5分</td></tr>
<tr><td>熟练程度</td><td>15</td><td>在教师指导下完成时扣5分</td></tr>
<tr><td>完成时间</td><td>15</td><td>每超时1min扣3分，直至15分</td></tr>
</table>

【复习思考题】

1. 采取脑脊髓液的注意事项。

2. 进行脑脊髓液检验的体会。

实训九　真菌及螨的检验

【目的要求】

通过实训掌握真菌及螨的检验方法。

【实训内容】

①真菌的检验。

②螨的检验。

【实训器材】

组织分离针、白金耳、载玻片、胡特氏滤光板、凸刃小刀、棉签、培养皿、酒精灯、离心机、试管、盖玻片、显微镜。

动物：犬、猫。

试剂：生理盐水、乳酸酚棉蓝染色液（石炭酸 10g、甘油 20ml、乳酸 10g、棉蓝 0.025g、蒸馏水 10ml）、10% 氢氧化钾（或钠）液、50% 甘油、60% 的硫代硫酸钠溶液。

【实训方法】

一、真菌的检验

（一）显微镜检查法

根据致病真菌种类，采取不同的检验材料和检查方法。

1. 无染色压片标本检查法

脓汁：取洁净载玻片数片，各加入灭菌生理盐水 1 滴，然后以白金耳蘸取少许脓汁，混匀后，盖好盖玻片，直接镜检。

被毛、皮屑和角质：将材料置于载玻片上，滴加 10% 氢氧化钾（或钠）液 1～2 滴，盖好盖玻片，静置 5～10min，再将此玻片在酒精灯上微微加温，待轻压盖片能将毛发等物压扁而透明时，即可镜检。

培养物以灭菌的组织分离针将菌落的一小部分取下，移于预先滴有生理盐水的载玻片上，轻轻扩散，盖上盖玻片，即可镜检。如为小玻片培养物，直接放显微镜下观察即可。

2. 真菌染色检查法

常法制片：于标本面上滴 1 滴乳酸酚棉蓝染色液试剂，盖好盖玻片，放置 10～15min 后镜检。

（二）紫外光线照射检验方法

紫外光线经用胡特氏滤光板滤过后，照射于某些真菌上显示特殊的荧光色泽，以此鉴别真菌：糠秕马拉色氏菌呈黄棕色；奥杜盎氏小芽孢菌或大小芽孢菌呈亮绿色；许兰氏毛发癣菌呈暗绿色。

二、螨的检验

（一）病料采集

检查皮肤疥螨，可在患病与健康皮肤交界处剪毛，用消毒过的凸刃小刀蘸上一滴清水或50%的甘油后刮取皮屑，至皮肤轻微出血。若患部在耳道，可用棉签掏取病料。

检查蠕形螨，可在患部用力挤压，挤出皮脂腺的分泌物、脓汁。

（二）检查方法

1. *直接检查法*

在没有显微镜的条件下，对于较大的痒螨检查可只刮干燥皮肤屑，放于培养皿内，并衬以黑色背景，在日光下暴晒或加温40～50℃，30～40min后，移去皮屑，用肉眼观察，可看到白色虫体在移动。

2. *虫体浓集检查法*

将采集的病料置试管中，加入10%氢氧化钠溶液，置酒精灯上煮沸至皮屑溶解，冷却后以2 000r/min离心5min，虫体沉于管底，弃上层液，吸取沉渣于载玻片上待检。或在沉渣中加入60%的硫代硫酸钠溶液，试管直立5min，待虫体上浮，用白金耳蘸取表层溶液置于载玻片上加盖玻片镜检。

3. *显微镜直接检查法*

将采刮的病料，置于载玻片上，加1滴清水或50%的甘油，加以盖玻片用于按压盖玻片，使病料展开，用显微镜观察到虫体和虫卵，若虫体是活体，可见虫体的活动情况。

真菌及螨的检验技能考核标准如表12－10。

表12－10　真菌及螨的检验技能考核标准表

<table>
<tr><th rowspan="2">考核内容及分数分配</th><th rowspan="2">操作环节与要求</th><th colspan="2">评分标准</th><th rowspan="2">考核方法</th><th rowspan="2">熟练程度</th><th rowspan="2">时限</th></tr>
<tr><th>分值</th><th>扣分依据</th></tr>
<tr><td rowspan="6">1. 加热检查
2. 温水检查
3. 皮屑溶解</td><td>方法选择</td><td>10</td><td>陈旧病料用1、2方法扣10分</td><td rowspan="6">单人操作考核</td><td rowspan="6">熟练掌握</td><td rowspan="6">30min</td></tr>
<tr><td>操作过程</td><td>40</td><td>1或2法加热温度有误扣5分</td></tr>
<tr><td>镜检识别</td><td>20</td><td>病原识别有误，酌情扣5～10分</td></tr>
<tr><td>规范程度</td><td>10</td><td>欠规范，酌情扣2～5分</td></tr>
<tr><td>熟练程度</td><td>10</td><td>在教师指导下完成扣5分</td></tr>
<tr><td>完成时间</td><td>10</td><td>每超时1min扣2分，直至10分</td></tr>
</table>

【复习思考题】

1. 绘制所检出的真菌及螨的形态图。
2. 螨病实验室诊断时应如何采取病料？
3. 螨病的实验室诊断方法有哪几种？其中哪些方法不能用于陈旧病料检查？

实训十　X线检查

【目的要求】

通过实训，熟悉X线机的性能，掌握X线检查技术。

【实训内容】

X线的临床检查。

【实训器材】

携带式X线诊断机、X线胶片、片夹、增感屏、遮线管、暗盒、滤线器、铅号码、摄影夹、摄影机、测量尺、铅板或铅橡皮等。硫酸钡、泛影钠或优罗维新、40%碘化油等。

【实训方法】

一、透视检查

（一）准备

①按照说明书的要求连接好X线机及附属设备。

②透视前详细阅读透视单，参考临床资料及其他检查结果，明确透视目的。

③作好病犬、病猫的登记工作。

④清洁犬猫身体，除去随身物品。妥善保定，必要时给予镇静剂。

⑤调整机器的设置，50～70kV，2～3mA。

⑥佩戴好防护用具，做好暗适应。

（二）检查

①使荧光屏靠近被检犬猫，必要时改变被检犬猫体位，了解被检部位全貌。

②开启机器，间歇曝光，利用缩光圈，尽量缩短检查时间。

③按要求全面检查。

二、摄影检查

①登记编号。阅读摄影申请单，了解犬猫基本情况及摄影要求和目的。

②清洁犬猫身体，除去随身物品，确定摄影部位，妥善保定。

③根据摄影部位选择大小适当的胶片，测量投照部位厚度，确定kV、mA、曝光时间和距离等投照条件。

④固定暗盒位置，使X线束的中心、被检机体部位中心与暗盒中心在一条直线上。

⑤开启机器，在被检犬猫安静时曝光即可获得潜影。

⑥曝光后的X线胶片立即送暗室冲洗，湿片观察，如不满意，重新拍摄。胶片晾干后剪角装套。

三、造影检查

（一）消化道造影

①被检犬猫造影检查前禁饲、禁水 12h 以上。

②先将硫酸钡和阿拉伯胶混合后，加入少量热淡水调匀，再加适量温水。食管造影用 60% 硫酸钡，内服胃肠造影用 15% 硫酸钡。口服剂量为 2～5ml/kg 体重。

③观察检查可根据情况采取站立侧位，背立背胸位或仰卧位。检查食管和胃可于造影当时或稍后观察，检查小肠应于服钡剂后 1～2h 观察，检查大肠则应于服钡剂后 6～12h 进行观察。

（二）泌尿道造影

①膀胱造影时，先插入导尿管，排尿液后，向膀胱内注入无菌空气或 5%～10% 的泛影钠 6～12ml/kg。

②肾盂造影时，应先禁食 24h，禁水 12h，仰卧保定，在下腹部加压迫带，防止造影剂进入膀胱而使肾盂充盈不良，静脉缓慢注射 50% 泛影钠或 58% 优罗维新 20～30ml，注毕后 7～15min 拍腹背位的腹部片，并立即冲洗，肾盂显像后除去压迫带，再拍摄膀胱照片。

（三）支气管造影

①犬猫被检侧取下卧位保定。

②经口插管或气管内注射引入造影剂 40% 碘化油 15ml 左右。造影剂沿下侧支气管流入被检测部位，在透视下可以看到造影剂按心叶支气管、膈叶支气管和尖叶支气管顺序流入，待造影剂完全流入支气管内，进行 X 线摄片。

③每次只能检查一侧肺脏支气管。要作对侧支气管造影时，应在造影剂排尽后再进行。

【复习思考题】

试述 X 线检查的体会。

（李志民、肖银霞、温华梅）

主要参考文献

[1] 周庆国．犬猫疾病诊断图谱．北京：中国农业出版社，2005.

[2] 祝俊杰．犬猫疾病诊疗大全．北京：中国农业出版社，2005.

[3] 李玉冰．兽医临床诊疗手术．北京：中国农业出版社，2006.

[4] 高桥贡，板垣博著；刘振忠，丁岚峰译．家畜的临床检查．哈尔滨：哈尔滨科技出版社，1989.

[5] 中村良一著；徐永祥等译．临床家畜内科诊断学．南京：江苏科学技术出版社，1982.

[6] 王书林，丁岚峰．兽医临床诊断及内科学．哈尔滨：哈尔滨科技出版社，1988.

[7] 王俊东，刘宗平．兽医临床诊断学．北京：中国农业出版社，1988.

[8] 丁岚峰，杜护华．宠物临床诊断及治疗学．哈尔滨：东北林业大学出版社，2006.

[9] 郭定宗．兽医临床检验技术．北京：化学工业出版社，2006.

[10] 竹村，直行编译．小动物の问诊と身体检查．日本兽医师协会，2000.

[11] 王书林，丁岚峰．兽医超声影像诊断技术．黑龙江畜牧兽医杂志（增刊），1987.